Java Web 微课视频版

项目开发案例实战

—— Spring Boot+MyBatis+Hibernate+Spring Cloud

尹有海　编著

中国水利水电出版社
www.waterpub.com.cn
·北京·

内 容 提 要

《Java Web 项目开发案例实战——Spring Boot+MyBatis+Hibernate+Spring Cloud（微课视频版）》一书提供了大量的实战项目案例，这些实战案例业务上涵盖了多个行业应用，技术上结合 Spring Boot、Hibernate、MyBatis、MyBatis-Plus、Shiro 和 Swagger 等框架的特点来实现不同的功能，内容上全面阐述了实际项目开发中的各个步骤，包括项目功能设计、数据库设计、框架搭建、具体代码编写和测试，从而帮助广大读者充分了解一个项目如何从零开始，一步步实现一个以 Spring Boot 为基础框架的完整系统。有一定 Java Web 开发经验的读者，可以通过本书学习到 Spring Boot 如何集成各种不同的框架以及每种框架的用法。企业用户可以找到与自己业务相近的实战案例，吸收对自己项目有用的功能，甚至可以直接在案例源码的基础上进行二次开发。

《Java Web 项目开发案例实战——Spring Boot+MyBatis+Hibernate+Spring Cloud（微课视频版）》实用性强，既是开发者的实战学习手册，又为企业开发提供了丰富的源代码库。

图书在版编目（CIP）数据

Java Web项目开发案例实战 ：Spring Boot+MyBatis+
Hibernate+Spring Cloud：微课视频版 / 尹有海编著. -- 北京 ：中
国水利水电出版社, 2021.11 (2022.9重印)
ISBN 978-7-5170-9242-1

Ⅰ. ①J... Ⅱ. ①尹... Ⅲ. ①JAVA语言－程序设计

Ⅳ. ①TP312.8

中国版本图书馆 CIP 数据核字(2020)第 251155 号

书　　名	Java Web 项目开发案例实战 ——Spring Boot+MyBatis+Hibernate+Spring Cloud（微课视频版） Java Web XIANGMU KAIFA ANLI SHIZHAN　—Spring Boot+MyBatis+Hibernate+Spring Cloud
作　　者	尹有海　编著
出版发行	中国水利水电出版社 （北京市海淀区玉渊潭南路 1 号 D 座　100038） 网址：www.waterpub.com.cn E-mail: zhiboshangshu@163.com 电话：(010) 62572966-2205/2266/2201（营销中心）
经　　售	北京科水图书销售有限公司 电话：(010) 68545874、63202643 全国各地新华书店和相关出版物销售网点
排　　版	北京智博尚书文化传媒有限公司
印　　刷	河北文福旺印刷有限公司
规　　格	190mm×235mm　16 开本　20.75 印张　516 千字
版　　次	2021 年 11 月第 1 版　2022 年 9 月第 2 次印刷
印　　数	3001—6000 册
定　　价	79.80 元

前　言

为什么要写这本书

从 2014 年 Spring Boot 1.0 发布到 2016 年，国内越来越多的企业和个人开发者开始使用 Spring Boot。随着开发者们越来越喜欢使用 Spring Boot，Spring 公司也把 Spring Boot 放到了官网作为第一个项目重点推广。2018 年 Spring 公司推出 Spring Boot 2.0 之后，马上引发了热潮，各种关于 Spring Boot 2.x 的博客、图书成为热潮，Spring Boot 成为程序员必须掌握的框架。

目前图书市场上单独介绍 Spring Boot 2.x 框架使用的有很多，但是介绍 Spring Boot 2.x 如何与 Java Web 其他的框架组合，这些框架组合起来以后，如何一步步实现一个真实的实战项目的很少。本书便是以实战为主旨，通过 10 个完整的项目案例，让读者全面、深入、透彻地理解 Spring Boot 在实战项目中的使用方法，以及集成各种主流框架的配合使用，提高读者的实际开发水平和项目实战能力。

本书有何特色

1．附带源码和项目设计文档，提高学习效率

为了便于读者理解本书内容，提高学习效率，每个实战案例都提供了源码、项目设计文档、数据库创建语句。这些文档资料和本书涉及的源代码将供读者下载学习。

2．本书不仅介绍了 Spring Boot，还涵盖其他的主流框架及 Spring Boot 与其他框架的整合使用

本书涵盖 Spring Boot 2.x、Spring、MyBatis、Hibernate、MyBatis-Plus、Shiro、Swagger、Redis 和 Spring Cloud 等热门开源技术及 Spring Boot + Spring + MyBatis、Spring Boot + Spring + Hibernate、Spring Boot + Redis + Shiro、Spring Boot + Thymeleaf 和 Spring Boot + Spring Cloud 等主流框架的整合使用。

3．项目案例典型，实战性强，有较高的应用价值

本书提供了 10 个项目实战案例。这些案例来源于作者所开发的实际项目，具有很高的应用价值和参考性。而且这些案例分别使用不同的框架组合实现，便于读者融会贯通地理解本书中所介绍的技术。这些案例稍加修改，便可用于实际项目开发中。

4. 提供完善的技术支持和售后服务

本书提供了专门的技术支持邮箱：yinyouhai@aliyun.com.com，读者在阅读本书过程中有任何疑问都可以通过该邮箱获得帮助。

本书内容及知识体系

第 1 篇　Spring Boot+Spring+MyBatis（第 1～3 章）

本篇介绍了 Java EE 开发环境的配置和主流框架的基础知识。主要包括 Web 开发基础、配置 Java EE 开发环境、MyEclipse 开发工具对各种框架的支持、实现各种框架的集成等。

本篇介绍了 3 个实战案例的开发过程，主要包括在线投票系统、用户管理系统、商品管理系统，在具体剖析这 3 个系统时涉及需求分析、数据库设计、持久层设计、业务层设计和表示层设计的详细过程。

第 2 篇　Spring Boot+Spring+Hibernate（第 4～9 章）

本篇介绍了 Java Web 开发中最常用的 19 个典型模块的实现。主要包括在线文本编辑器、验证模块、网络硬盘、网站统计模块、网络购物车、搜索引擎、在线支付、邮件发送系统、网络留言板、jQuery 框架经典应用、在线文件上传和下载、网上投票系统、商业银行网上账户管理系统、Hibernate 分页系统、生成报表、数据格式转换、用户维护功能、用户登录模块等。

本篇介绍了 6 个实战案例的开发过程，主要包括博客系统、英语字典翻译系统、会员管理系统、订单管理系统、作业管理系统和报表管理系统。在具体剖析这 6 个系统时涉及需求分析、数据库设计、持久层设计、业务层设计和表示层设计的详细过程。

第 3 篇　Spring Cloud 微服务项目案例实战（第 10 章）

本篇介绍了 Spring Cloud 猎聘系统案例的开发过程。这个项目主要包括 Eureka 服务注册中心、用户微服务、文档微服务和猎聘系统微服务。该微服务实战项目在开始编写代码之前讲到了如何从零开始搭建微服务项目，以及微服务之间如何调用 API。另外，在具体剖析每个微服务工程时涉及需求分析、数据库设计、持久层设计、业务层设计和表示层设计的详细过程。

本书资源获取及服务

本书提供配套的教学视频和项目案例源码，读者使用手机微信"扫一扫"功能扫描下面的二维码，或在微信公众号中搜索"人人都是程序猿"，关注后输入 JW9242 并发送到公众号后台，获取本书资源下载链接。将该链接复制到计算机浏览器的地址栏中，根据提示下载即可。

读者可加入 QQ 群 897383312，与其他读者交流学习。

适合阅读本书的读者

- 需要全面学习 Java Web 开发技术的人员。
- Web 开发程序员。
- Java 程序员。
- Java EE 开发工程师。
- 希望提高项目开发水平的人员。
- 专业培训机构的学员。
- 软件开发项目经理。

阅读本书的建议

- 没有 Java EE 框架基础的读者，建议先去补充一下 Java 基础再阅读本书，这样会更容易理解。
- 有一定 Java EE 框架基础的读者，可以根据实际情况有重点地选择阅读感兴趣的项目案例。
- 对于每一个项目案例，先自己思考一下实现的思路，然后阅读，学习效果更好。
- 先将书中的项目案例阅读一遍，然后结合本书附赠的项目源码，将其下载到本地，然后自行将项目启动起来，这样理解起来就更加容易，也会更加深刻。

致谢

本书能够顺利出版，是作者、编辑和所有审校人员共同努力的结果，在此深表谢意。同时，祝福所有读者在职场一帆风顺。

编 者

目　录

第 3 篇　Spring Cloud 微服务项目案例实战

第 10 章　SSH&Spring Cloud 猎聘系统实战 ································278

第 1 篇
Spring Boot +
Spring + MyBatis

第 1 章

SSM&Thymeleaf 在线投票系统实战

在日常生活中，很多场景都需要用到投票表决。本案例实现了一个在线投票系统，用户可以实现在线上发起投票、自定义投票选项、查看投票结果等功能。

本案例主要涉及如下技术要点：

- Spring Boot 集成 MyBatis。
- Redis 缓存。
- Spring Boot+Shiro+Redis 权限管理。
- Thymeleaf 的用法。
- Alibaba druid 数据库连接池。
- Lombok 插件自动生成 get 和 set 方法。

1.1 项目设计

在线投票的系统主要包含两个角色：普通用户和管理员。管理员可以修改和删除投票的项目；普通用户可以创建项目和参与投票。

项目的功能设计如图 1.1 所示。本项目包含如下功能：

- 创建投票。
- 查看投票。
- 参与投票。
- 公示投票结果。

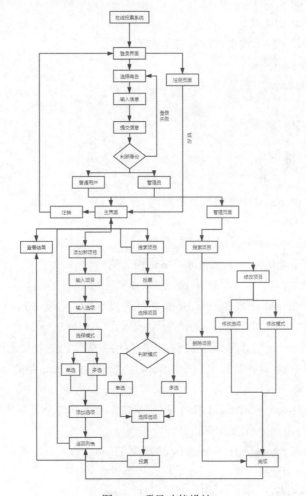

图 1.1　项目功能设计

扫一扫，看视频

1.2 搭建项目环境

本书中其他章节的项目使用的开发工具和版本都与第 1 章项目是一样的，所以其他章节就不再提供开发工具及其对应版本的说明了。

本案例使用的开发工具及对应的版本如下：

- IdeaIU-2019.2.4。
- Jdk-8u101-windows-x64。
- Mysql-installer-community-8.0.12.0。
- Dbeaver-ce-6.1。
- Redis-x64-3.0.504。

这些开发工具的安装文件，读者可以通过下面的百度网盘链接进行下载获取。

链接：https://pan.baidu.com/s/1LeLWNCrOyPuR1Ccx-O54iw

提取码：e74t

项目的代码结构如图 1.2 所示。

1.2.1 配置 POM 文件

Maven 项目需要在 pom.xml 中添加项目所需的 jar 包，主要要点介绍如下。

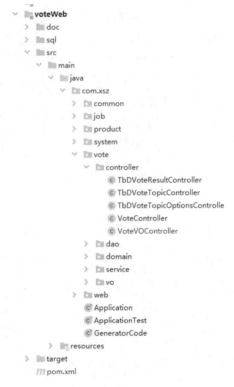

图 1.2 项目代码结构

- spring-boot-starter-parent：parent 节点设置的 Spring Boot 的版本号是 2.0.4，后面 Spring Boot 相关的包就不需要指定版本号了，默认从 parent 节点继承版本号 2.0.4。
- spring-boot-starter-web：是 Spring Boot 项目的核心包，启动 Spring Boot 项目必须配置这个包。
- mybatis-generator-core：MyBatis 官方提供的自动生成代码工具是通过命令启动的，配置这个包以后，我们可以直接自定义一个 Java 类，然后运行 Java 类的 main 方法启动 MyBatis 代码自动生成。
- pagehelper-spring-boot-starter：MyBatis 项目基本都会配置这个分页插件，可以拦截数据库的查询语句，自动添加分页函数 limit。
- spring-boot-starter-thymeleaf：Spring Boot 集成 Thymeleaf 模板的核心包。
- druid-spring-boot-starter：集成 druid 数据库连接池。
- spring-boot-starter-data-redis：Spring Boot 集成 Redis 数据库。

创建空白的 Maven 项目以后，在 voteWeb/pom.xml 中配置需要的 jar 包，代码如下。

```xml
<?xml version="1.0" encoding="UTF-8"?>
<project xmlns="http://maven.apache.org/POM/4.0.0"
        xmlns:xsi="http://www.w3.org/2001/XMLSchema-instance"
        xsi:schemaLocation="http://maven.apache.org/POM/4.0.0
http://maven.apache.org/ xsd/maven-4.0.0.xsd">
    <modelVersion>4.0.0</modelVersion>
    <groupId>bsea</groupId>
    <artifactId>voteWeb</artifactId>
    <version>1.0-SNAPSHOT</version>
    <parent>
        <groupId>org.springframework.boot</groupId>
        <artifactId>spring-boot-starter-parent</artifactId>
        <version>2.0.4.RELEASE</version>
        <relativePath/>
    </parent>
    <properties>
        <project.build.sourceEncoding>UTF-8</project.build.sourceEncoding>
        <project.reporting.outputEncoding>UTF-8</project.reporting.outputEncoding>
        <java.version>1.8</java.version>
        <poi.version>3.13</poi.version>
        <relativePath/>
    </properties>
    <dependencies>
        <dependency>
            <groupId>org.springframework.boot</groupId>
            <artifactId>spring-boot-starter-web</artifactId>
        </dependency>
        <dependency>
            <groupId>org.springframework.boot</groupId>
            <artifactId>spring-boot-starter-tomcat</artifactId>
            <scope>compile</scope>
        </dependency>
        <!-- aop 依赖 -->
        <dependency>
            <groupId>org.springframework.boot</groupId>
            <artifactId>spring-boot-starter-aop</artifactId>
        </dependency>
```

添加 org.mybatis.generator.jar 到项目中，通过一个 Java 类的 main 方法启动自动代码生成，代码如下。

```xml
        <!-- MyBatis 逆转工程依赖包 -->
        <dependency>
            <groupId>org.mybatis.generator</groupId>
            <artifactId>mybatis-generator-core</artifactId>
```

```
        <version>1.3.2</version>
    </dependency>
    <!-- mybatis -->
    <dependency>
        <groupId>org.mybatis.spring.boot</groupId>
        <artifactId>mybatis-spring-boot-starter</artifactId>
        <version>1.3.2</version>
    </dependency>
    <!-- 通用 mapper -->
    <dependency>
        <groupId>tk.mybatis</groupId>
        <artifactId>mapper-spring-boot-starter</artifactId>
        <version>1.1.7</version>
    </dependency>
    <!-- pagehelper 分页插件 -->
    <dependency>
        <groupId>com.github.pagehelper</groupId>
        <artifactId>pagehelper-spring-boot-starter</artifactId>
        <version>1.2.5</version>
    </dependency>
    <dependency>
        <groupId>org.springframework.boot</groupId>
        <artifactId>spring-boot-starter-thymeleaf</artifactId>
    </dependency>
    <!-- https://mvnrepository.com/artifact/javax.persistence/persistence-api -->
    <dependency>
        <groupId>javax.persistence</groupId>
        <artifactId>persistence-api</artifactId>
        <version>1.0.2</version>
    </dependency>
    <!-- https://mvnrepository.com/artifact/tk.mybatis/mapper -->
    <dependency>
        <groupId>tk.mybatis</groupId>
        <artifactId>mapper</artifactId>
        <version>4.1.4</version>
    </dependency>
```

下面开始是 Spring Boot 集成 Shiro 做权限管理，Redis 做缓存数据库需要的 jar 包，代码如下。

```
<!-- shiro-spring -->
    <dependency>
        <groupId>org.apache.shiro</groupId>
        <artifactId>shiro-spring</artifactId>
        <version>1.4.0</version>
    </dependency>
    <!-- spring cache -->
    <dependency>
        <groupId>org.springframework.boot</groupId>
```

```
        <artifactId>spring-boot-starter-cache</artifactId>
    </dependency>
    <!-- redis -->
    <dependency>
        <groupId>org.springframework.boot</groupId>
        <artifactId>spring-boot-starter-data-redis</artifactId>
    </dependency>
    <!-- shiro-redis -->
    <dependency>
        <groupId>org.crazycake</groupId>
        <artifactId>shiro-redis</artifactId>
        <version>3.1.0</version>
    </dependency>
    <!-- shiro-thymeleaf -->
    <dependency>
        <groupId>com.github.theborakompanioni</groupId>
        <artifactId>thymeleaf-extras-shiro</artifactId>
        <version>2.0.0</version>
    </dependency>
    <!-- druid 数据源驱动 -->
    <dependency>
        <groupId>com.alibaba</groupId>
        <artifactId>druid-spring-boot-starter</artifactId>
        <version>1.1.10</version>
    </dependency>
        <!-- swagger2 -->
    <dependency>
        <groupId>io.springfox</groupId>
        <artifactId>springfox-swagger2</artifactId>
        <version>2.6.1</version>
    </dependency>
    <dependency>
        <groupId>io.springfox</groupId>
        <artifactId>springfox-swagger-ui</artifactId>
        <version>2.6.1</version>
    </dependency>
</dependencies>
</project>
```

1.2.2　配置 application.yml

　　Spring Boot 项目的配置文件共有 properties 和 yml 两种格式。本案例采用 yml 格式，其他章节会演示 properties 格式的配置文件。在配置文件中，我们设置了项目的端口号、数据库连接信息及 MyBatis 的 xml 文件路径等，代码如下。

```yaml
server:
  port: 9020
  tomcat:
    uri-encoding: utf-8
spring:
  datasource:
    druid:
      # 数据库访问配置，使用 druid 数据源
      db-type: com.alibaba.druid.pool.DruidDataSource
      driverClassName: com.mysql.jdbc.Driver
      url: jdbc:mysql://localhost:3306/db_vote?useUnicode=true&characterEncoding
=UTF-8&useJDBCCompliantTimezoneShift=true&useLegacyDatetimeCode
=false&serverTimezone=UTC&useSSL=false&allowPublicKeyRetrieval=true
      username: root
      password: XSZ202006a
      # 连接池配置
      initial-size: 5
      min-idle: 5
      max-active: 20
      # 连接等待超时时间
      max-wait: 30000
      # 配置检测可以关闭的空闲连接间隔时间
      time-between-eviction-runs-millis: 60000
      # 配置在连接池中的最小生存时间
      min-evictable-idle-time-millis: 300000
      validation-query: select '1' from dual
      test-while-idle: true
      test-on-borrow: false
      test-on-return: false
      # 打开 PSCache，并且指定每个连接上 PSCache 的大小
      pool-prepared-statements: true
      max-open-prepared-statements: 20
      max-pool-prepared-statement-per-connection-size: 20
      # 配置监控统计拦截的 filters，去掉后监控界面 sql 无法统计，'wall'用于防火墙
      filters: stat
      # Spring 监控 AOP 切入点，如 x.y.z.service.*，配置多个英文句号分隔
      aop-patterns: com.xsz.*.service.*
      # WebStatFilter 配置
      web-stat-filter:
        enabled: true
        # 添加过滤规则
        url-pattern: /*
        # 忽略过滤的格式
        exclusions: '*.js,*.gif,*.jpg,*.png,*.css,*.ico,/druid/*,/actuator/*'
      # StatViewServlet 配置
      stat-view-servlet:
```

```yaml
          enabled: true
          # 访问路径为/druid 时，跳转到 StatViewServlet
          url-pattern: /druid/*
          # 是否能够重置数据
          reset-enable: false
          # 需要账号密码才能访问控制台
          login-username: druid
          login-password: druid123
        # 配置 StatFilter
        filter:
          stat:
            log-slow-sql: true
    redis:
      # Redis 数据库索引（默认为 0）
      database: 0
      # Redis 服务器地址
      host: 127.0.0.1
      # Redis 服务器连接端口
      port: 6379
      # Redis 密码
      password:
      jedis:
        pool:
          # 连接池中的最小空闲连接
          min-idle: 8
          # 连接池中的最大空闲连接
          max-idle: 500
          # 连接池最大连接数（使用负值表示没有限制）
          max-active: 2000
          # 连接池最大阻塞等待时间（使用负值表示没有限制）
          max-wait: 10000
      # 连接超时时间（毫秒）
      timeout: 0
    thymeleaf:
      cache: false
    aop:
      proxy-target-class: true
    cache:
      type:
        redis
mybatis:
  # type-aliases 扫描路径
  type-aliases-package: com.xsz.system.domain,com.xsz.job.domain
  # mapper xml 实现扫描路径
  mapper-locations: classpath:mapper/*/*.xml
  configuration:
```

```
      jdbc-type-for-null: null
    # 多个模块的多个包配置可以使用英文句号分隔
    type-handlers-package: com.xsz.common.util.enums
#文件上传路径
file.upload.path: F://images//
file.upload.path.relative: /images/
imagesPath: file:/F:/images/
mapper:
  mappers: com.xsz.common.config.MyMapper
  not-empty: false
  identity: MYSQL
pagehelper:
  helperDialect: mysql
  reasonable: true
  supportMethodsArguments: true
  params: count=countSql
# XSZ 配置
xsz:
  # 是否在控制台打印 sql 语句
  showsql: true
  # 时间类型参数在前端页面的展示格式，默认格式为 yyyy-MM-dd HH:mm:ss
  timeFormat: yyyy-MM-dd HH:mm:ss
  # 是否开启 AOP 日志，默认开启
  openAopLog: true
  shiro:
    # shiro redis 缓存时长，默认 1800 秒
    expireIn: 1800
    # session 超时时间，默认 1800000 毫秒
    sessionTimeout: 1800000
    # rememberMe cookie 有效时长，默认 86400 秒，即一天
    cookieTimeout: 86400
    # 免认证的路径配置，如静态资源、druid 监控页面、注册页面、验证码请求等
    anonUrl: /css/**,/js/**,/fonts/**,/img/**,/druid/**,/user/regist,/gifCode,
/,/actuator/**,/test/**
    # 登录 url
    loginUrl: /login
    # 登录成功后跳转的 url
    successUrl: /index
    # 登出 url
    logoutUrl: /logout
    # 未授权跳转 url
    unauthorizedUrl: /403
  # 验证码
  validateCode:
    # 宽度，默认 146px
    width: 146
```

```
    # 高度，默认 33px
    height: 33
    # 验证码字符个数，默认 4 个字符
    length: 4
# 自定义 swagger 开关
swagger:
  enabled: true
```

1.2.3 启动类

Spring Boot 项目的启动类必须在所有类的上层，即其他的类只能跟启动类在同一个包或者子包。几个注解介绍如下。

- @SpringBootApplication：放在启动类上，表示这个类是 Spring Boot 的启动类。
- @EnableTransactionManagement：放在启动类上，表示开启 Spring Boot 事务管理，然后在 service 层的方法上加@Transational 实现事务管理。
- @MapperScan("com.xsz.*.dao")：设置 MyBatis 的 Mapper 接口的路径，在这个路径下的接口可以省略@Mapper。
- @EnableConfigurationProperties：放在启动类上，表示开启配置文件。在类文件上加上注解 @ConfigurationProperties，就可以实现将配置文件里的值转换成 java 对象。
- @EnableCaching：放在启动类上，表示开启 Spring 的注解缓存功能。
- @EnableAsync：放在启动类上，表示开启 Spring 异步方法执行功能。这个异步方法执行功能，可以在一些不需要等待返回的场景中使用，如发送短信验证码时，发送的方法可以异步执行，不需要等待成功。

运行启动类的 main 方法就可以启动整个项目了，启动类的代码如下。

```java
package com.xsz;
import com.xsz.common.config.XSZProperties;
import org.springframework.boot.autoconfigure.SpringBootApplication;
import org.springframework.boot.builder.SpringApplicationBuilder;
import org.springframework.boot.context.properties.EnableConfigurationProperties;
import org.springframework.cache.annotation.EnableCaching;
import org.springframework.scheduling.annotation.EnableAsync;
import org.springframework.transaction.annotation.EnableTransactionManagement;
import tk.mybatis.spring.annotation.MapperScan;
@SpringBootApplication
@EnableTransactionManagement
@MapperScan("com.xsz.*.dao")
@EnableConfigurationProperties({XSZProperties.class})
@EnableCaching
@EnableAsync
public class Application {
```

```java
public static void main(String[] args) {
    new SpringApplicationBuilder(Application.class)
            .run(args);
}
```

扫一扫，看视频

1.3 系 统 架 构

前面创建了 Maven 工程，并且配置了项目需要的 jar 包和配置文件，接下来，我们会完成数据和公共配置类的编写。

1.3.1 数据库设计

项目中使用了很多表，在项目的源码里面大家可以拿到完整的数据库文件。这里只列出部分关键表并且说明这些表的作用。

- t_user：用户表，用于保存用户信息。
- t_role：角色表，用于保存角色信息。
- t_menu：菜单表同时也是权限表，保存了系统资源的路径和需要的权限。
- t_user_role：用户角色中间表，用户表和角色表是多对多的关系，多对多的关系需要设计中间表来维护两个表的关系。
- t_role_menu：角色权限中间表，角色表和权限表是多对多的关系，多对多的关系需要设计中间表来维护两个表的关系。
- tb_d_vote：投票项目表，用户发起投票第一步就是需要先创建投票项目。
- tb_d_vote_topic：投票主题表，一个投票项目下面可以创建多个投票主题。
- tb_d_vote_topic_options：投票选项表，一个投票主题可以有多个选项。
- tb_d_vote_result：投票结果表，保存用户 ID 和选择的投票选项 ID。

1.3.2 MyBatis 自动代码生成

数据库创建完成以后，开始编辑自动代码生成的配置文件 config/mybatis-generator.xml。

这里在每个<table>节点之间配置一个需要自动生成 Java 代码的数据表，tableName 属性设置数据表的名字；domainObjectName 属性设置生成 Java 实体类的名字，代码如下。

```xml
<?xml version="1.0" encoding="UTF-8"?>
<!DOCTYPE generatorConfiguration
    PUBLIC "-//mybatis.org//DTD MyBatis Generator Configuration 1.0//EN"
    "http://mybatis.org/dtd/mybatis-generator-config_1_0.dtd">
<generatorConfiguration>
```

```xml
<context id="oracle" targetRuntime="MyBatis3Simple"
defaultModelType="flat">
        <plugin type="tk.mybatis.mapper.generator.MapperPlugin">
            <!-- 该配置会使生产的 Mapper 自动继承 MyMapper -->
            <property name="mappers" value="com.xsz.common.config.MyMapper" />
            <!-- caseSensitive 默认 false，当数据库表名区分大小写时，可以将该属性设置
为 true -->
            <property name="caseSensitive" value="false"/>
        </plugin>
        <!-- 阻止生成自动注释 -->
        <commentGenerator>
            <property name="javaFileEncoding" value="UTF-8"/>
            <property name="suppressDate" value="true"/>
            <property name="suppressAllComments" value="true"/>
        </commentGenerator>
        <!-- 数据库链接地址账号密码 -->
        <jdbcConnection
            driverClass="com.mysql.jdbc.Driver"
            connectionURL="jdbc:mysql://localhost:3306/vote_db?useSSL=false"
            userId="root"
            password="XSZ202006a">
        </jdbcConnection>
        <javaTypeResolver>
            <property name="forceBigDecimals" value="false"/>
            <property name="useJSR310Types" value="true"/>
        </javaTypeResolver>
        <!-- 生成 Model 类存放位置 -->
        <javaModelGenerator targetPackage="com.xsz.vote.domain"
targetProject="C:\ bseawp\springbootbookcode\voteWeb\src\main\java">
            <property name="enableSubPackages" value="true"/>
            <property name="trimStrings" value="true"/>
        </javaModelGenerator>
        <!-- 生成映射文件存放位置 -->
        <sqlMapGenerator targetPackage="mapper.vote"
targetProject="C:\bseawp\ springbootbookcode\voteWeb\src\main\resources">
            <property name="enableSubPackages" value="true"/>
        </sqlMapGenerator>
        <!-- 生成 Dao 类存放位置 -->
        <!-- 客户端代码，生成易于使用的针对 Model 对象和 XML 配置文件的代码
            type="ANNOTATEDMAPPER",生成 Java Model 和基于注解的 Mapper 对象
            type="XMLMAPPER",生成 SQLMap XML 文件和独立的 Mapper 接口 -->
        <javaClientGenerator type="XMLMAPPER" targetPackage="com.xsz.vote.dao"
targetProject= "C:\bseawp\springbootbookcode\voteWeb\src\main\java">
            <property name="enableSubPackages" value="true"/>
        </javaClientGenerator>
        <!-- 配置需要生成的表 -->
        <table tableName="tb_option_user" domainObjectName="OptionUser"
enableCountByExample ="false" enableUpdateByExample="false" enableDeleteByExample
```

```
="false" enableSelectByExample="false" selectByExampleQueryId="false">
        <generatedKey column="id" sqlStatement="Mysql" identity="true"/>
    </table>
    <table tableName="tb_d_vote" domainObjectName="Vote"
enableCountByExample="false" enableUpdateByExample="false"
enableDeleteByExample="false" enableSelectByExample="false"
selectByExampleQueryId="false">
        <generatedKey column="id" sqlStatement="Mysql" identity="true"/>
    </table>
    <table tableName="tb_d_vote_topic" domainObjectName="VoteTopic"
enableCountByExample="false" enableUpdateByExample="false"
enableDeleteByExample="false" enableSelectByExample="false"
selectByExampleQueryId="false">
        <generatedKey column="id" sqlStatement="Mysql" identity="true"/>
    </table>
    <table tableName="tb_d_vote_topic_options"
domainObjectName="VoteTopicOption" enableCountByExample="false"
enableUpdateByExample="false" enableDeleteByExample="false"
enableSelectByExample="false" selectByExampleQueryId="false">
        <generatedKey column="id" sqlStatement="Mysql" identity="true"/>
    </table>
    <table tableName="tb_d_vote_result" domainObjectName="VoteResult"
enableCountByExample="false" enableUpdateByExample="false"
enableDeleteByExample="false" enableSelectByExample="false"
selectByExampleQueryId="false">
        <generatedKey column="id" sqlStatement="Mysql" identity="true"/>
    </table>
</context>
</generatorConfiguration>
```

接下来，创建启动自动代码生成的 Java 类，我们只需要运行这个类的 main 方法就可以触发自动代码生成，代码如下。

```
package com.xsz;
import org.mybatis.generator.api.MyBatisGenerator;
import org.mybatis.generator.config.Configuration;
import org.mybatis.generator.config.xml.ConfigurationParser;
import org.mybatis.generator.exception.InvalidConfigurationException;
import org.mybatis.generator.exception.XMLParserException;
import org.mybatis.generator.internal.DefaultShellCallback;
import sun.nio.cs.Surrogate;
import java.io.IOException;
import java.sql.SQLException;
import java.util.ArrayList;
import java.util.List;
public class GeneratorCode {
    public static void main(String[] args) throws IOException, XMLParserException,
InvalidConfigurationException, SQLException, InterruptedException {
```

```
        List<String> warnings = new ArrayList<String>();
        boolean overwrite = true;
        ConfigurationParser cp = new ConfigurationParser(warnings);
        Configuration config = cp.parseConfiguration(
Surrogate.Generator.class.getResourceAsStream("/config /mybatis-generator.xml"));
        DefaultShellCallback callback = new DefaultShellCallback(overwrite);
        MyBatisGenerator myBatisGenerator = new MyBatisGenerator(config,
callback, warnings);
        myBatisGenerator.generate(null);
    }
}
```

运行自动生成代码的 main 方法以后，代码工程中就会自动生成如图 1.3 所示的代码结构。

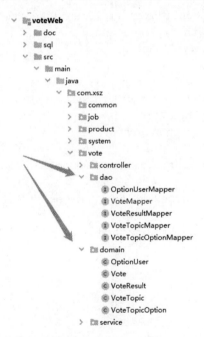

图 1.3　自动生成代码

1.3.3　外部图片映射

Web 工程中默认情况是，前端页面 html 只能显示项目工程目录里面的图片。

在配置文件 application.yml 中，我们设置了一个属性 imagesPath: file:/F:/images/。然后，在下面的配置类中，通过@Value("${imagesPath}") 在类里面获取配置文件的值，并且赋值给成员变量。addResourceHandler("/images/**").addResourceLocations(mImagesPath)这句代码实现了一个映射，只要访问路径是/images 开头的图片路径，那么实际图片地址就是 F:/images/。

所以如果前端 html 中代码是<img src="/images/a.jpg" />，那么 a.jpg 的实际文件路径是

F:/images/a.jpg，配置类的完整代码如下。

```java
package com.xsz.common.config;
import org.springframework.beans.factory.annotation.Value;
import org.springframework.context.annotation.Configuration;
import org.springframework.web.servlet.config.annotation.ResourceHandlerRegistry;
import org.springframework.web.servlet.config.annotation.WebMvcConfigurer;
/**
 * @Description: 资源映射路径
 * @Author: Bsea
 * @CreateDate: 2020/6/6 22:23
 */
@Configuration
public class MyWebAppConfigurer implements WebMvcConfigurer {
    @Value("${imagesPath}")
    private String mImagesPath;
    @Override
    public void addResourceHandlers(ResourceHandlerRegistry registry) {
                imagesPath = imagesPath.substring(0, imagesPath.lastIndexOf("/"))
                + "/images/";
            mImagesPath = imagesPath;
        }
        //LoggerFactory.getLogger(WebAppConfig.class).info("imagesPath=
        "+mImagesPath);
        registry.addResourceHandler("/images/**").addResourceLocations
         (mImagesPath);
        // TODO Auto-generated method stub
    }
}
```

1.3.4　全局异常处理

遇到异常时，一般有两种选择，要么使用 try catch 代码块在方法内部处理，要么直接往外抛出异常。

在 Spring Boot 项目中，一般都采用直接往外抛，然后所有的异常都在一个统一的地方进行处理。@ControllerAdvice 表示这是一个统一异常处理的类，可以根据不同的异常类型采用不同的处理方式。

```java
package com.xsz.common.exception;
import com.xsz.common.domain.ResponseBo;
import org.slf4j.Logger;
import org.slf4j.LoggerFactory;
import org.springframework.http.HttpStatus;
import org.springframework.web.bind.annotation.*;
import java.text.ParseException;
/**
```

```
 * @author Bsea
 * @description:统一异常处理
 * @date 2020/5/29
 */
@ControllerAdvice
public class ControllerExceptionHandler {
    private Logger log = LoggerFactory.getLogger(this.getClass());
    @ExceptionHandler(NullPointerException.class)
    @ResponseBody
    @ResponseStatus(HttpStatus.INTERNAL_SERVER_ERROR)
    public ResponseBo NotFindException(NullPointerException e) {
        return ResponseBo.failure(404,"找不到相关信息---"+e.getMessage());
    }
    @ExceptionHandler(ParseException.class)
    @ResponseBody
    @ResponseStatus(HttpStatus.INTERNAL_SERVER_ERROR)
    public ResponseBo ParseException(ParseException e) {
        log.error("日期或者字符串格式化异常",e);
        return ResponseBo.error(e.getMessage());
    }
}
```

1.3.5 集成 Shiro

Shiro 是一个专门用来做权限管理的框架，结合 Thymeleaf 可以非常轻松地控制页面中的每个字段和按钮的权限管理。

Spring Boot 集成 Shiro，第一步需要在 POM 文件中配置相关的 jar 文件；第二步编写 ShiroConfig 和 ShiroRealm。对于 ShiroConfig，读者可以去查看源码，这里只对 ShiroRealm 的作用进行说明。

ShiroRealm 包含两个方法，分别实现了权限管理和登录验证，权限管理的方法是把用户拥有的权限注入 SimpleAuthorizationInfo 对象，后续操作的时候，Shiro 就会用到这个对象来判断用户是否有权限执行这个操作。

特别要注意的是，doGetAuthorizationInfo 的方法只有在登录时会执行一次，即如果用户的权限变动，用户必须重新登录来更新权限，ShiroRealm 的代码如下。

```
package com.xsz.common.shiro;
import com.xsz.system.domain.Menu;
import com.xsz.system.domain.Role;
import com.xsz.system.domain.User;
import com.xsz.system.service.MenuService;
import com.xsz.system.service.RoleService;
import com.xsz.system.service.UserService;
import org.apache.shiro.SecurityUtils;
import org.apache.shiro.authc.*;
```

```java
import org.apache.shiro.authz.AuthorizationInfo;
import org.apache.shiro.authz.SimpleAuthorizationInfo;
import org.apache.shiro.realm.AuthorizingRealm;
import org.apache.shiro.subject.PrincipalCollection;
import org.springframework.beans.factory.annotation.Autowired;
import java.util.List;
import java.util.Set;
import java.util.stream.Collectors;
/**
 * 自定义实现 ShiroRealm，包含认证和授权两大模块
 *
 * @author XSZ
 */
public class ShiroRealm extends AuthorizingRealm {
    @Autowired
    private UserService userService;
    @Autowired
    private RoleService roleService;
    @Autowired
    private MenuService menuService;
    /**
     * 授权模块，获取用户角色和权限
     *
     * @param principal principal
     * @return AuthorizationInfo 权限信息
     */
    @Override
    protected AuthorizationInfo doGetAuthorizationInfo(PrincipalCollection
principal) {
        User user = (User) SecurityUtils.getSubject().getPrincipal();
        String userName = user.getUsername();
        SimpleAuthorizationInfo simpleAuthorizationInfo = new
SimpleAuthorizationInfo();
        // 获取用户角色集
        List<Role> roleList = this.roleService.findUserRole(userName);
        Set<String> roleSet = roleList.stream().map(Role::getRoleName).collect
(Collectors.toSet());
        simpleAuthorizationInfo.setRoles(roleSet);
        // 获取用户权限集
        List<Menu> permissionList = this.menuService.findUserPermissions(userName);
        Set<String> permissionSet = permissionList.stream().map
(Menu::getPerms).collect(Collectors.toSet());
        simpleAuthorizationInfo.setStringPermissions(permissionSet);
        return simpleAuthorizationInfo;
    }
    /**
```

```
 * 用户认证
 *
 * @param token AuthenticationToken 身份认证 token
 * @return AuthenticationInfo 身份认证信息
 * @throws AuthenticationException 认证相关异常
 */
@Override
protected AuthenticationInfo doGetAuthenticationInfo (AuthenticationToken
token) throws AuthenticationException {
    // 获取用户输入的用户名和密码
    String userName = (String) token.getPrincipal();
    String password = new String((char[]) token.getCredentials());
    // 通过用户名到数据库查询用户信息
    User user = this.userService.findByName(userName);
    if (user == null)
        throw new UnknownAccountException("用户名或密码错误！");
    if (!password.equals(user.getPassword()))
        throw new IncorrectCredentialsException("用户名或密码错误！");
    if (User.STATUS_LOCK.equals(user.getStatus()))
        throw new LockedAccountException("账号已被锁定,请联系管理员！");
    return new SimpleAuthenticationInfo(user, password, getName());
}
/**
 * 清除权限缓存
 * 使用方法：在需要清除用户权限的地方注入 ShiroRealm
 * 然后调用其 clearCache 方法
 */
public void clearCache() {
    PrincipalCollection principals = SecurityUtils.getSubject().getPrincipals();
    super.clearCache(principals);
}
}
```

1.4 管理员角色功能实现

扫一扫，看视频

管理员可以对系统中的所有投票项目、投票主题、投票选项进行增删改查操作。普通用户也可以创建投票项目、投票主题、投票选项，但是不能修改。

1.4.1 投票项目管理

用户发起投票，第一步必须创建一个投票项目，如创建一个投票项目是周末活动。创建完成后默认状态是草稿，此时用户还不能对这个项目投票，只有改成发布状态的项目，用户才可以参与这个项目的投票。投票项目管理的页面如图 1.4 所示。

图 1.4　投票项目管理主页

1. 实体层

投票项目实体对象包含项目的名字、状态以及可以参与投票的用户列表信息，特别说明一下，@ExportConfig(value = "xxx") 配置的是下载 Excel 时表头的名字，代码如下。

```java
package com.xsz.vote.domain;
import com.xsz.common.annotation.ExportConfig;
import java.io.Serializable;
import java.util.Date;
import javax.persistence.*;
@Table(name = "tb_d_vote")
public class Vote implements Serializable {
    private static final long serialVersionUID = 77808202315358700010L;
    @Id
    @Column(name = "ID")
    @ExportConfig(value = "ID")
    @GeneratedValue(strategy = GenerationType.IDENTITY)
    private Integer id;
    /**
     * 标题
     */
    @ExportConfig(value = "标题")
    @Column(name = "TITLE")
    private String title;
    /**
     * 用户投票次数统计
     */
    @ExportConfig(value = "投票总数")
    @Column(name = "VOTECOUNT")
```

```
    private Integer votecount;
    /**
     * 截止日期
     */
    @Column(name = "DEADLINETIME")
    private Date deadlinetime;
    /**
     * 是否 ALL,0:否,1:@ALL
     */
    @Column(name = "ISALL")
    private Byte isall;
    /**
     * 首语
     */
    @Column(name = "HEADCONTENT")
    private String headcontent;
    /**
     * 尾语
     */
    @Column(name = "FOOTERCONTENT")
    private String footercontent;
    /**
     * 是否允许成员查看投票结果,0:否,1:是
     */
    @Column(name = "ALLOWSHOWRESULT")
    private Byte allowshowresult;
    /**
     * 是否允许成员匿名投票
     */
    @Column(name = "ALLOWANONYMAT")
    private Byte allowanonymat;
    /**
     * 创建投票的成员系统 ID
     */
    @Column(name = "FROMUSERID")
    private Integer fromuserid;
    /**
     * 备注
     */
    @ExportConfig(value = "备注")
    @Column(name = "REMARKS")
    private String remarks;
    /**
     * 删除标记,0:存在,1:删除
     */
    @Column(name = "DELMARK")
```

```java
private Byte delmark;
@ExportConfig(value = "修改时间")
@Column(name = "CREATETIME")
private Date createtime;
@Column(name = "MODIFYTIME")
private Date modifytime;
@Column(name = "CREATEUSERID")
private Integer createuserid;
/**
 * 状态,0:草稿,1:已发布,2:已结束
 */
@ExportConfig(value = "状态")
@Column(name = "STATUS")
private Byte status;
@Column(name = "MODIFYUSERID")
private Integer modifyuserid;
/**
 * 用户 ID 列表
 */
@Column(name = "TO_USER")
private String toUser;
/**
 * 部门 ID 列表
 */
@Column(name = "TO_PARTY")
private String toParty;
/**
 * 标签 ID 列表
 */
@Column(name = "TO_TAG")
private String toTag;
/**
 * 图文消息对应的图片 URL
 */
@Column(name = "PIC_URL")
private String picUrl;
/**
 * 投票静态 URL
 */
@Column(name = "VOTEURL")
private String voteurl;
/**
 * @return ID
 */
public Integer getId() {
    return id;
```

```
    }
    /**
     * @param id
     */
    public void setId(Integer id) {
        this.id = id;
    }
    /**
     * 获取标题
     *
     * @return TITLE - 标题
     */
    public String getTitle() {
        return title;
    }
    /**
     * 设置标题
     *
     * @param title 标题
     */
    public void setTitle(String title) {
        this.title = title == null ? null : title.trim();
    }
    /**
     * 获取截止日期
     *
     * @return DEADLINETIME - 截止日期
     */
    public Date getDeadlinetime() {
        return deadlinetime;
    }
    /**
     * 设置截止日期
     *
     * @param deadlinetime 截止日期
     */
    public void setDeadlinetime(Date deadlinetime) {
        this.deadlinetime = deadlinetime;
    }
    /**
     * 获取是否 ALL,0:否,1:@ALL
     *
     * @return ISALL - 是否 ALL,0:否,1:@ALL
     */
    public Byte getIsall() {
        return isall;
```

```
    }
    /**
     * 设置是否 ALL,0:否,1:@ALL
     *
     * @param isall 是否 ALL,0:否,1:@ALL
     */
    public void setIsall(Byte isall) {
        this.isall = isall;
    }
    /**
     * 获取首语
     *
     * @return HEADCONTENT - 首语
     */
    public String getHeadcontent() {
        return headcontent;
    }
    /**
     * 设置首语
     *
     * @param headcontent 首语
     */
    public void setHeadcontent(String headcontent) {
        this.headcontent = headcontent == null ? null : headcontent.trim();
    }
    /**
     * 获取尾语
     *
     * @return FOOTERCONTENT - 尾语
     */
    public String getFootercontent() {
        return footercontent;
    }
    /**
     * 设置尾语
     *
     * @param footercontent 尾语
     */
    public void setFootercontent(String footercontent) {
        this.footercontent = footercontent == null ? null :
footercontent.trim();
    }
    /**
     * 获取是否允许成员查看投票结果,0:否,1:是
     *
     * @return ALLOWSHOWRESULT - 是否允许成员查看投票结果,0:否,1:是
```

```
     */
    public Byte getAllowshowresult() {
        return allowshowresult;
    }
    /**
     * 设置是否允许成员查看投票结果,0:否,1:是
     *
     * @param allowshowresult 是否允许成员查看投票结果,0:否,1:是
     */
    public void setAllowshowresult(Byte allowshowresult) {
        this.allowshowresult = allowshowresult;
    }
    /**
     * 获取是否允许成员匿名投票
     *
     * @return ALLOWANONYMAT - 是否允许成员匿名投票
     */
    public Byte getAllowanonymat() {
        return allowanonymat;
    }
    /**
     * 设置是否允许成员匿名投票
     *
     * @param allowanonymat 是否允许成员匿名投票
     */
    public void setAllowanonymat(Byte allowanonymat) {
        this.allowanonymat = allowanonymat;
    }
    /**
     * 获取创建投票的成员系统 ID
     *
     * @return FROMUSERID - 创建投票的成员系统 ID
     */
    public Integer getFromuserid() {
        return fromuserid;
    }
    /**
     * 设置创建投票的成员系统 ID
     *
     * @param fromuserid 创建投票的成员系统 ID
     */
    public void setFromuserid(Integer fromuserid) {
        this.fromuserid = fromuserid;
    }
    /**
     * 获取状态,0:草稿,1:已发布,2:收集中,3:已结束
```

```
    *
    * @return STATUS - 状态,0:草稿,1:已发布,2:收集中,3:已结束
    */
    public Byte getStatus() {
        return status;
    }
    /**
    * 设置状态,0:草稿,1:已发布,2:收集中,3:已结束
    *
    * @param status 状态,0:草稿,1:已发布,2:收集中,3:已结束
    */
    public void setStatus(Byte status) {
        this.status = status;
    }
    /**
    * 获取备注
    *
    * @return REMARKS - 备注
    */
    public String getRemarks() {
        return remarks;
    }
    /**
    * 设置备注
    *
    * @param remarks 备注
    */
    public void setRemarks(String remarks) {
        this.remarks = remarks == null ? null : remarks.trim();
    }
    /**
    * 获取删除标记,0:存在,1:删除
    *
    * @return DELMARK - 删除标记,0:存在,1:删除
    */
    public Byte getDelmark() {
        return delmark;
    }
    /**
    * 设置删除标记,0:存在,1:删除
    *
    * @param delmark 删除标记,0:存在,1:删除
    */
    public void setDelmark(Byte delmark) {
        this.delmark = delmark;
    }
```

```
/**
 * @return CREATETIME
 */
public Date getCreatetime() {
    return createtime;
}
/**
 * @param createtime
 */
public void setCreatetime(Date createtime) {
    this.createtime = createtime;
}
/**
 * @return MODIFYTIME
 */
public Date getModifytime() {
    return modifytime;
}
/**
 * @param modifytime
 */
public void setModifytime(Date modifytime) {
    this.modifytime = modifytime;
}
/**
 * @return CREATEUSERID
 */
public Integer getCreateuserid() {
    return createuserid;
}
/**
 * @param createuserid
 */
public void setCreateuserid(Integer createuserid) {
    this.createuserid = createuserid;
}
/**
 * @return MODIFYUSERID
 */
public Integer getModifyuserid() {
    return modifyuserid;
}
/**
 * @param modifyuserid
 */
public void setModifyuserid(Integer modifyuserid) {
```

```
            this.modifyuserid = modifyuserid;
    }
    /**
     * 获取用户 ID 列表
     *
     * @return TO_USER - 用户 ID 列表
     */
    public String getToUser() {
        return toUser;
    }
    /**
     * 设置用户 ID 列表
     *
     * @param toUser 用户 ID 列表
     */
    public void setToUser(String toUser) {
        this.toUser = toUser == null ? null : toUser.trim();
    }
    /**
     * 获取部门 ID 列表
     *
     * @return TO_PARTY - 部门 ID 列表
     */
    public String getToParty() {
        return toParty;
    }
    /**
     * 设置部门 ID 列表
     *
     * @param toParty 部门 ID 列表
     */
    public void setToParty(String toParty) {
        this.toParty = toParty == null ? null : toParty.trim();
    }
    /**
     * 获取标签 ID 列表
     *
     * @return TO_TAG - 标签 ID 列表
     */
    public String getToTag() {
        return toTag;
    }
    /**
     * 设置标签 ID 列表
     *
     * @param toTag 标签 ID 列表
```

```
 */
public void setToTag(String toTag) {
    this.toTag = toTag == null ? null : toTag.trim();
}
/**
 * 获取图文消息对应的图片 URL
 *
 * @return PIC_URL - 图文消息对应的图片 URL
 */
public String getPicUrl() {
    return picUrl;
}
/**
 * 设置图文消息对应的图片 URL
 *
 * @param picUrl 图文消息对应的图片 URL
 */
public void setPicUrl(String picUrl) {
    this.picUrl = picUrl == null ? null : picUrl.trim();
}
/**
 * 获取投票静态 URL
 *
 * @return VOTEURL - 投票静态 URL
 */
public String getVoteurl() {
    return voteurl;
}
/**
 * 设置投票静态 URL
 *
 * @param voteurl 投票静态 URL
 */
public void setVoteurl(String voteurl) {
    this.voteurl = voteurl == null ? null : voteurl.trim();
}
/**
 * 获取用户投票次数统计
 *
 * @return VOTECOUNT - 用户投票次数统计
 */
public Integer getVotecount() {
    return votecount;
}
/**
 * 设置用户投票次数统计
```

```
     *
     * @param votecount 用户投票次数统计
     */
    public void setVotecount(Integer votecount) {
        this.votecount = votecount;
    }
}
```

2. 服务层

在接口上，我们设置方法的缓存策略。@Cacheable 放在查询方法上面，第二次执行时，如果是相同的查询条件，则直接返回 Redis 中的缓存结果，不会访问 MySQL 数据库。@CacheEvict 放在插入或者修改的方法上面，表示数据库中的数据发生改变的时候，同时刷新 Redis 的缓存结果。@CacheEvict 放在删除的方法上面，表示清空相关的缓存，服务层接口代码如下。

```
package com.xsz.vote.service;
import com.xsz.common.domain.QueryRequest;
import com.xsz.common.domain.Tree;
import com.xsz.common.service.IService;
import com.xsz.system.domain.Dict;
import com.xsz.system.domain.Menu;
import com.xsz.vote.domain.Vote;
import com.xsz.vote.vo.VoteVO;
import org.springframework.cache.annotation.CacheConfig;
import org.springframework.cache.annotation.CacheEvict;
import org.springframework.cache.annotation.Cacheable;
import java.util.List;
@CacheConfig(cacheNames = "VoteService")
public interface VoteService extends IService<Vote> {
    @Cacheable(key = "#p0.toString() + (#p1 != null ? #p1.toString():'')")
    List<Vote> findAllVotes(Vote vote, QueryRequest request);
    @CacheEvict(allEntries = true)
    public void addVote(Vote vote);
    @CacheEvict(key = "#p0", allEntries = true)
    void updateVote(Vote vote);
    @CacheEvict(key = "#p0", allEntries = true)
    void deleteVotes(String VoteIds);
    @Cacheable(key = "#p0")
    Vote findById(Long id);
    Tree<Vote> getVoteButtonTree();
    public List<VoteVO> findVoteVOs(Integer status);
    public List<VoteVO> findResultVoteVOs();
}
```

@Service 放在实现类上面，表示把对象托管给 Spring，在其他的类上使用@Resource 或者@Autowired 可以提取 service 实现类的对象。

@Transactional 可以放在类的上面，也可以放在方法的上面。放在类的上面表示这个类下面的所有 public 修饰的方法共用一个事务属性，其中，rollbackFor＝Exception.class 的作用是如果这个类中的方法发生异常，就会发生事务回滚，修改的数据也会恢复；如果不加这个属性事务，则只有遇到 RuntimeException 时才回滚。服务层实现代码如下。

```
package com.xsz.vote.service.impl;
import com.xsz.common.domain.QueryRequest;
import com.xsz.common.domain.Tree;
import com.xsz.common.service.impl.BaseService;
import com.xsz.common.util.MD5Utils;
import com.xsz.common.util.TreeUtils;
import com.xsz.system.domain.Dict;
import com.xsz.system.domain.Menu;
import com.xsz.system.domain.User;
import com.xsz.vote.dao.VoteMapper;
import com.xsz.vote.domain.Vote;
import com.xsz.vote.service.VoteService;
import com.xsz.vote.vo.VoteVO;
import org.apache.commons.lang3.StringUtils;
import org.apache.shiro.SecurityUtils;
import org.slf4j.Logger;
import org.slf4j.LoggerFactory;
import org.springframework.beans.factory.annotation.Autowired;
import org.springframework.stereotype.Service;
import org.springframework.transaction.annotation.Propagation;
import org.springframework.transaction.annotation.Transactional;
import tk.mybatis.mapper.entity.Example;
import java.util.ArrayList;
import java.util.Arrays;
import java.util.Date;
import java.util.List;
import java.util.stream.Collectors;
/**
 * Bsea
 * @date 2020.06.25
 */
@Service("voteService")
@Transactional(propagation = Propagation.SUPPORTS, readOnly = true,
rollbackFor = Exception.class)
public class VoteServiceImpl extends BaseService<Vote> implements
VoteService {
    private Logger log = LoggerFactory.getLogger(this.getClass());
    @Autowired
    private VoteMapper voteMapper;
    /**
```

```
    *   查询所有需要投票的选项
     * @param vote
     * @param request
     * @return
     */
    @Override
    public List<Vote> findAllVotes(Vote vote, QueryRequest request) {
        try {
            Example example = new Example(Vote.class);
            Example.Criteria criteria = example.createCriteria();
            if (StringUtils.isNotBlank(vote.getTitle())) {
                criteria.andCondition("title=",vote.getTitle());
            }
            example.setOrderByClause("CREATETIME");
            return this.selectByExample(example);
        } catch (Exception e) {
            log.error("获取投票项目信息失败", e);
            return new ArrayList<>();
        }
    }
    @Override
    public void addVote(Vote vote) {
        vote.setCreatetime(new Date());
        save(vote);
    }
    @Override
    public void updateVote(Vote vote) {
        vote.setCreatetime(new Date());
        this.updateNotNull(vote);
    }
    @Override
    public void deleteVotes(String VoteIds) {
        List<String> list = Arrays.asList(VoteIds.split(","));
        this.batchDelete(list, "id", Vote.class);
    }
    @Override
    public Vote findById(Long id) {
        return this.selectByKey(id);
    }
    /**
     * 获取投票项目列表
     * @return
     */
    @Override
    public Tree<Vote> getVoteButtonTree() {
        List<Tree<Vote>> trees = new ArrayList<>();
```

```
        List<Vote> voteList = this.findAllVotes(new Vote(),null);
        log.debug("voteList--size---"+voteList.size());
        buildTrees(trees, voteList);
        return TreeUtils.build(trees);
    }
    /**
     * 获取投票结果列表
     * @return
     */
    @Override
    public List<VoteVO> findVoteVOs(Integer status) {
        return voteMapper.findVoteVOs(status);
    }
    @Override
    public List<VoteVO> findResultVoteVOs() {
        return voteMapper.findResultVoteVOs();
    }
    private void buildTrees(List<Tree<Vote>> trees, List<Vote> voteList) {
        voteList.forEach(vote -> {
            Tree<Vote> tree = new Tree<>();
            tree.setId(vote.getId().toString());
//          tree.setParentId("");
            tree.setText(vote.getTitle());
            trees.add(tree);
        });
    }
}
```

3. 控制层

@Controller 放在控制类上面表示其下的方法如果返回地址,就会发生页面跳转。@RequestMapping("vote")
放在控制类上面表示这个控制类下面所有方法的拦截路径前面都必须加上 vote,控制类的代码如下。

```
package com.xsz.vote.controller;
import com.xsz.common.annotation.Log;
import com.xsz.common.controller.BaseController;
import com.xsz.common.domain.QueryRequest;
import com.xsz.common.domain.ResponseBo;
import com.xsz.common.domain.Tree;
import com.xsz.common.util.FileUtil;
import com.xsz.common.util.MD5Utils;
import com.xsz.system.domain.Menu;
import com.xsz.system.domain.User;
import com.xsz.system.service.UserService;
import com.xsz.vote.domain.Vote;
import com.xsz.vote.service.VoteService;
```

```java
import org.apache.commons.lang3.StringUtils;
import org.apache.shiro.authz.annotation.RequiresPermissions;
import org.slf4j.Logger;
import org.slf4j.LoggerFactory;
import org.springframework.beans.factory.annotation.Autowired;
import org.springframework.stereotype.Controller;
import org.springframework.ui.Model;
import org.springframework.web.bind.annotation.RequestMapping;
import org.springframework.web.bind.annotation.ResponseBody;
import java.util.List;
import java.util.Map;
@Controller
@RequestMapping("vote")
public class VoteController extends BaseController {
    private Logger log = LoggerFactory.getLogger(this.getClass());
    @Autowired
    private UserService userService;
    @Autowired
    private VoteService voteService;
    private static final String ON = "on";
    @RequestMapping("")
    @RequiresPermissions("vote:list")
    public String index(Model model) {
        User user = super.getCurrentUser();
        model.addAttribute("user", user);
        return "vote/vote";
    }
    @RequestMapping("getVote")
    @ResponseBody
    public ResponseBo getVote(Long id) {
        try {
            Vote vote = this.voteService.findById(id);
            return ResponseBo.ok(vote);
        } catch (Exception e) {
            log.error("获取投票项目失败", e);
            return ResponseBo.error("获取投票项目失败，请联系网站管理员！");
        }
    }
    @Log("获取投票项目信息")
    @RequestMapping("list")
    @RequiresPermissions("vote:list")
    @ResponseBody
    public Map<String, Object> voteList(QueryRequest request, Vote vote) {
        return super.selectByPageNumSize(request, () ->
this.voteService.findAllVotes (vote, request));
    }
```

```java
@RequestMapping("excel")
@ResponseBody
public ResponseBo voteExcel(Vote vote) {
    try {
        List<Vote> list = this.voteService.findAllVotes(vote, null);
        return FileUtil.createExcelByPOIKit("投票项目表", list, Vote.class);
    } catch (Exception e) {
        log.error("导出投票项目信息 Excel 失败", e);
        return ResponseBo.error("导出 Excel 失败，请联系网站管理员！");
    }
}
@RequestMapping("csv")
@ResponseBody
public ResponseBo voteCsv(Vote vote) {
    try {
        List<Vote> list = this.voteService.findAllVotes(vote, null);
        return FileUtil.createCsv("投票项目表", list, Vote.class);
    } catch (Exception e) {
        log.error("导出投票项目信息 Csv 失败", e);
        return ResponseBo.error("导出 Csv 失败，请联系网站管理员！");
    }
}
@Log("新增投票项目")
@RequiresPermissions("vote:add")
@RequestMapping("add")
@ResponseBody
public ResponseBo addVote(Vote vote) {
    try {
        this.voteService.addVote(vote);
        return ResponseBo.ok("新增投票项目成功！");
    } catch (Exception e) {
        log.error("新增投票项目失败", e);
        return ResponseBo.error("新增投票项目失败，请联系网站管理员！");
    }
}
@Log("修改投票项目")
@RequiresPermissions("vote:update")
@RequestMapping("update")
@ResponseBody
public ResponseBo updateUser(Vote vote) {
    try {
        this.voteService.updateVote(vote);
        return ResponseBo.ok("修改投票项目成功！");
    } catch (Exception e) {
        log.error("修改投票项目失败", e);
        return ResponseBo.error("修改投票项目失败，请联系网站管理员！");
    }
```

```
            }
        }
        @Log("删除投票项目")
        @RequiresPermissions("vote:delete")
        @RequestMapping("delete")
        @ResponseBody
        public ResponseBo deleteVotes(String ids) {
            try {
                this.voteService.deleteVotes(ids);
                return ResponseBo.ok("删除投票项目成功！");
            } catch (Exception e) {
                log.error("删除投票项目失败", e);
                return ResponseBo.error("删除投票项目失败，请联系网站管理员！");
            }
        }
        @RequestMapping("voteButtonTree")
        @ResponseBody
        public ResponseBo getVoteButtonTree() {
            try {
                Tree<Vote> tree = this.voteService.getVoteButtonTree();
                return ResponseBo.ok(tree);
            } catch (Exception e) {
                log.error("获取投票项目表失败", e);
                return ResponseBo.error("获取投票项目列表失败！");
            }
        }
    }
}
```

4. 页面层

页面集成 Thymeleaf 和 Shiro，投票项目的主页面路径是 templates/vote/vote.html，页面主要包含两个部分，一个是查询用的 form，一个是显示数据用的 table。通过 Shiro 的权限控制，可以控制用户看到的按钮，代码如下。

```
<div data-th-include="vote/voteAdd"></div>
<div class="card">
    <div class="card-block">
        <div class="table-responsive">
            <div id="data-table_wrapper" class="dataTables_wrapper">
                <div class="dataTables_buttons hidden-sm-down actions">
                    <span class="actions__item zmdi zmdi-search"
onclick="search()" title="搜索" />
                    <span class="actions__item zmdi zmdi-refresh-alt"
onclick="refresh()" title="刷新" />
                    <div class="dropdown actions__item">
                        <i data-toggle="dropdown" class="zmdi zmdi-download">
```

```
                        </i>
                            <ul class="dropdown-menu dropdown-menu-right">
                                <a href="javascript:void(0)" class="dropdown-item"
data-table-action="excel" onclick="exportVoteExcel()">
                                Excel (.xlsx)
                        </a>
                                <a href="javascript:void(0)" class="dropdown-item"
data-table-action="csv" onclick="exportVoteCsv()">
                                CSV (.csv)
                        </a>
                            </ul>
                        </div>
                        <div class="dropdown actions__item"
shiro:hasAnyPermissions= "vote:add,vote:delete,vote:update">
                            <i data-toggle="dropdown" class="zmdi zmdi-more-vert"></i>
                            <div class="dropdown-menu dropdown-menu-right">
                                <a href="javascript:void(0)" class="dropdown-item"
data-toggle="modal" data-target="#vote-add" shiro:hasPermission="vote:add">
新增投票项目</a>
                                <a href="javascript:void(0)" class="dropdown-item"
onclick="updateVote()" shiro:hasPermission="vote:update">修改投票项目</a>
                                <a href="javascript:void(0)" class="dropdown-item"
onclick="deleteVote()" shiro:hasPermission="vote:delete">删除投票项目</a>
                            </div>
                        </div>
                    </div>
                    <div id="data-table_filter" class="dataTables_filter">
                        <form class="vote-table-form">
                            <div class="row">
                                <div class="col-sm-3">
                                    <div class="input-group">
                                        <span class="input-group-addon">
                                    标题:
                                </span>
                                        <div class="form-group">
                                            <input type="text" name="title"
class="form-control">
                                            <i class="form-group__bar"></i>
                                        </div>
                                    </div>
                                </div>
                            </div>
                        </form>
                    </div>
                    <table id="voteTable" data-mobile-responsive="true"
class="mb-bootstrap-table text-nowrap"></table>
```

```
        </div>
      </div>
    </div>
  </div>
<script data-th-src="@{js/app/vote/vote.js}"></script>
<script data-th-src="@{js/app/vote/voteEdit.js}"></script>
```

新建投票项目的 html 路径是 templates/vote/voteAdd.html，其实就是一个 Bootstrap 的模态框，单击"新建"或"修改"按钮时会弹出这个模态框，代码如下。

```
<div class="modal fade" id="vote-add" data-keyboard="false" data-
backdrop="static" tabindex="-1">
  <div class="modal-dialog modal-lg">
    <div class="modal-content">
      <div class="modal-header">
        <h3 class="modal-title pull-left" id="vote-add-modal-title">新
增投票项目</h3>
      </div>
      <div class="modal-body">
        <form id="vote-add-form">
          <div class="row">
            <div class="col-sm-11">
              <div class="input-group">
                <span class="input-group-addon">
                  投票项目标题：
                </span>
                <div class="form-group">
                  <input type="text" name="title" class="form-
control">
                  <input type="text" hidden name="id" class="form-
control">
                </div>
              </div>
            </div>
          </div>
          <div class="row">
            <div class="col-sm-11">
              <div class="input-group">
                <span class="input-group-addon">
                  投票项目描述：
                </span>
                <div class="form-group">
                  <input type="text" name="remarks" class= "form-
control">
                </div>
              </div>
```

```
                        </div>
                    </div>
                    <div class="row">
                        <div class="col-sm-11">
                            <div class="input-group">
                                <span class="input-group-addon">
                                    状态：
                                </span>
                                <div class="form-group">
                                    <select  name="status">
                                        <option value="0" selected>草稿</option>
                                        <option value="1">发布</option>
                                        <option value="2">结束</option>
                                    </select>
                                </div>
                            </div>
                        </div>
                    </div>
                </form>
            </div>
            <div class="modal-footer">
                <button type="button" class="btn btn-save" id="vote-add-button"
name="save"> 保存</button>
                <button type="button" class="btn btn-secondary btn-close">关闭
</button>
                <button class="btn-hide"></button>
            </div>
        </div>
    </div>
</div>
<script data-th-src="@{js/app/vote/voteAdd.js}"></script>
```

主页面的 js 文件路径是 static/js/app/vote/vote.js，采用 Bootstrap table 通过 js 控制页面 table 的
演示字段和数据。

```
$(function () {
    var settings = {
        url: ctx + "vote/list",
        pageSize: 10,
        queryParams: function (params) {
            return {
                pageSize: params.limit,
                pageNum: params.offset / params.limit + 1,
                title: $(".vote-table-form").find("input[name=
'title']").val().trim()
            };
```

```
            },
            columns: [
            {
                    checkbox: true
            },
            {
                field: 'id',
                 title: '序号'
            },
             {
               field: 'title',
               title: '标题'
            },
            {
               field: 'votecount',
               title: '投票次数'
             }, {
            field: 'remarks',
               title: '备注'
            }, {

               field: 'createtime',
               title: '修改时间'
            },
            {
               field: 'status',
               title: '状态',
               formatter: function (value, row, index) {
                    if (value == '0') return '<span class="badge badge-success">草
稿</span>';
                    if (value == '1') return '<span class="badge badge-primary">已
发布</span>';
                    if (value == '2') return '<span class="badge badge-warning">结
束</span>';
               }
             }
            ]
        };
        $MB.initTable('voteTable', settings);
});
function search() {
    $MB.refreshTable('voteTable');
}
function refresh() {
    $(".vote-table-form")[0].reset();
    search();
```

```
}
function deleteVote() {
    var selected = $("#voteTable").bootstrapTable('getSelections');
    var selected_length = selected.length;
    if (!selected_length) {
        $MB.n_warning('请勾选需要删除的投票项目！');
        return;
    }
    var ids = "";
    for (var i = 0; i < selected_length; i++) {
        ids += selected[i].id;
        if (i !== (selected_length - 1)) ids += ",";
    }
    $MB.confirm({
        text: "删除选中投票项目将导致该投票项目对应账户失去相应的权限，确定删除？",
        confirmButtonText: "确定删除"
    }, function () {
        $.post(ctx + 'vote/delete', {"ids": ids}, function (r) {
            if (r.code === 0) {
                $MB.n_success(r.msg);
                refresh();
            } else {
                $MB.n_danger(r.msg);
            }
        });
    });
}
function exportVoteExcel() {
    $.post(ctx + "vote/excel", $(".vote-table-form").serialize(), function (r) {
        if (r.code === 0) {
            window.location.href = "common/download?fileName=" + r.msg +
"&delete=" + true;
        } else {
            $MB.n_warning(r.msg);
        }
    });
}
function exportVoteCsv() {
    $.post(ctx + "vote/csv", $(".vote-table-form").serialize(), function (r) {
        if (r.code === 0) {
            window.location.href = "common/download?fileName=" + r.msg +
"&delete=" + true;
        } else {
            $MB.n_warning(r.msg);
        }
    });
```

```
    }
```

新增页面的 js 文件路径是 static/js/app/vote/voteAdd.js，从下面的代码中大家会发现，新增和修改功能的实现执行的是同一个 JavaScript 方法，通过提交按钮的 name 属性来区别本次提交是新增还是修改，代码如下。

```
$(function () {
    var $voteAddForm = $("#vote-add-form");
    $("#vote-add .btn-save").click(function () {
     var name = $(this).attr("name");
     console.log("click save button "+name);
            var flag=true;
            if (flag) {
                if (name === "save") {
                    $.post(ctx + "vote/add", $voteAddForm.serialize(), function (r) {
                        if (r.code === 0) {
                            closeModal();
                            $MB.n_success(r.msg);
                            $MB.refreshTable("voteTable");
                        } else $MB.n_danger(r.msg);
                    });
                }
                if (name === "update") {
                    $.post(ctx + "vote/update", $voteAddForm.serialize(), function(r) {
                        if (r.code === 0) {
                            closeModal();
                            $MB.n_success(r.msg);
                            $MB.refreshTable("voteTable");
                        } else $MB.n_danger(r.msg);
                    });
                }
            }
        });
    $("#vote-add .btn-close").click(function () {
        console.log("click close button ");
         $("#vote-add-button").attr("name", "save");
        closeModal();
    });
    function closeModal() {
        $MB.closeAndRestModal("vote-add");
    }
});
```

修改页面的 js 文件路径是 static/js/app/vote/voteEdit.js，用户单击"修改"按钮时，会执行下面的 updatevoteTopic 方法。这个方法主要完成了 3 件事：第一给修改的模态框赋值，让用户可以看到已经存在的值；第二把提交按钮的 name 属性改成 update，这样用户提交的时候，就知道这次提交是修改操作；第三在页面上打开模态框，用户就可以看到修改的页面。

```
function updatevoteTopic() {
    var selected = $("#voteTopicTable").bootstrapTable('getSelections');
    var selected_length = selected.length;
    if (!selected_length) {
        $MB.n_warning('请勾选需要修改的投票项目！');
        return;
    }
    if (selected_length > 1) {
        $MB.n_warning('一次只能修改一个投票项目！');
        return;
    }
    var voteTopicId = selected[0].id;
    $.post(ctx + "voteTopic/getvoteTopic", {"id": voteTopicId}, function (r) {
        if (r.code === 0) {
            var $form = $('#voteTopic-add');
            $form.modal();
            var voteTopic = r.msg;
            $("#voteTopic-add-modal-title").html('修改投票项目');
            // 这个地方一定要给主键赋值，否则不能修改成功
            $form.find("input[name='id']").val(voteTopic.id);
            $form.find("input[name='title']").val(voteTopic.title);
            $form.find("input[name='status']").val(voteTopic.status);
            $form.find("input[name='remarks']").val(voteTopic.remarks);
            $("#voteTopic-add-button").attr("name", "update");
        } else {
            $MB.n_danger(r.msg);
        }
    });
}
```

1.4.2 投票主题管理

创建好投票项目之后，需要创建投票主题，一个投票项目可以包含多个投票主题。

新增投票主题页面如图 1.5 所示，可以设置主题的类型是单选还是多选，并且绑定主题到一个投票项目。主题管理的主页面如图 1.6 所示。

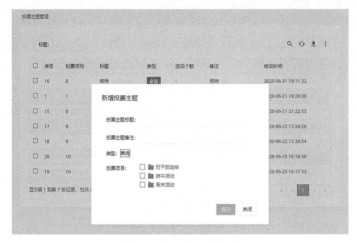

图 1.5　新增投票主题

图 1.6　投票主题管理主页

1. 实体层

投票主题实体对象包含主题的名字、类型和注解说明等信息。特别说明一下，@ExportConfig(value = "xxx") 配置的是下载 Excel 时表头的名字，代码如下。

```java
package com.xsz.vote.domain;
import com.xsz.common.annotation.ExportConfig;
import java.io.Serializable;
import java.util.Date;
import javax.persistence.*;
@Table(name = "tb_d_vote_topic")
public class VoteTopic implements Serializable {
    private static final long serialVersionUID = 7780820231535870010L;
    @ExportConfig(value = "ID")
```

```
@Id
@Column(name = "ID")
@GeneratedValue(strategy = GenerationType.IDENTITY)
private Integer id;
/**
 * 投票ID
 */
@ExportConfig(value = "投票ID")
@Column(name = "VOTEID")
private Integer voteid;
/**
 * 类型,来源于字典表,0:单选,1:多选
 */
@ExportConfig(value = "类型")
@Column(name = "KINDS")
private Byte kinds;
/**
 * 题目
 */
@ExportConfig(value = "标题")
@Column(name = "TITLE")
private String title;
/**
 * 每人最多可投票数,对于单选项,该项值为1
 */
@Column(name = "MAXVOTE")
private Integer maxvote;
/**
 * 每人最少可投票数,对于单选项,该项值为1
 */
@Column(name = "MIXVOTE")
private Integer mixvote;
/**
 * 是否允许用户自定义答案,0:是,1:否
 */
@Column(name = "ALLOWUSERDEFINE")
private Byte allowuserdefine;
/**
 * 排序,正序
 */
@Column(name = "SORTCODE")
private Integer sortcode;
@Column(name = "REMARKS")
private String remarks;
/**
 * 删除标记,0:存在,1:删除
```

```java
     */
    @Column(name = "DELMARK")
    private Byte delmark;
    @Column(name = "CREATETIME")
    private Date createtime;
    @Column(name = "MODIFYTIME")
    private Date modifytime;
    @Column(name = "CREATEUSERID")
    private Integer createuserid;
    @Column(name = "MODIFYUSERID")
    private Integer modifyuserid;
    /**
     * 选项个数
     */
    @ExportConfig(value = "选项个数")
    @Column(name = "OPTIONCOUNT")
    private Integer optioncount;
    /**
     * @return ID
     */
    public Integer getId() {
        return id;
    }
    /**
     * @param id
     */
    public void setId(Integer id) {
        this.id = id;
    }
    /**
     * 获取投票 ID
     *
     * @return VOTEID - 投票 ID
     */
    public Integer getVoteid() {
        return voteid;
    }
    /**
     * 设置投票 ID
     *
     * @param voteid 投票 ID
     */
    public void setVoteid(Integer voteid) {
        this.voteid = voteid;
    }
    /**
```

```
 * 获取类型,来源于字典表,0:单选,1:多选
 *
 * @return KINDS - 类型,来源于字典表,0:单元,1:多选
 */
public Byte getKinds() {
    return kinds;
}
/**
 * 设置类型,来源于字典表,0:单元,1:多选
 *
 * @param kinds 类型,来源于字典表,0:单元,1:多选
 */
public void setKinds(Byte kinds) {
    this.kinds = kinds;
}
/**
 * 获取题目
 *
 * @return TITLE - 题目
 */
public String getTitle() {
    return title;
}
/**
 * 设置题目
 *
 * @param title 题目
 */
public void setTitle(String title) {
    this.title = title == null ? null : title.trim();
}
/**
 * 获取每人最多可投票数,对于单选项,该项值为1
 *
 * @return MAXVOTE - 每人最多可投票数,对于单选项,该项值为1
 */
public Integer getMaxvote() {
    return maxvote;
}
/**
 * 设置每人最多可投票数,对于单选项,该项值为1
 *
 * @param maxvote 每人最多可投票数,对于单选项,该项值为1
 */
public void setMaxvote(Integer maxvote) {
    this.maxvote = maxvote;
```

```java
    }
    /**
     * 获取每人最少可投票数,对于单选项,该项值为1
     *
     * @return MIXVOTE - 每人最少可投票数,对于单选项,该项值为1
     */
    public Integer getMixvote() {
        return mixvote;
    }
    /**
     * 设置每人最少可投票数,对于单选项,该项值为1
     *
     * @param mixvote 每人最少可投票数,对于单选项,该项值为1
     */
    public void setMixvote(Integer mixvote) {
        this.mixvote = mixvote;
    }
    /**
     * 获取是否允许用户自定义答案,0:是,1:否
     *
     * @return ALLOWUSERDEFINE - 是否允许用户自定义答案,0:是,1:否
     */
    public Byte getAllowuserdefine() {
        return allowuserdefine;
    }
    /**
     * 设置是否允许用户自定义答案,0:是,1:否
     *
     * @param allowuserdefine 是否允许用户自定义答案,0:是,1:否
     */
    public void setAllowuserdefine(Byte allowuserdefine) {
        this.allowuserdefine = allowuserdefine;
    }
    /**
     * 获取排序,正序
     *
     * @return SORTCODE - 排序,正序
     */
    public Integer getSortcode() {
        return sortcode;
    }
    /**
     * 设置排序,正序
     *
     * @param sortcode 排序,正序
     */
```

```java
public void setSortcode(Integer sortcode) {
    this.sortcode = sortcode;
}
/**
 * @return REMARKS
 */
public String getRemarks() {
    return remarks;
}
/**
 * @param remarks
 */
public void setRemarks(String remarks) {
    this.remarks = remarks == null ? null : remarks.trim();
}
/**
 * 获取删除标记,0:存在,1:删除
 *
 * @return DELMARK - 删除标记,0:存在,1:删除
 */
public Byte getDelmark() {
    return delmark;
}
/**
 * 设置删除标记,0:存在,1:删除
 *
 * @param delmark 删除标记,0:存在,1:删除
 */
public void setDelmark(Byte delmark) {
    this.delmark = delmark;
}
/**
 * @return CREATETIME
 */
public Date getCreatetime() {
    return createtime;
}
/**
 * @param createtime
 */
public void setCreatetime(Date createtime) {
    this.createtime = createtime;
}
/**
 * @return MODIFYTIME
 */
```

```
public Date getModifytime() {
    return modifytime;
}
/**
 * @param modifytime
 */
public void setModifytime(Date modifytime) {
    this.modifytime = modifytime;
}
/**
 * @return CREATEUSERID
 */
public Integer getCreateuserid() {
    return createuserid;
}
/**
 * @param createuserid
 */
public void setCreateuserid(Integer createuserid) {
    this.createuserid = createuserid;
}
/**
 * @return MODIFYUSERID
 */
public Integer getModifyuserid() {
    return modifyuserid;
}
/**
 * @param modifyuserid
 */
public void setModifyuserid(Integer modifyuserid) {
    this.modifyuserid = modifyuserid;
}
/**
 * 获取选项个数
 *
 * @return OPTIONCOUNT - 选项个数
 */
public Integer getOptioncount() {
    return optioncount;
}
/**
 * 设置选项个数
 *
 * @param optioncount 选项个数
 */
```

```
public void setOptioncount(Integer optioncount) {
    this.optioncount = optioncount;
}
}
```

2. 服务层

在接口上，我们设置方法的缓存策略。@Cacheable 放在查询方法上面，第二次执行时，如果是相同的查询条件，则直接返回 Redis 的缓存结果，不会访问 MySQL 数据库。@CacheEvict 放在插入或者修改的方法上面，表示数据库中的数据发生改变时，同时刷新 Redis 的缓存结果。@CacheEvict 放在删除的方法上面，表示清空相关的缓存。服务层接口代码如下。

```
package com.xsz.vote.service;
import com.xsz.common.domain.QueryRequest;
import com.xsz.common.domain.Tree;
import com.xsz.common.service.IService;
import com.xsz.vote.domain.Vote;
import com.xsz.vote.domain.VoteTopic;
import org.springframework.cache.annotation.CacheConfig;
import org.springframework.cache.annotation.CacheEvict;
import org.springframework.cache.annotation.Cacheable;
import java.util.List;
/**
 * <p>
 *  服务类
 * </p>
 *
 * @author Bsea
 * @since 2020-06-17
 */
@CacheConfig(cacheNames = "VoteTopicService")
public interface TbDVoteTopicService extends IService<VoteTopic> {
    @Cacheable(key = "#p0.toString() + (#p1 != null ? #p1.toString():'')")
    List<VoteTopic> findAllVoteTopics(VoteTopic VoteTopic, QueryRequest request);
    @CacheEvict(allEntries = true)
    public void addVoteTopic(VoteTopic voteTopic);
    @CacheEvict(key = "#p0", allEntries = true)
    public void updateVoteTopic(VoteTopic voteTopic);
    @CacheEvict(key = "#p0", allEntries = true)
    void deleteVoteTopics(String voteTopicIds);
    @Cacheable(key = "#p0")
    public VoteTopic findById(Long id);
    Tree<VoteTopic> getVoteTopicButtonTree();
}
```

@Service 放在实现类上面，表示把对象托管给 Spring，在其他的类上使用@Resource 或者 @Autowired 可以提取 service 实现类的对象。

@Transactional 可以放在类上面，也可以放在方法上面，放在类上面表示这个类下面的所有public 修饰的方法都共用一个事务属性。其中，rollbackFor＝Exception.class 的作用是如果这个类中的方法 发生异常，就会发生事务回滚，修改的数据也会恢复，如果不加这个属性事务，则只有遇到 RuntimeException 时才回滚。服务层实现代码如下。

```java
package com.xsz.vote.service.impl;
import com.xsz.common.domain.QueryRequest;
import com.xsz.common.domain.Tree;
import com.xsz.common.service.impl.BaseService;
import com.xsz.common.util.TreeUtils;
import com.xsz.vote.dao.VoteTopicMapper;
import com.xsz.vote.domain.Vote;
import com.xsz.vote.domain.VoteTopic;
import com.xsz.vote.service.TbDVoteTopicService;
import com.xsz.vote.service.VoteService;
import org.apache.commons.lang3.StringUtils;
import org.slf4j.Logger;
import org.slf4j.LoggerFactory;
import org.springframework.beans.factory.annotation.Autowired;
import org.springframework.stereotype.Service;
import org.springframework.transaction.annotation.Propagation;
import org.springframework.transaction.annotation.Transactional;
import tk.mybatis.mapper.entity.Example;
import java.util.ArrayList;
import java.util.Arrays;
import java.util.Date;
import java.util.List;
@Service("voteTopicService")
@Transactional(propagation = Propagation.SUPPORTS, readOnly = true,
rollbackFor = Exception.class)
public class VoteTopicServiceImpl extends BaseService<VoteTopic> implements
TbDVoteTopicService {
    private Logger log = LoggerFactory.getLogger(this.getClass());
    @Autowired
    private VoteTopicMapper voteTopicMapper;
    @Override
    public List<VoteTopic> findAllVoteTopics(VoteTopic voteTopic,
QueryRequest request) {
        try {
            Example example = new Example(Vote.class);
            Example.Criteria criteria = example.createCriteria();
            if (StringUtils.isNotBlank(voteTopic.getTitle())) {
                criteria.andCondition("title=",voteTopic.getTitle());
```

```
        }
        example.setOrderByClause("CREATETIME");
        return this.selectByExample(example);
    } catch (Exception e) {
        log.error("获取投票项目信息失败", e);
        return new ArrayList<>();
    }
}
@Override
public void addVoteTopic(VoteTopic voteTopic) {
    voteTopic.setCreatetime(new Date());
    save(voteTopic);
}
@Override
public void updateVoteTopic(VoteTopic voteTopic) {
    voteTopic.setCreatetime(new Date());
    this.updateNotNull(voteTopic);
}
@Override
public void deleteVoteTopics(String voteTopicIds) {
    List<String> list = Arrays.asList(voteTopicIds.split(","));
    this.batchDelete(list, "id", VoteTopic.class);
}
@Override
public VoteTopic findById(Long id) {
    return this.selectByKey(id);
}
@Override
public Tree<VoteTopic> getVoteTopicButtonTree() {
    List<Tree<VoteTopic>> trees = new ArrayList<>();
    List<VoteTopic> voteList = this.findAllVoteTopics(new
VoteTopic(),null);
    buildTrees(trees, voteList);
    return TreeUtils.build(trees);
}
private void buildTrees(List<Tree<VoteTopic>> trees, List<VoteTopic>
voteList) {
    voteList.forEach(vote -> {
        Tree<VoteTopic> tree = new Tree<>();
        tree.setId(vote.getId().toString());
//       tree.setParentId("");
        tree.setText(vote.getTitle());
        trees.add(tree);
    });
    }
}
```

3. 控制层

在控制类上设置@Controller 表示下面的方法如果返回地址，就会发生页面跳转。@RequestMapping("voteTopic")放在类的上面，表示这个控制类下面所有方法的拦截路径前面都必须加上 voteTopic，控制类的代码如下。

```java
package com.xsz.vote.controller;
import com.xsz.common.annotation.Log;
import com.xsz.common.controller.BaseController;
import com.xsz.common.domain.QueryRequest;
import com.xsz.common.domain.ResponseBo;
import com.xsz.common.domain.Tree;
import com.xsz.common.util.FileUtil;
import com.xsz.system.domain.User;
import com.xsz.system.service.UserService;
import com.xsz.vote.domain.Vote;
import com.xsz.vote.domain.VoteTopic;
import com.xsz.vote.service.TbDVoteTopicService;
import org.apache.shiro.authz.annotation.RequiresPermissions;
import org.slf4j.Logger;
import org.slf4j.LoggerFactory;
import org.springframework.beans.factory.annotation.Autowired;
import org.springframework.stereotype.Controller;
import org.springframework.ui.Model;
import org.springframework.web.bind.annotation.RequestMapping;
import org.springframework.web.bind.annotation.ResponseBody;
import java.util.List;
import java.util.Map;
/**
 * <p>
 *   前端控制器
 * </p>
 *
 * @author Bsea
 * @since 2020-06-17
 */
@Controller
@RequestMapping("voteTopic")
public class TbDVoteTopicController  extends BaseController {
    private Logger log = LoggerFactory.getLogger(this.getClass());
    @Autowired
    private TbDVoteTopicService VoteTopicService;
    @RequestMapping("")
    @RequiresPermissions("voteTopic:list")
    public String index(Model model) {
        User user = super.getCurrentUser();
```

```java
        model.addAttribute("user", user);
        return "voteTopic/voteTopic";
    }
    @RequestMapping("getVoteTopic")
    @ResponseBody
    public ResponseBo getVoteTopic(Long id) {
        try {
            VoteTopic VoteTopic = this.VoteTopicService.findById(id);
            return ResponseBo.ok(VoteTopic);
        } catch (Exception e) {
            log.error("获取投票项目失败", e);
            return ResponseBo.error("获取投票项目失败，请联系网站管理员！");
        }
    }
    @Log("获取投票项目信息")
    @RequestMapping("list")
    @RequiresPermissions("voteTopic:list")
    @ResponseBody
    public Map<String, Object> VoteTopicList(QueryRequest request,
VoteTopic voteTopic) {
        return super.selectByPageNumSize(request, () ->
                this.VoteTopicService.findAllVoteTopics (voteTopic, request));
    }
    @RequestMapping("excel")
    @ResponseBody
    public ResponseBo VoteTopicExcel(VoteTopic VoteTopic) {
        try {
            List<VoteTopic> list = this.VoteTopicService.findAllVoteTopics
                                (VoteTopic, null);
            return FileUtil.createExcelByPOIKit("投票项目表", list, VoteTopic.class);
        } catch (Exception e) {
            log.error("导出投票项目信息 Excel 失败", e);
            return ResponseBo.error("导出 Excel 失败，请联系网站管理员！");
        }
    }
    @RequestMapping("csv")
    @ResponseBody
    public ResponseBo VoteTopicCsv(VoteTopic VoteTopic) {
        try {
            List<VoteTopic> list = this.VoteTopicService.findAllVoteTopics
                                (VoteTopic, null);
            return FileUtil.createCsv("投票项目表", list, VoteTopic.class);
        } catch (Exception e) {
            log.error("导出投票项目信息 Csv 失败", e);
            return ResponseBo.error("导出 Csv 失败，请联系网站管理员！");
        }
    }
```

```
    }
    @Log("新增投票项目")
    @RequiresPermissions("voteTopic:add")
    @RequestMapping("add")
    @ResponseBody
    public ResponseBo addVoteTopic(VoteTopic VoteTopic) {
        try {
            this.VoteTopicService.addVoteTopic(VoteTopic);
            return ResponseBo.ok("新增投票项目成功！");
        } catch (Exception e) {
            log.error("新增投票项目失败", e);
            return ResponseBo.error("新增投票项目失败，请联系网站管理员！");
        }
    }
    @Log("修改投票项目")
    @RequiresPermissions("voteTopic:update")
    @RequestMapping("update")
    @ResponseBody
    public ResponseBo updateUser(VoteTopic voteTopic) {
        try {
            this.VoteTopicService.updateVoteTopic(voteTopic);
            return ResponseBo.ok("修改投票项目成功！");
        } catch (Exception e) {
            log.error("修改投票项目失败", e);
            return ResponseBo.error("修改投票项目失败，请联系网站管理员！");
        }
    }
    @Log("删除投票项目")
    @RequiresPermissions("voteTopic:delete")
    @RequestMapping("delete")
    @ResponseBody
    public ResponseBo deleteVoteTopics(String ids) {
        try {
            this.VoteTopicService.deleteVoteTopics(ids);
            return ResponseBo.ok("删除投票项目成功！");
        } catch (Exception e) {
            log.error("删除投票项目失败", e);
            return ResponseBo.error("删除投票项目失败，请联系网站管理员！");
        }
    }
    @RequestMapping("voteTopicButtonTree")
    @ResponseBody
    public ResponseBo getVoteButtonTree() {
        try {
            Tree<VoteTopic> tree = this.VoteTopicService.getVoteTopicButtonTree();
            return ResponseBo.ok(tree);
```

```
        } catch (Exception e) {
            log.error("获取投票项目表失败", e);
            return ResponseBo.error("获取投票项目列表失败！");
        }
    }
}
```

4. 页面层

页面集成 Thymeleaf 和 Shiro，投票主题的主页面路径是 templates/voteTopic/voteTopic.html，页面主要包含两个部分，一个是查询用的 form，一个是显示数据用的 table。通过 Shiro 的权限控制，可以控制用户看到的按钮，代码如下。

```
<div data-th-include="voteTopic/voteTopicAdd"></div>
<div class="card">
    <div class="card-block">
        <div class="table-responsive">
            <div id="data-table_wrapper" class="dataTables_wrapper">
                <div class="dataTables_buttons hidden-sm-down actions">
                    <span class="actions__item zmdi zmdi-search"
onclick="search()" title="搜索" />
                    <span class="actions__item zmdi zmdi-refresh-alt"
onclick="refresh()" title="刷新" />
                    <div class="dropdown actions__item">
                        <i data-toggle="dropdown" class="zmdi zmdi-download">
                </i>
                        <ul class="dropdown-menu dropdown-menu-right">
                            <a href="javascript:void(0)" class="dropdown-item"
data-table-action="excel" onclick="exportvoteTopicExcel()">
                                Excel (.xlsx)
                        </a>
                            <a href="javascript:void(0)" class="dropdown-item"
data-table-action="csv" onclick="exportvoteTopicCsv()">
                                CSV (.csv)
                        </a>
                        </ul>
                    </div>
                    <div class="dropdown actions__item"
shiro:hasAnyPermissions="voteTopic:add,voteTopic:delete,voteTopic:update">
                        <i data-toggle="dropdown" class="zmdi zmdi-more-
vert"></i>
                        <div class="dropdown-menu dropdown-menu-right">
                            <a href="javascript:void(0)" class="dropdown-item"
data-toggle="modal" data-target="#voteTopic-add"
shiro:hasPermission="voteTopic:add">新增投票主题</a>
                            <a href="javascript:void(0)" class="dropdown-item"
```

```
                            onclick="updateVoteTopic()" shiro:hasPermission="voteTopic:update">修改投票
主题</a>
                                        <a href="javascript:void(0)" class="dropdown-item"
onclick="deletevoteTopic()" shiro:hasPermission="voteTopic:delete">删除投票主
题</a>
                                </div>
                            </div>
                        </div>
                        <div id="data-table_filter" class="dataTables_filter">
                            <form class="voteTopic-table-form">
                                <div class="row">
                                    <div class="col-sm-3">
                                        <div class="input-group">
                                            <span class="input-group-addon">
                                                标题:
                                            </span>
                                            <div class="form-group">
                                                <input type="text" name="title"
class="form-control">
                                                <i class="form-group__bar"></i>
                                            </div>
                                        </div>
                                    </div>
                                </div>
                            </form>
                        </div>
                        <table id="voteTopicTable" data-mobile-responsive="true"
class="mb-bootstrap-table text-nowrap"></table>
                    </div>
                </div>
            </div>
    </div>
    <script data-th-src="@{js/app/voteTopic/voteTopic.js}"></script>
    <script data-th-src="@{js/app/voteTopic/voteTopicEdit.js}"></script>
```

新建投票主题的 html 路径是 templates/voteTopic/voteTopicAdd.html,其实就是一个 Bootstrap 的
模态框,单击"新建"或"修改"按钮时会弹出这个模态框,代码如下。

```
<div class="modal fade" id="voteTopic-add" data-keyboard="false" data-
backdrop= "static" tabindex="-1">
    <div class="modal-dialog modal-lg">
        <div class="modal-content">
            <div class="modal-header">
                <h3 class="modal-title pull-left" id="voteTopic-add-modal-
title">新增投票主题</h3>
            </div>
```

```
    <div class="modal-body">
        <form id="voteTopic-add-form">
            <div class="row">
                <div class="col-sm-11">
                    <div class="input-group">
                        <span class="input-group-addon">
                            投票主题标题：
                    </span>
                        <div class="form-group">
                            <input type="text" name="title" class="form-
control">
                            <input type="text" hidden name="id"
class="form-control">
                        </div>
                    </div>
                </div>
            </div>
            <div class="row">
                <div class="col-sm-11">
                    <div class="input-group">
                        <span class="input-group-addon">
                            投票主题备注：
                    </span>
                        <div class="form-group">
                            <input type="text" name="remarks"
class="form-control">
                        </div>
                    </div>
                </div>
            </div>
            <div class="row">
                <div class="col-sm-11">
                    <div class="input-group">
                        <span class="input-group-addon">
                            类型：
                    </span>
                        <div class="form-group">
                            <select name="kinds">
                                <option value="0" selected>单选</option>
                                <option value="1">多选</option>
                            </select>
                        </div>
                    </div>
                </div>
            </div>
            <div class="row">
```

```html
                    <div class="col-sm-11">
                        <div class="input-group">
                            <span class="input-group-addon" style="justify-
content: flex-start; margin-top: .5rem;">
                                投票项目:
                            </span>
                            <div class="form-group">
                                <div id="voteTree"></div>
                            </div>
                            <input type="hidden" name="voteid">
                        </div>
                    </div>
                </div>
            </form>
        </div>
        <div class="modal-footer">
            <button type="button" class="btn btn-save" id="voteTopic-add-
button" name= "save">保存</button>
            <button type="button" class="btn btn-secondary btn-close">关闭
</button>
            <button class="btn-hide"></button>
        </div>
    </div>
 </div>
</div>
<script data-th-src="@{js/app/voteTopic/voteTopicAdd.js}"></script>
```

主页面的 js 文件路径是 static/js/app/voteTopic/voteTopic.js，采用 Bootstrap table 通过 js 控制页面 table 的演示字段和数据。

```javascript
$(function () {
    var settings = {
        url: ctx + "voteTopicOption/list",
        pageSize: 10,
        queryParams: function (params) {
            return {
                pageSize: params.limit,
                pageNum: params.offset / params.limit + 1,
                title: $(".voteTopicOption-table-form").find("input[name=
'title']").val().trim()
            };
        },
        columns: [
        {
            checkbox: true
        },
        {
```

```
                field: 'id',
                title: '序号'
            },
            {
                field: 'voteid',
                title: '投票项目'
            },
            {
                field: 'topicid',
                title: '主题 ID'
            },
            {
                field: 'options',
                title: '选项内容'
            },
            {

                field: 'createtime',
                title: '修改时间'
            }
            ]
    };
    $MB.initTable('voteTopicOptionTable', settings);
});
function search() {
    $MB.refreshTable('voteTopicOptionTable');
}
function refresh() {
    $(".voteTopicOption-table-form")[0].reset();
    search();
}
function deleteVote() {
    var selected = $("#voteTopicOptionTable").bootstrapTable ('getSelections');
    var selected_length = selected.length;
    if (!selected_length) {
        $MB.n_warning('请勾选需要删除的投票主题！');
        return;
    }
    var ids = "";
    for (var i = 0; i < selected_length; i++) {
        ids += selected[i].id;
        if (i !== (selected_length - 1)) ids += ",";
    }
    $MB.confirm({
        text: "删除选中投票主题将导致该投票主题对应账户失去相应的权限，确定删除？",
        confirmButtonText: "确定删除"
    }, function () {
        $.post(ctx + 'voteTopicOption/delete', {"ids": ids}, function (r) {
```

```
            if (r.code === 0) {
                $MB.n_success(r.msg);
                refresh();
            } else {
                $MB.n_danger(r.msg);
            }
        });
    });
 }
 function exportvoteTopicOptionExcel() {
     $.post(ctx + "voteTopicOption/excel", $(".voteTopicOption-table-
form").serialize(), function (r) {
         if (r.code === 0) {
             window.location.href = "common/download?fileName=" + r.msg +
"&delete=" + true;
         } else {
             $MB.n_warning(r.msg);
         }
     });
 }
 function exportvoteTopicOptionCsv() {
     $.post(ctx + "voteTopicOption/csv", $(".voteTopicOption-table-
form").serialize(), function (r) {
         if (r.code === 0) {
             window.location.href = "common/download?fileName=" + r.msg +
"&delete=" + true;
         } else {
             $MB.n_warning(r.msg);
         }
     });
 }
```

新增主题页面的 js 文件路径是 static/js/app/voteTopic/voteTopicAdd.js，从下面的代码中大家会发现，新增和修改功能的实现执行的是同一个 JavaScript 方法，通过提交按钮的 name 属性来区别本次提交是新增还是修改，代码如下。

```
$(function () {
    var $voteTopicAddForm = $("#voteTopic-add-form");
    createVoteTree();
    $("#voteTopic-add .btn-save").click(function () {
     var name = $(this).attr("name");
     console.log("click save button "+name);
         getVote();
         var flag=true;
         if (flag) {
             if (name === "save") {
                 $.post(ctx + "voteTopic/add", $voteTopicAddForm.serialize(),
function (r) {
```

```
                if (r.code === 0) {
                    closeModal();
                    $MB.n_success(r.msg);
                    $MB.refreshTable("voteTopicTable");
                } else $MB.n_danger(r.msg);
            });
        }
        if (name === "update") {
            $.post(ctx + "voteTopic/update", $voteTopicAddForm.serialize(),
function (r) {
                if (r.code === 0) {
                    closeModal();
                    $MB.n_success(r.msg);
                    $MB.refreshTable("voteTopicTable");
                } else $MB.n_danger(r.msg);
            });
        }
    }
    });
    $("#voteTopic-add .btn-close").click(function () {
        console.log("click close button ");
        $("#voteTopic-add-button").attr("name", "save");
        closeModal();
    });
    function closeModal() {
        $MB.closeAndRestModal("voteTopic-add");
    }
});
function createVoteTree() {
 console.log("click createVoteTree ");
    $.post(ctx + "vote/voteButtonTree", {}, function (r) {
     console.log(r);
        if (r.code === 0) {
            var data = r.msg;
            $('#voteTree').jstree({
                "core": {
                    'data': data.children,
                    // 单选
                     'multiple': false
                },
                "state": {
                    "disabled": true
                },
                "checkbox": {
                    "three_state": false
                },
                "plugins": ["wholerow", "checkbox"]
            });
        } else {
```

```
            $MB.n_danger(r.msg);
        }
    })
}
function getVote() {
    var $voteTree = $('#voteTree');
    var ref = $voteTree.jstree(true);
    var voteIds = ref.get_checked();
    $voteTree.find(".jstree-undetermined").each(function (i, element) {
        voteIds.push($(element).closest('.jstree-node').attr("id"));
    });
    $("[name='voteid']").val(voteIds);
}
```

1.4.3 投票选项管理

创建好投票主题之后，需要给主题添加选项，一个投票主题可以包含多个选项。
投票选项管理的主页面如图 1.7 所示。

图 1.7 投票选项管理主页

1. 实体层

投票选项实体对象中包含了选项的名字、类型和注解说明等信息。特别说明一下，@ExportConfig
(value = "xxx") 配置的是下载 Excel 时表头的名字，代码如下。

```
package com.xsz.vote.domain;
import com.xsz.common.annotation.ExportConfig;
import java.io.Serializable;
import java.util.Date;
import javax.persistence.*;
```

```
@Table(name = "tb_d_vote_topic_options")
public class VoteTopicOption  implements Serializable {
    private static final long serialVersionUID = 7780820231535870010L;
    @ExportConfig(value = "ID")
    @Id
    @Column(name = "ID")
    @GeneratedValue(strategy = GenerationType.IDENTITY)
    private Integer id;
    /**
     * 投票 ID
     */
    @ExportConfig(value = "投票 ID")
    @Column(name = "VOTEID")
    private Integer voteid;
    /**
     * 投票题目 ID
     */
    @ExportConfig(value = "主题 ID")
    @Column(name = "TOPICID")
    private Integer topicid;
    /**
     * 选项类型,冗余字段
     */
    @ExportConfig(value = "选项类型")
    @Column(name = "KINDS")
    private Integer kinds;
    /**
     * 选项
     */
    @Column(name = "OPTIONS")
    private String options;
    /**
     * 选项图示
     */
    @Column(name = "OPTIONSIMG")
    private String optionsimg;
    /**
     * 排序,正序
     */
    @Column(name = "SORTCODE")
    private Integer sortcode;
    /**
     * 删除标记, 0：存在, 1：删除
     */
    @Column(name = "DELMARK")
    private Byte delmark;
    @Column(name = "CREATETIME")
```

```java
    private Date createtime;
    @Column(name = "MODIFYTIME")
    private Date modifytime;
    @Column(name = "CREATEUSERID")
    private Integer createuserid;
    @Column(name = "MODIFYUSERID")
    private Integer modifyuserid;
    /**
     * 备注
     */
    @ExportConfig(value = "备注")
    @Column(name = "REMARKS")
    private String remarks;
    /**
     * 选项的页面 HTML 代码[保留]
     */
    @Column(name = "OPTIONHTML")
    private String optionhtml;
    /**
     * @return ID
     */
    public Integer getId() {
        return id;
    }
    /**
     * @param id
     */
    public void setId(Integer id) {
        this.id = id;
    }
    /**
     * 获取投票 ID
     *
     * @return VOTEID - 投票 ID
     */
    public Integer getVoteid() {
        return voteid;
    }
    /**
     * 设置投票 ID
     *
     * @param voteid 投票 ID
     */
    public void setVoteid(Integer voteid) {
        this.voteid = voteid;
    }
```

```java
/**
 * 获取投票题目 ID
 *
 * @return TOPICID - 投票题目 ID
 */
public Integer getTopicid() {
    return topicid;
}
/**
 * 设置投票题目 ID
 *
 * @param topicid 投票题目 ID
 */
public void setTopicid(Integer topicid) {
    this.topicid = topicid;
}
/**
 * 获取选项类型,冗余字段
 *
 * @return KINDS - 选项类型,冗余字段
 */
public Integer getKinds() {
    return kinds;
}
/**
 * 设置选项类型,冗余字段
 *
 * @param kinds 选项类型,冗余字段
 */
public void setKinds(Integer kinds) {
    this.kinds = kinds;
}
/**
 * 获取选项
 *
 * @return OPTIONS - 选项
 */
public String getOptions() {
    return options;
}
/**
 * 设置选项
 *
 * @param options 选项
 */
public void setOptions(String options) {
```

```java
        this.options = options == null ? null : options.trim();
    }
    /**
     * 获取选项图示
     *
     * @return OPTIONSIMG - 选项图示
     */
    public String getOptionsimg() {
        return optionsimg;
    }
    /**
     * 设置选项图示
     *
     * @param optionsimg 选项图示
     */
    public void setOptionsimg(String optionsimg) {
        this.optionsimg = optionsimg == null ? null : optionsimg.trim();
    }
    /**
     * 获取排序,正序
     *
     * @return SORTCODE - 排序,正序
     */
    public Integer getSortcode() {
        return sortcode;
    }
    /**
     * 设置排序,正序
     *
     * @param sortcode 排序,正序
     */
    public void setSortcode(Integer sortcode) {
        this.sortcode = sortcode;
    }
    /**
     * 获取删除标记, 0: 存在, 1: 删除
     *
     * @return DELMARK - 删除标记, 0: 存在, 1: 删除
     */
    public Byte getDelmark() {
        return delmark;
    }
    /**
     * 设置删除标记, 0: 存在, 1: 删除
     *
     * @param delmark 删除标记, 0: 存在, 1: 删除
```

```
    */
    public void setDelmark(Byte delmark) {
        this.delmark = delmark;
    }
    /**
     * @return CREATETIME
     */
    public Date getCreatetime() {
        return createtime;
    }
    /**
     * @param createtime
     */
    public void setCreatetime(Date createtime) {
        this.createtime = createtime;
    }
    /**
     * @return MODIFYTIME
     */
    public Date getModifytime() {
        return modifytime;
    }
    /**
     * @param modifytime
     */
    public void setModifytime(Date modifytime) {
        this.modifytime = modifytime;
    }
    /**
     * @return CREATEUSERID
     */
    public Integer getCreateuserid() {
        return createuserid;
    }
    /**
     * @param createuserid
     */
    public void setCreateuserid(Integer createuserid) {
        this.createuserid = createuserid;
    }
    /**
     * @return MODIFYUSERID
     */
    public Integer getModifyuserid() {
        return modifyuserid;
    }
```

```
    /**
     * @param modifyuserid
     */
    public void setModifyuserid(Integer modifyuserid) {
        this.modifyuserid = modifyuserid;
    }
    /**
     * 获取备注
     *
     * @return REMARKS - 备注
     */
    public String getRemarks() {
        return remarks;
    }
    /**
     * 设置备注
     *
     * @param remarks 备注
     */
    public void setRemarks(String remarks) {
        this.remarks = remarks == null ? null : remarks.trim();
    }
    /**
     * 获取选项的页面 HTML 代码[保留]
     *
     * @return OPTIONHTML - 选项的页面 HTML 代码[保留]
     */
    public String getOptionhtml() {
        return optionhtml;
    }
    /**
     * 设置选项的页面 HTML 代码[保留]
     *
     * @param optionhtml 选项的页面 HTML 代码[保留]
     */
    public void setOptionhtml(String optionhtml) {
        this.optionhtml = optionhtml == null ? null : optionhtml.trim();
    }
}
```

2. 服务层

在接口上，我们设置方法的缓存策略。@Cacheable 放在查询方法上面，第二次执行时，如果是相同的查询条件，直接返回 Redis 中的缓存结果，不会访问 MySQL 数据库。@CacheEvict 放在插入或者修改的方法上面，表示数据库里的数据发生改变的时候，同时刷新 Redis 中的缓存结果。@CacheEvict 放在删除的方法上面，表示清空相关的缓存。服务层接口代码如下。

```
package com.xsz.vote.service;
import com.xsz.common.domain.QueryRequest;
import com.xsz.common.service.IService;
import com.xsz.vote.domain.VoteTopicOption;
import org.springframework.cache.annotation.CacheConfig;
import org.springframework.cache.annotation.CacheEvict;
import org.springframework.cache.annotation.Cacheable;
import java.util.List;
/**
 * <p>
 *   服务类
 * </p>
 *
 * @author Bsea
 * @since 2020-06-17
 */
@CacheConfig(cacheNames = "TbDVoteTopicOptionsService")
public interface TbDVoteTopicOptionsService extends IService<VoteTopicOption> {
    @Cacheable(key = "#p0.toString() + (#p1 != null ? #p1.toString():'')")
    List<VoteTopicOption> findAllVoteTopicOptions(VoteTopicOption
VoteTopicOption, QueryRequest request);
    @CacheEvict(allEntries = true)
    public void addVoteTopicOption(VoteTopicOption VoteTopicOption);
    @CacheEvict(key = "#p0", allEntries = true)
    void updateVoteTopicOption(VoteTopicOption VoteTopicOption);
    @CacheEvict(key = "#p0", allEntries = true)
    void deleteVoteTopicOptions(String VoteTopicOptionIds);
    @Cacheable(key = "#p0")
    VoteTopicOption findById(Long id);
}
```

@Service 放在实现类上面，表示把对象托管给 Spring，在其他的类上使用@Resource 或者 @Autowired 可以提取 service 实现类的对象。

@Transactional 可以放在类的上面，也可以放在方法的上面。放在类的上面，表示这个类下面的 所有 public 修饰的方法共用一个事务属性。其中，rollbackFor = Exception.class 的作用是如果这个类 中的方法发生异常，就会发生事务回滚，修改的数据也恢复；如果不加这个属性，事务只有遇到 RuntimeException 时才回滚。服务层实现代码如下。

```
package com.xsz.vote.service.impl;
import com.xsz.common.domain.QueryRequest;
import com.xsz.common.service.impl.BaseService;
import com.xsz.vote.dao.VoteTopicMapper;
import com.xsz.vote.domain.Vote;
import com.xsz.vote.domain.VoteTopic;
import com.xsz.vote.domain.VoteTopicOption;
```

```java
import com.xsz.vote.service.TbDVoteTopicOptionsService;
import com.xsz.vote.service.TbDVoteTopicService;
import org.apache.commons.lang3.StringUtils;
import org.slf4j.Logger;
import org.slf4j.LoggerFactory;
import org.springframework.beans.factory.annotation.Autowired;
import org.springframework.stereotype.Service;
import org.springframework.transaction.annotation.Propagation;
import org.springframework.transaction.annotation.Transactional;
import tk.mybatis.mapper.entity.Example;
import java.util.ArrayList;
import java.util.Arrays;
import java.util.Date;
import java.util.List;
@Service("voteTopicOptionsService")
@Transactional(propagation = Propagation.SUPPORTS, readOnly = true,
                rollbackFor = Exception.class)
public class VoteTopicOptionsServiceImpl extends BaseService<VoteTopicOption>
implements TbDVoteTopicOptionsService {
    private Logger log = LoggerFactory.getLogger(this.getClass());
    @Autowired
    private TbDVoteTopicService VoteTopicService;
    @Override
    public List<VoteTopicOption> findAllVoteTopicOptions(VoteTopicOption
voteTopicOption, QueryRequest request) {
        try {
            Example example = new Example(VoteTopicOption.class);
            Example.Criteria criteria = example.createCriteria();
            if (StringUtils.isNotBlank(voteTopicOption.getOptions())) {
                criteria.andCondition("OPTIONS=",voteTopicOption.getOptions());
            }
            example.setOrderByClause("CREATETIME");
            return this.selectByExample(example);
        } catch (Exception e) {
            log.error("获取投票项目信息失败", e);
            return new ArrayList<>();
        }
    }
    @Override
    public void addVoteTopicOption(VoteTopicOption voteTopicOption) {
        save(voteTopicOption);
    }
    @Override
    public void updateVoteTopicOption(VoteTopicOption voteTopicOption) {
        voteTopicOption.setCreatetime(new Date());
        this.updateNotNull(voteTopicOption);
```

```
    }
    @Override
    public void deleteVoteTopicOptions(String VoteTopicOptionIds) {
        List<String> list = Arrays.asList(VoteTopicOptionIds.split(","));
        this.batchDelete(list, "id", VoteTopicOption.class);
    }
    @Override
    public VoteTopicOption findById(Long id) {
        return this.selectByKey(id);
    }
}
```

3. 控制层

@Controller 放在控制类上表示其下的方法如果返回地址，就会发生页面跳转。@RequestMapping ("voteTopicOption")放在类的上面，表示这个控制类下面所有方法的拦截路径前面都必须加上 voteTopicOption。控制类的代码如下。

```
package com.xsz.vote.controller;
import com.xsz.common.annotation.Log;
import com.xsz.common.controller.BaseController;
import com.xsz.common.domain.QueryRequest;
import com.xsz.common.domain.ResponseBo;
import com.xsz.common.util.FileUtil;
import com.xsz.system.domain.User;
import com.xsz.vote.domain.VoteTopic;
import com.xsz.vote.domain.VoteTopicOption;
import com.xsz.vote.service.TbDVoteTopicOptionsService;
import com.xsz.vote.service.TbDVoteTopicService;
import org.apache.shiro.authz.annotation.RequiresPermissions;
import org.slf4j.Logger;
import org.slf4j.LoggerFactory;
import org.springframework.beans.factory.annotation.Autowired;
import org.springframework.stereotype.Controller;
import org.springframework.ui.Model;
import org.springframework.web.bind.annotation.RequestMapping;
import org.springframework.web.bind.annotation.ResponseBody;
import java.util.Date;
import java.util.List;
import java.util.Map;
/**
 * <p>
 *  前端控制器
 * </p>
 *
 * @author Bsea
```

```
     * @since 2020-06-17
     */
@Controller
@RequestMapping("voteTopicOption")
public class TbDVoteTopicOptionsController extends BaseController {
    private Logger log = LoggerFactory.getLogger(this.getClass());
    @Autowired
    private TbDVoteTopicOptionsService voteTopicOptionsService;
    @Autowired
    private TbDVoteTopicService VoteTopicService;
    @RequestMapping("")
    @RequiresPermissions("voteTopicOption:list")
    public String index(Model model) {
        User user = super.getCurrentUser();
        model.addAttribute("user", user);
        return "voteTopicOption/voteTopicOption";
    }
    @RequestMapping("getVoteTopicOption")
    @ResponseBody
    public ResponseBo getVoteTopicOption(Long id) {
        try {
            VoteTopicOption VoteTopicOption =
this.voteTopicOptionsService.findById(id);
            return ResponseBo.ok(VoteTopicOption);
        } catch (Exception e) {
            log.error("获取投票选项失败", e);
            return ResponseBo.error("获取投票选项失败，请联系网站管理员！");
        }
    }
    @Log("获取投票选项信息")
    @RequestMapping("list")
    @RequiresPermissions("voteTopicOption:list")
    @ResponseBody
    public Map<String, Object> VoteTopicOptionList(QueryRequest request,
VoteTopicOption VoteTopicOption) {
        return super.selectByPageNumSize(request, () ->
this.voteTopicOptionsService.findAllVoteTopicOptions(VoteTopicOption, request));
    }
    @RequestMapping("excel")
    @ResponseBody
    public ResponseBo VoteTopicOptionExcel(VoteTopicOption VoteTopicOption) {
        try {
            List<VoteTopicOption> list = this.voteTopicOptionsService.
findAllVoteTopicOptions(VoteTopicOption, null);
            return FileUtil.createExcelByPOIKit("投票选项表", list,
VoteTopicOption.class);
        } catch (Exception e) {
```

```
            log.error("导出投票选项信息 Excel 失败", e);
            return ResponseBo.error("导出 Excel 失败，请联系网站管理员！");
        }
    }
    @RequestMapping("csv")
    @ResponseBody
    public ResponseBo VoteTopicOptionCsv(VoteTopicOption VoteTopicOption) {
        try {
            List<VoteTopicOption> list = this.voteTopicOptionsService.
findAllVoteTopicOptions(VoteTopicOption, null);
            return FileUtil.createCsv("投票选项表", list,
VoteTopicOption.class);
        } catch (Exception e) {
            log.error("导出投票选项信息 Csv 失败", e);
            return ResponseBo.error("导出 Csv 失败，请联系网站管理员！");
        }
    }
    @Log("新增投票选项")
    @RequiresPermissions("voteTopicOption:add")
    @RequestMapping("add")
    @ResponseBody
    public ResponseBo addVoteTopicOption(VoteTopicOption voteTopicOption) {
        try {
            voteTopicOption.setCreatetime(new Date());
            VoteTopic voteTopic=VoteTopicService.findById
((voteTopicOption.getTopicid().longValue()));
            voteTopicOption.setVoteid(voteTopic.getVoteid());
            //更新主题的选项数量
            int optcount=voteTopic.getOptioncount()==
null?0:voteTopic.getOptioncount();
                optcount++;
                voteTopic.setOptioncount(optcount);
                VoteTopicService.updateVoteTopic(voteTopic);
                this.voteTopicOptionsService.addVoteTopicOption(voteTopicOption);
                return ResponseBo.ok("新增投票选项成功！");

        } catch (Exception e) {
            log.error("新增投票选项失败", e);
            return ResponseBo.error("新增投票选项失败，请联系网站管理员！");
        }
    }
    @Log("修改投票选项")
    @RequiresPermissions("voteTopicOption:update")
    @RequestMapping("update")
    @ResponseBody
    public ResponseBo updateUser(VoteTopicOption VoteTopicOption) {
```

```
        try {
            this.voteTopicOptionsService.updateVoteTopicOption (VoteTopicOption);
            return ResponseBo.ok("修改投票选项成功！");
        } catch (Exception e) {
            log.error("修改投票选项失败", e);
            return ResponseBo.error("修改投票选项失败，请联系网站管理员！");
        }
    }
    @Log("删除投票选项")
    @RequiresPermissions("voteTopicOption:delete")
    @RequestMapping("delete")
    @ResponseBody
    public ResponseBo deleteVoteTopicOptions(String ids) {
        try {
            this.voteTopicOptionsService.deleteVoteTopicOptions(ids);
            return ResponseBo.ok("删除投票选项成功！");
        } catch (Exception e) {
            log.error("删除投票选项失败", e);
            return ResponseBo.error("删除投票选项失败，请联系网站管理员！");
        }
    }
}
```

4. 页面层

页面集成 Thymeleaf 和 Shiro，投票选项的主页面路径为 voteTopicOption.html，页面主要包含两个部分，一个是查询用的 form，另一个是显示数据用的 table。通过 Shiro 的权限控制，可以控制用户看到的按钮，代码如下。

```html
<div data-th-include="voteTopicOption/voteTopicOptionAdd"></div>
<div class="card">
    <div class="card-block">
        <div class="table-responsive">
            <div id="data-table_wrapper" class="dataTables_wrapper">
                <div class="dataTables_buttons hidden-sm-down actions">
                    <span class="actions__item zmdi zmdi-search" onclick=
"search()" title="搜索" />
                    <span class="actions__item zmdi zmdi-refresh-alt" onclick=
"refresh()" title="刷新" />
                    <div class="dropdown actions__item">
                        <i data-toggle="dropdown" class="zmdi zmdi-download">
                    </i>
                        <ul class="dropdown-menu dropdown-menu-right">
                            <a href="javascript:void(0)" class="dropdown-item"
data-table-action="excel" onclick="exportvoteTopicOptionExcel()">
                            Excel (.xlsx)
```

```
                </a>
                    <a href="javascript:void(0)" class="dropdown-item"
data-table-action="csv" onclick="exportvoteTopicOptionCsv()">
                        CSV (.csv)
                    </a>
                </ul>
            </div>
                <div class="dropdown actions__item" shiro:hasAnyPermissions=
"voteTopicOption:add,voteTopicOption:delete,voteTopicOption:update">
                    <i data-toggle="dropdown" class="zmdi zmdi-more-
vert"></i>
                    <div class="dropdown-menu dropdown-menu-right">
                        <a href="javascript:void(0)" class="dropdown-item"
data-toggle="modal" data-target="#voteTopicOption-add" shiro:hasPermission=
"voteTopicOption:add">新增投票选项</a>
                        <a href="javascript:void(0)" class="dropdown-item"
onclick="updatevoteTopicOption()" shiro:hasPermission=
"voteTopicOption:update">修改投票选项</a>
                        <a href="javascript:void(0)" class="dropdown-item"
onclick="deletevoteTopicOption()"
shiro:hasPermission="voteTopicOption:delete">删除投票选项</a>
                    </div>
                </div>
            </div>
            <div id="data-table_filter" class="dataTables_filter">
                <form class="voteTopicOption-table-form">
                    <div class="row">
                        <div class="col-sm-3">
                            <div class="input-group">
                                <span class="input-group-addon">
                        标题:
                    </span>
                                <div class="form-group">
                                    <input type="text" name="title"
class="form-control">
                                    <i class="form-group__bar"></i>
                                </div>
                            </div>
                        </div>
                    </div>
                </form>
            </div>
            <table id="voteTopicOptionTable" data-mobile-
responsive="true" class="mb-bootstrap-table text-nowrap"></table>
        </div>
    </div>
```

```
        </div>
    </div>
    <script data-th-src="@{js/app/voteTopicOption/voteTopicOption.js}"></script>
    <script data-th-src="@{js/app/voteTopicOption/voteTopicOptionEdit.js}">
    </script>
```

新建投票选项的 html 路径是 templates/voteTopicOption/voteTopicOptionAdd.html，其实就是一个 Bootstrap 的模态框，单击"新建"或"修改"按钮时会弹出这个模态框，代码如下。

```
<div class="modal fade" id="voteTopicOption-add" data-keyboard="false"
data-backdrop="static" tabindex="-1">
    <div class="modal-dialog modal-lg">
        <div class="modal-content">
            <div class="modal-header">
                <h3 class="modal-title pull-left" id="voteTopicOption-add-
modal-title">新增投票选项</h3>
            </div>
            <div class="modal-body">
                <form id="voteTopicOption-add-form">
                    <div class="row">
                        <div class="col-sm-11">
                            <div class="input-group">
                                <span class="input-group-addon">
                                    选项内容：
                                </span>
                                <div class="form-group">
                                    <input type="text" name="options" class=
"form-control">
                                    <input type="text" hidden name="id" class=
"form-control">
                                </div>
                            </div>
                        </div>
                    </div>
                    <div class="row">
                        <div class="col-sm-11">
                            <div class="input-group">
                                <span class="input-group-addon" style="justify-
content: flex-start;margin-top: .5rem;">
                                    投票主题：
                                </span>
                                <div class="form-group">
                                    <div id="voteTopicTree"></div>
                                </div>
                                <input type="hidden" name="topicid">
                            </div>
```

```
                        </div>
                    </div>
                </form>
            </div>
            <div class="modal-footer">
                <button type="button" class="btn btn-save"
id="voteTopicOption-add-button" name="save">保存</button>
                <button type="button" class="btn btn-secondary btn-close">关闭
</button>
                <button class="btn-hide"></button>
            </div>
        </div>
    </div>
</div>
<script data-th-src="@{js/app/voteTopicOption/voteTopicOptionAdd.js}"></script>
```

主页面的 js 文件路径是 static/js/app/voteTopicOption/voteTopicOption.js，采用 Bootstrap table 通过 js 控制页面 table 的演示字段和数据。

```
$(function () {
    var settings = {
        url: ctx + "voteTopicOption/list",
        pageSize: 10,
        queryParams: function (params) {
            return {
                pageSize: params.limit,
                pageNum: params.offset / params.limit + 1,
                title: $(".voteTopicOption-table-form").find("input[name=
                    'title']").val().trim()
            };
        },
        columns: [
        {
            checkbox: true
        },
        {
            field: 'id',
            title: '序号'
        },
        {
            field: 'voteid',
            title: '投票项目'
        },
        {
            field: 'topicid',
            title: '主题 ID'
```

```
            },
            {
                field: 'options',
                title: '选项内容'
            },
            {

                field: 'createtime',
                title: '修改时间'
        }
        ]
    };
    $MB.initTable('voteTopicOptionTable', settings);
});
function search() {
    $MB.refreshTable('voteTopicOptionTable');
}
function refresh() {
    $(".voteTopicOption-table-form")[0].reset();
    search();
}
function deleteVote() {
    var selected = $("#voteTopicOptionTable").bootstrapTable('getSelections');
    var selected_length = selected.length;
    if (!selected_length) {
        $MB.n_warning('请勾选需要删除的投票主题！');
        return;
    }
    var ids = "";
    for (var i = 0; i < selected_length; i++) {
        ids += selected[i].id;
        if (i !== (selected_length - 1)) ids += ",";
    }
    $MB.confirm({
        text: "删除选中投票主题将导致该投票主题对应账户失去相应的权限，确定删除？",
        confirmButtonText: "确定删除"
    }, function () {
        $.post(ctx + 'voteTopicOption/delete', {"ids": ids}, function (r) {
            if (r.code === 0) {
                $MB.n_success(r.msg);
                refresh();
            } else {
                $MB.n_danger(r.msg);
            }
        });
    });
```

```
}
function exportvoteTopicOptionExcel() {
    $.post(ctx + "voteTopicOption/excel", $(".voteTopicOption-table-
form").serialize(), function (r) {
        if (r.code === 0) {
            window.location.href = "common/download?fileName=" + r.msg +
"&delete=" + true;
        } else {
            $MB.n_warning(r.msg);
        }
    });
}
function exportvoteTopicOptionCsv() {
    $.post(ctx + "voteTopicOption/csv", $(".voteTopicOption-table-
form").serialize(), function (r) {
        if (r.code === 0) {
            window.location.href = "common/download?fileName=" + r.msg +
"&delete=" + true;
        } else {
            $MB.n_warning(r.msg);
        }
    });
}
```

1.5 普通用户角色功能实现

普通用户也可以创建投票项目、投票主题和投票选项，普通用户新创建的项目，初始状态只可以是"草稿"，必须管理员将其修改成发布状态，其他的用户才可以参与这个项目的投票。

投票管理和查看投票结果在技术实现上有个特殊的地方，这两个功能都需要用到多表查询，并且查询结果也来自不同的数据表。下面演示 SSM 框架如何实现多表的复杂查询。

1.5.1 投票管理和投票结果查询

在投票管理页面，用户可以在主页的表格中看到所有可以参与的投票选项，用户勾选第一列的复选框以后，单击表头的"投票"按钮，就可以完成投票，如图 1.8 所示。

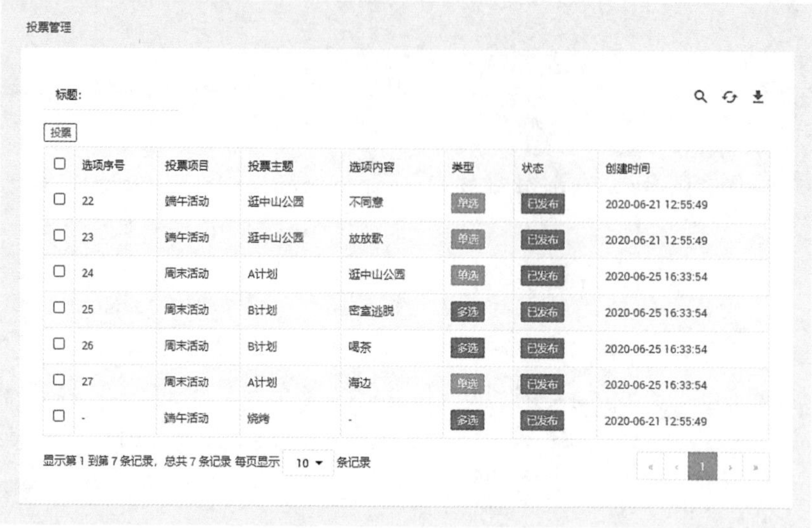

图 1.8 投票管理主页

1.5.2 实体层

项目中我们经常看到的几种对象如 Entity、VO、DTO、Entity 都是实体类，每个字段都对应数据库中的一个列。VO 用来把数据在后台组装以后返回页面中显示，即 VO 的字段应该对应前端页面显示的字段。

DTO 则是 VO 和 Entity 用来进行转换的，所以 DTO 一般是 VO 或 Entity 的子集。投票管理页面显示的字段来自不同的数据库表，所以这里创建一个 VoteVO，用来对应页面上显示的字段。

```
package com.xsz.vote.vo;
import lombok.Data;
import java.io.Serializable;
import java.util.Date;
@Data
public class VoteVO implements Serializable {
    private static final long serialVersionUID = 7780820231535870010L;
    //项目名字
    private  String voteName;
    //主题名字
    private  String topicName;
    //选项内容
    private  String option;
    //主题类型
    private  Byte kinds;
    //状态
    private Byte status;
    //创建日期
```

```
        private Date createtime;
        private Integer voteId;
        private Integer voteTopicId;
        private Integer optionId;
        //每个选项被投票的数量
        private Integer voteoptioncount;
}
```

1.5.3　Mapper.xml

项目的其他功能一般使用 TKMybatis 实现，通过 Mapper 就足够实现对 Entity 的增删改查操作了，所以一般 mapper.xml 文件中都是空的，这里因为要用到复杂的查询功能，所以把表的查询语句放在 mapper/vote/VoteMapper.xml 中，代码如下。

```xml
<?xml version="1.0" encoding="UTF-8" ?>
<!DOCTYPE mapper PUBLIC "-//mybatis.org//DTD Mapper 3.0//EN"
"http://mybatis.org/dtd/mybatis-3-mapper.dtd" >
<mapper namespace="com.xsz.vote.dao.VoteMapper" >
  <resultMap id="BaseResultMap" type="com.xsz.vote.domain.Vote" >
    <!--
      WARNING - @mbg.generated
    -->
    <id column="ID" property="id" jdbcType="INTEGER" />
    <result column="TITLE" property="title" jdbcType="VARCHAR" />
    <result column="DEADLINETIME" property="deadlinetime" jdbcType="DATE" />
    <result column="ISALL" property="isall" jdbcType="TINYINT" />
    <result column="HEADCONTENT" property="headcontent" jdbcType="VARCHAR" />
    <result column="FOOTERCONTENT" property="footercontent" jdbcType= "VARCHAR" />
    <result column="ALLOWSHOWRESULT" property="allowshowresult" jdbcType=
"TINYINT" />
    <result column="ALLOWANONYMAT" property="allowanonymat" jdbcType= "TINYINT" />
    <result column="FROMUSERID" property="fromuserid" jdbcType="INTEGER" />
    <result column="STATUS" property="status" jdbcType="TINYINT" />
    <result column="REMARKS" property="remarks" jdbcType="VARCHAR" />
    <result column="DELMARK" property="delmark" jdbcType="TINYINT" />
    <result column="CREATETIME" property="createtime" jdbcType="TIMESTAMP" />
    <result column="MODIFYTIME" property="modifytime" jdbcType="TIMESTAMP" />
    <result column="CREATEUSERID" property="createuserid" jdbcType="INTEGER" />
    <result column="MODIFYUSERID" property="modifyuserid" jdbcType="INTEGER" />
    <result column="TO_USER" property="toUser" jdbcType="VARCHAR" />
    <result column="TO_PARTY" property="toParty" jdbcType="VARCHAR" />
    <result column="TO_TAG" property="toTag" jdbcType="VARCHAR" />
    <result column="PIC_URL" property="picUrl" jdbcType="VARCHAR" />
    <result column="VOTEURL" property="voteurl" jdbcType="VARCHAR" />
    <result column="VOTECOUNT" property="votecount" jdbcType="INTEGER" />
  </resultMap>
```

```
  <select id="findVoteVOs" resultType="com.xsz.vote.vo.VoteVO"
parameterType="java.lang.Integer">
    select
    a.title as voteName,
    b.title as topicName,
    c.`OPTIONS` as 'option',
    b.`KINDS` as kinds,
    a.`STATUS` as status,
    a.`CREATETIME` as createtime,
    a.`ID` as voteId,
    b.`ID` as voteTopicId,
    c.`ID` as optionId
    from
    tb_d_vote a
    left join tb_d_vote_topic b on (a.`ID`=b.`VOTEID`)
    left join tb_d_vote_topic_options c on (c.`TOPICID`=b.id)
    where a.`STATUS`=#{status,jdbcType=INTEGER}
  </select>
  <select id="findResultVoteVOs" resultType="com.xsz.vote.vo.VoteVO" >
    select count(*) as voteoptioncount ,c.`OPTIONS` as 'option',
a.`OPTIONID` as optionId ,b.`TITLE` as topicName,d.`TITLE` as voteName from
db_vote.tb_d_vote_result a
    left join tb_d_vote_topic_options c on (a.`OPTIONID`=c.id)
    left join tb_d_vote_topic b on (b.`ID`=c.`TOPICID`)
    left join tb_d_vote d on (d.`ID`=b.`VOTEID`)
    group by  c.`OPTIONS`  ,a.`OPTIONID`
  </select>
</mapper>
```

1.5.4   Dao 层

在 Dao 层代码中创建两个方法，名字必须和 mapper.xml 文件中定义的 id 值相同，方法的返回类型设置为 VO 的泛型 List。Service 层代码可以直接像普通的 dao 方法一样,调用获取数据库的查询结果。

```
package com.xsz.vote.dao;
import com.xsz.common.config.MyMapper;
import com.xsz.system.domain.User;
import com.xsz.vote.domain.Vote;
import com.xsz.vote.vo.VoteVO;
import java.util.List;
/**
 * Bsea
 * 2020/06/27
 */
public interface VoteMapper extends MyMapper<Vote> {
```

```
/**投票管理主页查询**/
public List<VoteVO> findVoteVOs(Integer status);
/**投票结果主页查询**/
public List<VoteVO> findResultVoteVOs();

}
```

其他代码和前面代码都是类似的，读者可以查看本书附带提供的源码。

1.6 测　　试

根据系统运行的流程，下面测试完成一次完整的投票流程，并且提供每个步骤的截屏和说明。

1.6.1　投票项目管理测试

打开下面投票项目管理页面，单击右上角 ┇ 按钮，如图 1.9 所示。

图 1.9　投票项目管理主页

打开投票项目管理页面，管理员可以看到"新增投票项目""修改投票项目""删除投票项目"的选项，普通用户只可以看到"新增投票项目"的选项，如图 1.10 所示。

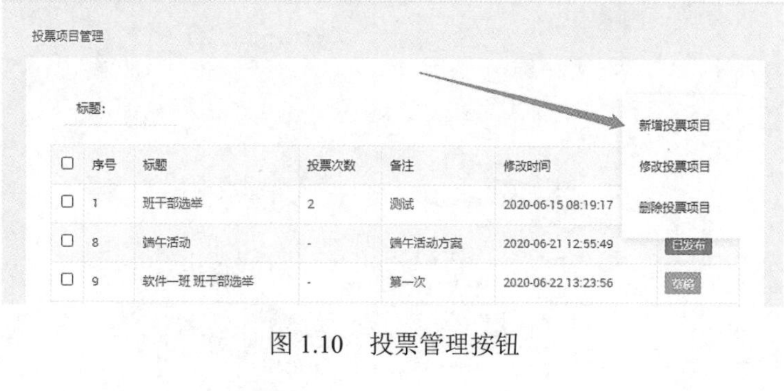

图 1.10　投票管理按钮

单击"新增投票项目"按钮以后，用户可以在弹出的"新增投票项目"模态框中输入项目相关的信息，然后单击"保存"按钮即可，如图 1.11 所示。

图 1.11　新增投票项目

1.6.2　投票主题管理测试

打开投票主题管理页面，单击右上角按钮，管理员可以看到"新增投票主题""修改投票主题""删除投票主题"的选项，普通用户只可以看到"新增投票主题"的选项，如图 1.12 所示。

单击"新增投票主题"按钮以后，用户可以在弹出的"新增投票主题"模态框中输入主题相关的信息，然后单击"保存"按钮即可，如图 1.13 所示。

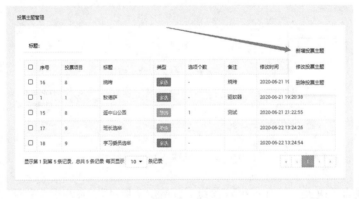

图 1.12　投票主题管理主页

图 1.13　新增投票主题页面

1.6.3 投票选项管理测试

打开投票选项管理页面，单击右上角 ⋮ 按钮，管理员可以看到"新增投票选项""修改投票选项""删除投票选项"的选项，普通用户只可以看到"新增投票选项"的选项，如图 1.14 所示。

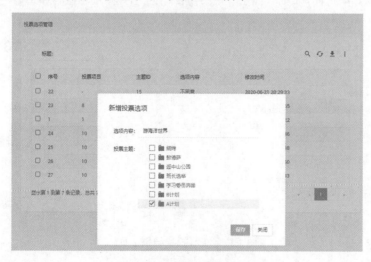

图 1.14 投票选项管理主页

单击"新增投票选项"按钮以后，用户可以在弹出的模态框中的"选项内容"一栏中输入与选项相关的信息，然后单击"保存"按钮即可，如图 1.15 所示。

图 1.15 新增投票选项页面

1.6.4 投票管理测试

打开投票管理页面，用户勾选需要的选项以后，单击表格上面的"投票"按钮即可完成投票，如图 1.16 所示。

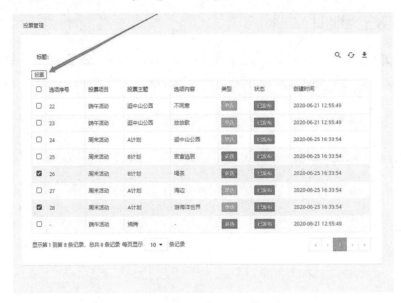

图 1.16　投票管理主页

1.6.5　查看结果测试

打开查看投票结果页面,页面上显示了投票项目、投票主题、选项内容和票数,如图 1.17 所示。

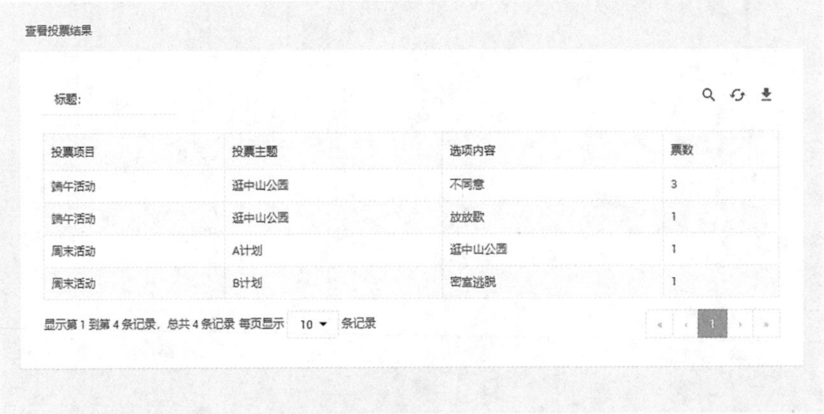

图 1.17　查看投票结果主页

1.7 小　结

Thymeleaf 是一种后端渲染的引擎模板，可以很方便地和 Spring Boot、Shiro 集成，开发效率高，所以很多 Spring Boot 的开源后台管理项目的前端都采用 Thymeleaf 模板进行开发。

但是以 Thymeleaf 作为后端渲染的模板语言存在性能问题，而且没办法把项目前后分离，所以目前前后分离项目的前端一般采用 html+Ajax、Vue 或者 Angular 等框架进行开发。

本案例使用了 MyBatis 作为 Dao 层的框架，可以很好地实现多表复杂查询，并且支持根据数据表自动生成 Java 的 entity 和 mapper 类，以及 mapper 的 xml 文件。

第2章

SSM 集成 Shiro 用户管理系统实战

本项目实现了用户登录、注册，以及用户相关的 API 接口。以 Spring Boot 作为基础框架，MyBatis-Plus 作为数据访问层，Shiro 实现权限管理，Redis 实现缓存。

目前流行的前后分离项目中，如果需要考虑给移动端提供 API 时，没办法拿到 session，这种情况下，用户的登录信息可以采用 token 的方式进行存储，并且使用 JWT 加密和对前端所有请求统一验证 token 是否有效，最后集成 Swagger2，并提供 API 使用说明文档。

本项目包含如下功能：

- Shiro 用户登录验证。
- Shiro 记住我功能。
- 用户注册。
- 管理员添加用户。
- 管理员修改用户。
- 管理员删除用户。
- 管理员查询用户。

从本案例中，读者可以学到如下知识：

- MyBatis-Plus 自动生成代码。
- token 实现前后分离项目。
- Spring Boot 集成 MyBatis-Plus、Shiro、JWT、Redis。
- 使用 beanUtils 如何实现数据拷贝。

- Spring Boot 全局异常处理。
- 如何从零开始构建一个 SSM 项目。
- SSM 集成 Shiro。
- Lombok 插件让代码更加整洁，@Data 注解在实体类上，可以省略 get 和 set 方法。

分别解释 DO/DTO/VO：

- DO：对应数据库的实体对象，和数据库字段一一对应。
- DTO：数据传输对象，DTO 本身并不是业务对象。
- VO：用于封装传递到前端需要展示的字段，不需要展示的字段不要包含。

2.1 MyBatis-Plus 自动生成代码

MyBatis-Plus 在 MyBatis 的基础上优化加强了一些实用的功能，不影响 MyBatis 原有代码的运行，增加了新的功能，使得开发更加方便。接下来演示 MyBatis-Plus 自动生成代码的功能。

使用 MyBatis-Plus 可以实现代码的自动生成，需要如下几个步骤：

（1）添加必要的 dependency。

（2）创建数据库需要的表。

（3）编辑生成代码的配置类，并运行 main 方法。

在 POM 文件中添加需要的 dependency。

```xml
<dependency>
        <groupId>com.baomidou</groupId>
        <artifactId>mybatis-plus-boot-starter</artifactId>
        <version>3.2.0</version>
    </dependency>
    <dependency>
        <groupId>com.baomidou</groupId>
        <artifactId>mybatis-plus-generator</artifactId>
        <version>3.2.0</version>
    </dependency>
    <dependency>
        <groupId>org.apache.velocity</groupId>
        <artifactId>velocity-engine-core</artifactId>
        <version>2.1</version>
    </dependency>
```

配置数据库的连接信息和包的名字，然后运行代码自动生成类的 main 方法。

```java
package com.zz;
import com.baomidou.mybatisplus.core.toolkit.StringPool;
import com.baomidou.mybatisplus.generator.AutoGenerator;
import com.baomidou.mybatisplus.generator.InjectionConfig;
import com.baomidou.mybatisplus.generator.config.*;
import com.baomidou.mybatisplus.generator.config.po.TableInfo;
import com.baomidou.mybatisplus.generator.config.rules.NamingStrategy;
import java.util.ArrayList;
import java.util.List;
/**
 * @description:
 * @author: Bsea
```

```java
 * @createDate: 2019/10/6
 * @version: 1.0
 */
public class MysqlGenerator {
    // 1.使用此代码生成器需要修改:数据库基本信息，父包名，项目模块名，数据库表前缀
    // 2.其他设置请自行深入代码查看参数设置
    // 3.默认生成类地址是 /src/main/java mapper.xml，文件地址是 /src/main/resource
    // 4.仅作为工具使用，不讨论代码规范问题
    public static void main(String[] args) {
        // 数据库信息
        String driver = "com.mysql.jdbc.Driver";
        String dataBaseUrl="jdbc:mysql://47.92.0.22:3306/bookdemo?useUnicode=
true&useSSL= false&characterEncoding=utf8";
        String userName = "xsz2019";
        String password = "xsz2019PWD";
        // 数据库表前缀，如 tb_user 的"tb_"，没有则改为 = null
        String tablePrefix = "tb_";
        String parentPackageName = "com.zz";// 父包名
        String moduleName = "user";// 项目模块名
        // 执行生成代码
        excuteGeneratorCode(driver, dataBaseUrl, userName, password,
                            tablePrefix, parentPackageName, moduleName);
    }
    /**
     * 代码生成
     */
    public static void excuteGeneratorCode(String driver, String
dataBaseUrl, String userName, String password, String tablePrefix, String
parentPackageName, String moduleName) {
        AutoGenerator mpg = new AutoGenerator();
        // ######################全局配置######################
        GlobalConfig gc = new GlobalConfig();
        String projectPath = System.getProperty("user.dir");// 文件输出地址
        gc.setOutputDir(projectPath + "/userCenter/src/main/java");
        gc.setFileOverride(false);  // 是否覆盖，默认 false
        gc.setOpen(false);          // 生成后自动打开文件，默认 true
        gc.setAuthor("Bsea");       // 作者，默认为 null
        gc.setActiveRecord(false);  // 不需要ActiveRecord(AR 模式)特性的请改为 false
        gc.setEnableCache(false);   // XML, 二级缓存
        gc.setBaseResultMap(false); // XML ResultMap，默认为 false
        gc.setBaseColumnList(false);// XML columList，默认为 false
        // 指定生成的主键的 ID 类型
        //gc.setIdType(IdType.ID_WORKER);
        // 时间类型对应策略：只使用 java.util.date 代替，默认值为 TIME_PACK
        // gc.setDateType(DateType.ONLY_DATE);
        // 自定义文件命名，%s 为占位符，会自动填充表实体属性
```

```
gc.setControllerName("%sController");
// controller 命名方式，默认值: null。例如: %sBusinessImpl 生成 UserBusinessImpl
gc.setServiceName("%sService");
gc.setServiceImplName("%sServiceImpl");
gc.setMapperName("%sMapper");
gc.setXmlName("%sMapper");
gc.setSwagger2(true);
mpg.setGlobalConfig(gc);
// #####################数据源配置#####################
DataSourceConfig dsc = new DataSourceConfig();
dsc.setDriverName(driver);
dsc.setUsername(userName);
dsc.setPassword(password);
// 请更改数据库名称为你的数据库名
dsc.setUrl(dataBaseUrl);
mpg.setDataSource(dsc);
// #####################策略配置#####################
StrategyConfig strategy = new StrategyConfig();
// 此处可以修改为读者自己数据库中表的前缀，如 tb_user 表就填写 tb_
// 如果没有前缀请设置为空或注释该行代码
strategy.setTablePrefix(new String[] { tablePrefix });// 表前缀
// 数据库表映射到实体的命名策略
strategy.setNaming(NamingStrategy.underline_to_camel);
// 数据库表字段映射到实体的命名策略，未指定按照 Naming 执行
strategy.setColumnNaming(NamingStrategy.underline_to_camel);
// 需要排除的表名，允许使用正则表达式
 strategy.setExclude("user_info");
strategy.setEntityLombokModel(true);// 【实体】是否为 Lombok 模型（默认 false）
// Boolean 类型字段检测是否移除 is 前缀（默认 false）
strategy.setEntityBooleanColumnRemoveIsPrefix(false);
strategy.setRestControllerStyle(false);// 生成 @RestController 控制器
                                    //默认为 true
strategy.setControllerMappingHyphenStyle(true);// 驼峰转连字符，默认为 true
// 乐观锁属性名称
//     strategy.setVersionFieldName("version");
// 逻辑删除属性名称
//     strategy.setLogicDeleteFieldName("deleteMark");
mpg.setStrategy(strategy);
// #####################包配置#####################
PackageConfig pc = new PackageConfig();
// 父包名。如果为空，将下面子包名必须写全，否则就只需写子包名
pc.setParent(parentPackageName);// 一般是公司域名倒写，如 com.baidu
pc.setModuleName(moduleName);// 父包模块名、项目模块名称，如 user
pc.setEntity("entity");// 实体类包名
pc.setController("controller");// 控制层包名，默认为 web
```

```
        pc.setService("service");// 业务接口层包名
        pc.setServiceImpl("serviceImpl");// 业务实现层包名
        pc.setMapper("mapper");// mapper 接口层包名
        pc.setXml("xml");// mapper.xml 包名
        mpg.setPackageInfo(pc);
        // ####################自定义配置####################
        // 如果模板引擎是 freemarker
//      String templatePath = "/templates/mapper.xml.ftl";
        // 如果模板引擎是 velocity
        String templatePath = "/templates/mapper.xml.vm";
        InjectionConfig injectionConfig = new InjectionConfig() {
            @Override
            public void initMap() {
                // TODO Auto-generated method stub
            }
        };
        List<FileOutConfig> focList = new ArrayList<FileOutConfig>();
        // 调整 xml 生成目录演示
        focList.add(new FileOutConfig(templatePath) {
            @Override
            public String outputFile(TableInfo tableInfo) {
                return projectPath + "/userCenter/src/main/resources/mapper/"
+ tableInfo.getEntityName() + "Mapper" + StringPool.DOT_XML;
            }
        });
        injectionConfig.setFileOutConfigList(focList);
        mpg.setCfg(injectionConfig);
        mpg.setTemplate(new TemplateConfig().setXml(null));
        // 执行生成
        mpg.execute();
    }
}
```

代码生成结果如图 2.1 所示，运行自动生成代码类的 main 方法以后，生成了如下代码文件：

- controller。
- entity。
- mapper。
- service。
- Resource/mapper xml 文件。

```
                21        // 2. 其它设置，项目生成入代码型替等参数设置
                22        // 3. 默认生成类地址是 /src/main/java mapper .xml 文件地址是 /src/main/resource 下
                23        // 4. 仅当工具使用，不讨论代码规范问题
                24
                25  ▶   public static void main(String[] args) {
                26            // 数据库信息
                27            String driver = "com.mysql.jdbc.Driver";
                28            String dataBaseUrl = "jdbc:mysql://47.92.0.22:3306/bookdemo?useUnicode=true&useSSL=false&characterEncoding=u
                29            String userName = "xsz2019";
                30            String password = "xsz2019PWD";
                31            String tablePrefix = "tb_";// 数据库表前缀 例:tb_user的"tb_" 没有则改为 = null即可
                32            String parentPackageName = "com.zz";// 父包名
                33            String moduleName = "use|";// 项目模块名
                34
                35            // 执行生成代码
                36            excuteGeneratorCode(driver, dataBaseUrl, userName, password, tablePrefix, parentPackageName, moduleName);
                37        }
                38
                39      /**
                40        * 代码生成
                41        */
                42      public static void excuteGeneratorCode(String driver, String dataBaseUrl, String userName, String password,
                43                                              String tablePrefix, String parentPackageName, String moduleName) {
                44            AutoGenerator mpg = new AutoGenerator();
```

```
02.933 [main] DEBUG org.apache.velocity.loader - ResourceManager: found /templates/controller.java.vm with loader org.apache.velocity.runtime.resource.loader.ClasspathResourceLoader
03.183 [main] DEBUG com.baomidou.mybatisplus.generator.engine.AbstractTemplateEngine - 模板:/templates/controller.java.vm
03.183 [main] DEBUG org.apache.velocity.loader - ResourceManager: found /templates/mapper.xml.vm with loader org.apache.velocity.runtime.resource.loader.ClasspathResourceLoader
03.199 [main] DEBUG com.baomidou.mybatisplus.generator.engine.AbstractTemplateEngine - 模板:/templates/mapper.xml.vm  文件:C:\Users\jiyu\IdeaProjects\springbootbook\userCenter\src/ma
03.199 [main] DEBUG org.apache.velocity.loader - ResourceManager: found /templates/entity.java.vm with loader org.apache.velocity.runtime.resource.loader.ClasspathResourceLoader
03.214 [main] DEBUG com.baomidou.mybatisplus.generator.engine.AbstractTemplateEngine - 模板:/templates/entity.java.vm  文件:C:\Users\jiyu\IdeaProjects\springbootbook\userCenter\src/m
03.214 [main] DEBUG org.apache.velocity.loader - ResourceManager: found /templates/mapper.java.vm with loader org.apache.velocity.runtime.resource.loader.ClasspathResourceLoader
03.230 [main] DEBUG com.baomidou.mybatisplus.generator.engine.AbstractTemplateEngine - 模板:/templates/mapper.java.vm  文件:C:\Users\jiyu\IdeaProjects\springbootbook\userCenter\src/r
03.230 [main] DEBUG org.apache.velocity.loader - ResourceManager: found /templates/service.java.vm with loader org.apache.velocity.runtime.resource.loader.ClasspathResourceLoader
03.246 [main] DEBUG com.baomidou.mybatisplus.generator.engine.AbstractTemplateEngine - 模板:/templates/service.java.vm  文件:C:\Users\jiyu\IdeaProjects\springbootbook\userCenter\src,
03.246 [main] DEBUG org.apache.velocity.loader - ResourceManager: found /templates/serviceImpl.java.vm with loader org.apache.velocity.runtime.resource.loader.ClasspathResourceLoader
03.246 [main] DEBUG com.baomidou.mybatisplus.generator.engine.AbstractTemplateEngine - 模板:/templates/serviceImpl.java.vm  文件:C:\Users\jiyu\IdeaProjects\springbootbook\userCenter\
03.246 [main] DEBUG org.apache.velocity.loader - ResourceManager: found /templates/controller.java.vm with loader org.apache.velocity.runtime.resource.loader.ClasspathResourceLoader
03.246 [main] DEBUG com.baomidou.mybatisplus.generator.engine.AbstractTemplateEngine - 模板:/templates/controller.java.vm;  文件:C:\Users\jiyu\IdeaProjects\springbootbook\userCenter\s
03.246 [main] DEBUG com.baomidou.mybatisplus.generator.AutoGenerator - ========================文件生成完成！！！========================
```

图 2.1　自动生成代码运行结果

2.2　登　录　验　证

扫一扫，看视频

Shiro 框架主要有两个功能：登录验证和权限管理。本案例采用 Shiro 的方式实现登录验证。

```
package com.zz.config;
import javax.annotation.Resource;
import com.baomidou.mybatisplus.core.conditions.query.QueryWrapper;
import com.zz.user.entity.SysUsers;
import com.zz.user.serviceImpl.SysUsersServiceImpl;
import org.apache.shiro.authc.AuthenticationException;
import org.apache.shiro.authc.AuthenticationInfo;
import org.apache.shiro.authc.AuthenticationToken;
import org.apache.shiro.authc.IncorrectCredentialsException;
import org.apache.shiro.authc.LockedAccountException;
import org.apache.shiro.authc.SimpleAuthenticationInfo;
import org.apache.shiro.authc.UnknownAccountException;
import org.apache.shiro.authz.AuthorizationInfo;
import org.apache.shiro.realm.AuthorizingRealm;
import org.apache.shiro.subject.PrincipalCollection;
import org.springframework.beans.factory.annotation.Autowired;
```

```java
//import com.springboot.dao.UserMapper;
//import com.springboot.pojo.User;
public class ShiroRealm extends AuthorizingRealm {
    @Resource
    private SysUsersServiceImpl sysUsersServiceImpl;
    /**
     * 获取用户角色和权限
     */
    @Override
    protected AuthorizationInfo doGetAuthorizationInfo(PrincipalCollection
principal) {
        return null;
    }
    /**
     * 登录认证
     */
    @Override
    protected AuthenticationInfo doGetAuthenticationInfo(AuthenticationToken
token) throws AuthenticationException {
        String userName = (String) token.getPrincipal();
        String password = new String((char[]) token.getCredentials());
        System.out.println("用户" + userName + "认证-----
ShiroRealm.doGetAuthenticationInfo");
//      User user = userMapper.findByUserName(userName);
        QueryWrapper<SysUsers> queryWrapper = new QueryWrapper<>();
        queryWrapper.eq("username", userName);
        SysUsers user = sysUsersServiceImpl.getOne(queryWrapper);
//      User user=new User();
        if (user == null) {
            throw new UnknownAccountException("用户名错误! ");
        }
        //1. MD5 加密不可以破解
        //2. 登录比较的是两个密文
        if (!password.equals(user.getPassword())) {
            throw new IncorrectCredentialsException("密码错误! ");
        }
        if (user.getLocked()) {
            throw new LockedAccountException("账号已被锁定,请联系管理员! ");
        }
        SimpleAuthenticationInfo info = new SimpleAuthenticationInfo(user,
password, getName());
        return info;
    }
}
```

Shiro 的配置类中,可以给每个路径配置不同的验证策略。如果同一个路径匹配到了不同的策略,

Shiro FilterChainDefinitions 按照从上到下的顺序，第一次匹配成功便不再继续匹配查找，以最上面的为准。

FilterChainDefinitions 的参数说明如下：

- anon 表示这个路径不需要任何验证。
- authc 表示这个路径必须登录之后才能进行访问，不包括 remember me。
- ssl 表示安全的 url 请求，协议为 https。
- user 表示登录用户才可以访问，包含 remember me。

```java
package com.zz.config;
import java.util.LinkedHashMap;
import org.apache.shiro.codec.Base64;
import org.apache.shiro.mgt.SecurityManager;
import org.apache.shiro.spring.LifecycleBeanPostProcessor;
import org.apache.shiro.spring.web.ShiroFilterFactoryBean;
import org.apache.shiro.web.mgt.CookieRememberMeManager;
import org.apache.shiro.web.mgt.DefaultWebSecurityManager;
import org.apache.shiro.web.servlet.SimpleCookie;
import org.springframework.context.annotation.Bean;
import org.springframework.context.annotation.Configuration;
@Configuration
public class ShiroConfig {
    @Bean
    public ShiroFilterFactoryBean shiroFilterFactoryBean(SecurityManager
securityManager) {
        ShiroFilterFactoryBean shiroFilterFactoryBean = new
ShiroFilterFactoryBean();
        shiroFilterFactoryBean.setSecurityManager(securityManager);
        shiroFilterFactoryBean.setLoginUrl("/login");
        shiroFilterFactoryBean.setSuccessUrl("/index");
        shiroFilterFactoryBean.setUnauthorizedUrl("/403");
        LinkedHashMap<String, String> filterChainDefinitionMap = new
LinkedHashMap<>();
        filterChainDefinitionMap.put("/wareadmin/**", "anon");
        filterChainDefinitionMap.put("/css/**", "anon");
        filterChainDefinitionMap.put("/js/**", "anon");
        filterChainDefinitionMap.put("/fonts/**", "anon");
        filterChainDefinitionMap.put("/sign-up.html", "anon");
        filterChainDefinitionMap.put("/img/**", "anon");
        filterChainDefinitionMap.put("/druid/**", "anon");
        filterChainDefinitionMap.put("/logout", "logout");
        filterChainDefinitionMap.put("/user/register", "anon");
        filterChainDefinitionMap.put("/", "anon");
        filterChainDefinitionMap.put("/**", "user");
```

```java
        shiroFilterFactoryBean.setFilterChainDefinitionMap
(filterChainDefinitionMap);
        return shiroFilterFactoryBean;
    }
    @Bean
    public SecurityManager securityManager(){
        DefaultWebSecurityManager securityManager = new
DefaultWebSecurityManager();
        securityManager.setRealm(shiroRealm());
        securityManager.setRememberMeManager(rememberMeManager());
        return securityManager;
    }
    @Bean(name = "lifecycleBeanPostProcessor")
    public LifecycleBeanPostProcessor lifecycleBeanPostProcessor() {
        return new LifecycleBeanPostProcessor();
    }
    @Bean
    public ShiroRealm shiroRealm(){
        ShiroRealm shiroRealm = new ShiroRealm();
        return shiroRealm;
    }
    /**
     * cookie 对象
     * @return
     */
    public SimpleCookie rememberMeCookie() {
        // 设置cookie 名称，对应login.html 页面的<input type="checkbox"
        // name="rememberMe"/>
        SimpleCookie cookie = new SimpleCookie("rememberMe");
        // 设置cookie 的过期时间，单位为秒，这里为一天
        cookie.setMaxAge(86400);
        return cookie;
    }
    /**
     * cookie 管理对象
     * @return
     */
    public CookieRememberMeManager rememberMeManager() {
        //Cookie 数据存在客户端的浏览器
        CookieRememberMeManager cookieRememberMeManager = new
CookieRememberMeManager();
        cookieRememberMeManager.setCookie(rememberMeCookie());
        // rememberMe cookie 加密的密钥
```

```
cookieRememberMeManager.setCipherKey(Base64.decode("3AvVhmFLUs0KTA3Kprsd
ag=="));
        return cookieRememberMeManager;
    }
}
```

前端使用的是 html 模板，页面如图 2.2 所示。

Controller 接收前端用户输入的用户名和密码以后，会先
把密码采用 MD5 算法进行加密，然后把得到的密文与数据库
中保存的密码进行对比。

图 2.2   登录页面

```
package com.zz.user.controller;
import com.zz.user.entity.SysUsers;
import com.zz.util.ResultVOUtil;
import com.zz.vo.ResultVO;
import io.swagger.annotations.Api;
import io.swagger.annotations.ApiImplicitParam;
import io.swagger.annotations.ApiOperation;
import org.apache.shiro.SecurityUtils;
import org.apache.shiro.authc.AuthenticationException;
import org.apache.shiro.authc.IncorrectCredentialsException;
import org.apache.shiro.authc.LockedAccountException;
import org.apache.shiro.authc.UnknownAccountException;
import org.apache.shiro.authc.UsernamePasswordToken;
import org.apache.shiro.subject.Subject;
import org.springframework.stereotype.Controller;
import org.springframework.ui.Model;
import org.springframework.web.bind.annotation.GetMapping;
import org.springframework.web.bind.annotation.PostMapping;
import org.springframework.web.bind.annotation.RequestMapping;
import org.springframework.web.bind.annotation.ResponseBody;
import com.zz.util.MD5Utils;
@Api(value = "登录 Controller")
@Controller
public class LoginController {
    @GetMapping("/login")
    public String login() {
        return "login.html";
    }
    @ApiOperation(value = "登录", notes = "登录")
    @PostMapping("/login")
    @ResponseBody
    public ResultVO login(String username, String password, Boolean rememberMe) {
    password = MD5Utils.encrypt(username, password);
        UsernamePasswordToken token = new UsernamePasswordToken(username,
password, rememberMe);
```

```
            Subject subject = SecurityUtils.getSubject();
            try {
                subject.login(token);
                return ResultVOUtil.success();
            } catch (UnknownAccountException e) {
                return ResultVOUtil.error(500,e.getMessage());
            } catch (IncorrectCredentialsException e) {
                return ResultVOUtil.error(500,e.getMessage());
            } catch (LockedAccountException e) {
                return ResultVOUtil.error(500,e.getMessage());
            } catch (AuthenticationException e) {
                return ResultVOUtil.error(500,"认证失败！");
            }
        }
    @RequestMapping("/")
    public String redirectIndex() {
        return "redirect:/index";
    }
    @RequestMapping("/index")
    public String index(Model model) {
        SysUsers user = (SysUsers)
SecurityUtils.getSubject().getPrincipal();
        model.addAttribute("user", user);
        return "index.html";
    }
    @PostMapping("/getlogin")
    @ResponseBody
    public SysUsers getLoginUser(){
        return (SysUsers) SecurityUtils.getSubject().getPrincipal();
    }
  }
```

2.3 权限管理

Shiro 是一个经典的权限验证框架，在 ShiroRealm 的 doGetAuthorizationInfo 方法中调用用户的 service 方法，得到当前用户在数据库中存储的角色和权限。

```
/**
 * 获取用户角色和权限
 */
@Override
protected AuthorizationInfo doGetAuthorizationInfo(PrincipalCollection
principal) {
    User user = (User) SecurityUtils.getSubject().getPrincipal();
```

```
    String userName = user.getUsername();
    System.out.println("用户" + userName + "获取权限-----
ShiroRealm.doGetAuthorizationInfo");
    SimpleAuthorizationInfo simpleAuthorizationInfo = new
SimpleAuthorizationInfo();
    // 获取用户角色集
    Set<String> roleSet = new HashSet<String>();
    Set<Permission> permissionList= new HashSet<Permission>();
    Set<Role> roles=user.getRoles();
    for (Role r : roles) {
        roleSet.add(r.getName());
        permissionList.addAll(r.getPermissions());
    }
    simpleAuthorizationInfo.setRoles(roleSet);
    // 获取用户权限集
    Set<String> permissionSet = new HashSet<String>();
    for (Permission p : permissionList) {
        permissionSet.add(p.getName());
    }
    simpleAuthorizationInfo.setStringPermissions(permissionSet);
    return simpleAuthorizationInfo;
}
```

Controller 层可以通过@RequiresPermissions 设置访问方法需要的权限。例如，@RequiresPermissions ("user:user")这个注解，表示用户必须有 user:user 的权限才可以访问这个方法。

```
package com.zz.controller;
import javax.annotation.Resource;
import org.apache.shiro.SecurityUtils;
import org.apache.shiro.authc.AuthenticationException;
import org.apache.shiro.authc.IncorrectCredentialsException;
import org.apache.shiro.authc.LockedAccountException;
import org.apache.shiro.authc.UnknownAccountException;
import org.apache.shiro.authc.UsernamePasswordToken;
import org.apache.shiro.authz.annotation.RequiresPermissions;
import org.apache.shiro.subject.Subject;
import org.springframework.stereotype.Controller;
import org.springframework.ui.Model;
import org.springframework.web.bind.annotation.GetMapping;
import org.springframework.web.bind.annotation.PostMapping;
import org.springframework.web.bind.annotation.RequestMapping;
import org.springframework.web.bind.annotation.ResponseBody;
import com.zz.entity.User;
import com.zz.pojo.ResponseBo;
import com.zz.service.UserService;
import com.zz.util.KeyUtil;
import com.zz.util.MD5Utils;
```

```
@Controller
@RequestMapping("/user")
public class UserController {
    @RequiresPermissions("user:user")
    @RequestMapping("list")
    public String userList() {
        return "/index1.html";
    }
    @RequiresPermissions("user:add")
    @RequestMapping("add")
    public String userAdd(Model model) {
        model.addAttribute("value", "新增用户");
        return "/index1.html";
    }
    @RequiresPermissions("user:delete")
    @RequestMapping("delete")
    public String userDelete(Model model) {
        model.addAttribute("value", "删除用户");
        return "/index1.html";
    }
}
```

扫一扫，看视频

2.4 实现"记住我"功能

Shiro 配置的关键代码如下。

```
securityManager.setRememberMeManager(rememberMeManager());
```

表示启用 Shiro 的"记住我"功能，并且已经完成了相关的配置。

```
package com.zz.config;
import java.util.LinkedHashMap;
import org.apache.shiro.codec.Base64;
import org.apache.shiro.mgt.SecurityManager;
import org.apache.shiro.spring.LifecycleBeanPostProcessor;
import org.apache.shiro.spring.web.ShiroFilterFactoryBean;
import org.apache.shiro.web.mgt.CookieRememberMeManager;
import org.apache.shiro.web.mgt.DefaultWebSecurityManager;
import org.apache.shiro.web.servlet.SimpleCookie;
import org.springframework.context.annotation.Bean;
import org.springframework.context.annotation.Configuration;
@Configuration
public class ShiroConfig {
    @Bean
```

```java
    public ShiroFilterFactoryBean shiroFilterFactoryBean(SecurityManager
securityManager) {
        ShiroFilterFactoryBean shiroFilterFactoryBean = new
ShiroFilterFactoryBean();
        shiroFilterFactoryBean.setSecurityManager(securityManager);
        shiroFilterFactoryBean.setLoginUrl("/login");
        shiroFilterFactoryBean.setSuccessUrl("/index");
        shiroFilterFactoryBean.setUnauthorizedUrl("/403");
        LinkedHashMap<String, String> filterChainDefinitionMap = new
LinkedHashMap<>();
        filterChainDefinitionMap.put("/css/**", "anon");
        filterChainDefinitionMap.put("/js/**", "anon");
        filterChainDefinitionMap.put("/fonts/**", "anon");
        filterChainDefinitionMap.put("/img/**", "anon");
        filterChainDefinitionMap.put("/druid/**", "anon");
        filterChainDefinitionMap.put("/logout", "logout");
        filterChainDefinitionMap.put("/user/register", "anon");
        filterChainDefinitionMap.put("/", "anon");
        filterChainDefinitionMap.put("/**", "user");
        shiroFilterFactoryBean.setFilterChainDefinitionMap
(filterChainDefinitionMap);
        return shiroFilterFactoryBean;
    }
    @Bean
    public SecurityManager securityManager(){
        DefaultWebSecurityManager securityManager = new
DefaultWebSecurityManager();
        securityManager.setRealm(shiroRealm());
        securityManager.setRememberMeManager(rememberMeManager());
        return securityManager;
    }
    @Bean(name = "lifecycleBeanPostProcessor")
    public LifecycleBeanPostProcessor lifecycleBeanPostProcessor() {
        return new LifecycleBeanPostProcessor();
    }
    @Bean
    public ShiroRealm shiroRealm(){
        ShiroRealm shiroRealm = new ShiroRealm();
        return shiroRealm;
    }
    /**
     * cookie 对象
     * @return
     */
    public SimpleCookie rememberMeCookie() {
        // 设置 cookie 名称，对应 login.html 页面的<input type="checkbox" name=
```

```
        // "rememberMe"/>
        SimpleCookie cookie = new SimpleCookie("rememberMe");
        // 设置cookie的过期时间，单位为秒，这里为一天
        cookie.setMaxAge(86400);
        return cookie;
    }
    /**
     * cookie 管理对象
     * @return
     */
    public CookieRememberMeManager rememberMeManager() {
        //Cookie 数据存在客户端的浏览器
        CookieRememberMeManager cookieRememberMeManager = new
CookieRememberMeManager();
        cookieRememberMeManager.setCookie(rememberMeCookie());
        // rememberMe cookie 加密的密钥
    cookieRememberMeManager.setCipherKey(Base64.decode("3AvVhmFLUs0KTA3Kprsd
ag=="));
        return cookieRememberMeManager;
    }
}
```

登录的 controller 类中在创建 UsernamePasswordToken 对象时，构造函数的第 3 个参数设置当前登录用户是否需要启用"记住我"的功能。

```
package com.zz.controller;
import org.apache.shiro.SecurityUtils;
import org.apache.shiro.authc.AuthenticationException;
import org.apache.shiro.authc.IncorrectCredentialsException;
import org.apache.shiro.authc.LockedAccountException;
import org.apache.shiro.authc.UnknownAccountException;
import org.apache.shiro.authc.UsernamePasswordToken;
import org.apache.shiro.subject.Subject;
import org.springframework.stereotype.Controller;
import org.springframework.ui.Model;
import org.springframework.web.bind.annotation.GetMapping;
import org.springframework.web.bind.annotation.PostMapping;
import org.springframework.web.bind.annotation.RequestMapping;
import org.springframework.web.bind.annotation.ResponseBody;
import com.zz.entity.User;
import com.zz.pojo.ResponseBo;
import com.zz.util.MD5Utils;
@Controller
public class LoginController {
    @GetMapping("/login")
    public String login() {
```

```
        return "login1.html";
    }
    @PostMapping("/login")
    @ResponseBody
    public ResponseBo login(String username, String password, Boolean
rememberMe) {
        password = MD5Utils.encrypt(username, password);
        UsernamePasswordToken token = new UsernamePasswordToken(username,
password, rememberMe);
        Subject subject = SecurityUtils.getSubject();
        try {
            subject.login(token);
            return ResponseBo.ok();
        } catch (UnknownAccountException e) {
            return ResponseBo.error(e.getMessage());
        } catch (IncorrectCredentialsException e) {
            return ResponseBo.error(e.getMessage());
        } catch (LockedAccountException e) {
            return ResponseBo.error(e.getMessage());
        } catch (AuthenticationException e) {
            return ResponseBo.error("认证失败！");
        }
    }
    @RequestMapping("/")
    public String redirectIndex() {
        return "redirect:/index";
    }
    @RequestMapping("/index")
    public String index(Model model) {
        User user = (User) SecurityUtils.getSubject().getPrincipal();
        model.addAttribute("user", user);
        return "index1.html";
    }
    @PostMapping("/getlogin")
    @ResponseBody
    public User getLoginUser(){
        return (User) SecurityUtils.getSubject().getPrincipal();
    }
}
```

2.5　用户管理系统实战

用户管理系统提供对用户的增删改查功能，另外可以为每个用户配置角色和权限。前端页面使用了一套开源的 Bootstrap 模板，可以实现手机端响应式展示页面。

2.5.1　项目设计

用户的权限配置不是直接给用户添加权限，而是需要管理员先添加权限，然后给角色配置不同的权限。创建用户的时候，只需要给用户选择不同的角色，就可以实现不同的用户拥有不同的权限。操作流程如图 2.3 所示。

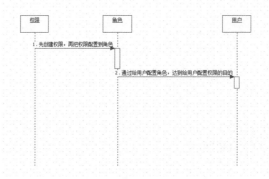

图 2.3　用户管理系统操作时序图

2.5.2　数据库设计

该系统一共需要 5 张表，这是 Shiro 权限管理经典的数据库设计。

- 用户表 sys_users。
- 角色表 sys_roles。
- 权限表 sys_permissions。
- 用户角色中间表 sys_users_roles。
- 角色权限中间表 sys_roles_permissions。

下面是创建表的 SQL 语句。

```
use bookdemo;
-- create database shiro default character set utf8;
drop table if exists sys_users;
drop table if exists sys_roles;
drop table if exists sys_permissions;
```

```
drop table if exists sys_users_roles;
drop table if exists sys_roles_permissions;
create table sys_users (
  id bigint auto_increment comment '编号',
  username varchar(100) comment '用户名',
  password varchar(100) comment '密码',
  salt varchar(100) comment '盐值',
  role_id varchar(50) comment '角色列表',
  locked bool default false comment '是否锁定',
  constraint pk_sys_users primary key(id)
) charset=utf8 ENGINE=InnoDB;
create unique index idx_sys_users_username on sys_users(username);
create table sys_roles (
  id bigint auto_increment comment '角色编号',
  role varchar(100) comment '角色名称',
  description varchar(100) comment '角色描述',
  pid bigint comment '父节点',
  available bool default false comment '是否锁定',
  constraint pk_sys_roles primary key(id)
) charset=utf8 ENGINE=InnoDB;
create unique index idx_sys_roles_role on sys_roles(role);
create table sys_permissions (
  id bigint auto_increment comment '编号',
  permission varchar(100) comment '权限编号',
  description varchar(100) comment '权限描述',
  rid bigint comment '此权限关联角色的 id',
  available bool default false comment '是否锁定',
  constraint pk_sys_permissions primary key(id)
) charset=utf8 ENGINE=InnoDB;
create unique index idx_sys_permissions_permission on
sys_permissions(permission);
create table sys_users_roles (
  id bigint auto_increment comment '编号',
  user_id bigint comment '用户编号',
  role_id bigint comment '角色编号',
  constraint pk_sys_users_roles primary key(id)
) charset=utf8 ENGINE=InnoDB;
create table sys_roles_permissions (
  id bigint auto_increment comment '编号',
  role_id bigint comment '角色编号',
  permission_id bigint comment '权限编号',
  constraint pk_sys_roles_permissions primary key(id)
) charset=utf8 ENGINE=InnoDB;
```

2.5.3 工程搭建 SSM&Shiro

搭建项目工程的时候，一般先创建一个 Maven 项目，然后配置 POM 文件。

```xml
<?xml version="1.0" encoding="UTF-8"?>
<project xmlns="http://maven.apache.org/POM/4.0.0"
         xmlns:xsi="http://www.w3.org/2001/XMLSchema-instance"
         xsi:schemaLocation="http://maven.apache.org/POM/4.0.0
http://maven.apache.org/xsd/maven-4.0.0.xsd">
    <modelVersion>4.0.0</modelVersion>
    <groupId>zz</groupId>
    <artifactId>userCenter</artifactId>
    <version>1.0-SNAPSHOT</version>
    <parent>
        <groupId>org.springframework.boot</groupId>
        <artifactId>spring-boot-starter-parent</artifactId>
        <version>2.1.6.RELEASE</version>
    </parent>
    <properties>
        <project.build.sourceEncoding>UTF-8</project.build.sourceEncoding>
        <project.reporting.outputEncoding>UTF-8</project.reporting.outputEncoding>
        <java.version>1.8</java.version>
    </properties>
    <dependencies>
        <dependency>
            <groupId>org.springframework.boot</groupId>
            <artifactId>spring-boot-starter-web</artifactId>
        </dependency>
        <dependency>
            <groupId>mysql</groupId>
            <artifactId>mysql-connector-java</artifactId>
            <version>5.1.47</version>
        </dependency>
        <dependency>
            <groupId>com.baomidou</groupId>
            <artifactId>mybatis-plus-boot-starter</artifactId>
            <version>3.2.0</version>
        </dependency>
        <dependency>
            <groupId>com.baomidou</groupId>
            <artifactId>mybatis-plus-generator</artifactId>
            <version>3.2.0</version>
        </dependency>
        <dependency>
            <groupId>org.apache.velocity</groupId>
            <artifactId>velocity-engine-core</artifactId>
            <version>2.1</version>
        </dependency>
        <dependency>
            <groupId>org.projectlombok</groupId>
            <artifactId>lombok</artifactId>
            <scope>provided</scope>
```

```xml
            </dependency>
            <!-- swagger2 -->
            <dependency>
                <groupId>io.springfox</groupId>
                <artifactId>springfox-swagger2</artifactId>
                <version>2.6.1</version>
            </dependency>
            <dependency>
                <groupId>io.springfox</groupId>
                <artifactId>springfox-swagger-ui</artifactId>
                <version>2.6.1</version>
            </dependency>
            <!--JWT java web token 权限验证-->
            <dependency>
                <groupId>com.auth0</groupId>
                <artifactId>java-jwt</artifactId>
                <version>3.4.0</version>
            </dependency>
            <!--shiro 权限框架-->
            <dependency>
                <groupId>org.apache.shiro</groupId>
                <artifactId>shiro-spring</artifactId>
                <version>1.4.0</version>
            </dependency>
            <!--阿里 json 转换-->
            <dependency>
                <groupId>com.alibaba</groupId>
                <artifactId>fastjson</artifactId>
                <version>1.2.47</version>
            </dependency>
        </dependencies>
        <repositories>
            <repository>
                <id>alimaven</id>
                <name>aliyun maven</name>
                <url>http://maven.aliyun.com/nexus/content/groups/public/</url>
            </repository>
        </repositories>
        <build>
            <finalName>usercenter</finalName>
            <plugins>
                <plugin>
                    <groupId>org.springframework.boot</groupId>
                    <artifactId>spring-boot-maven-plugin</artifactId>
                </plugin>
            </plugins>
        </build>
    </project>
```

写好 POM 文件以后，需要配置 resources\application.properties 文件，在该文件中配置项目的端口、数据库连接等信息。

```
server.port=9100
server.servlet.context-path=/usercenter
spring.datasource.url = jdbc:mysql://47.92.0.22:3306/bookdemo?useSSL=
false&serverTimezone=Asia/Shanghai
spring.datasource.username = xsz2019
spring.datasource.password = xsz2019PWD
spring.datasource.driverClassName = com.mysql.jdbc.Driver
#mybatis-plus
mybatis-plus.mapper-locations=classpath:mapper/*.xml
mybatis-plus.type-aliases-package=com.mht.springbootmybatisplus.entity
```

接下来就是代码部分，可以慢慢积累一些自己的工具类，然后做成一个种子项目。每次启动一个新项目时，就不需要从零开始，而是直接在种子项目的基础上进行开发。代码结构如图 2.4 所示。

图 2.4　SSM 种子项目代码结构

2.5.4　前端代码实现

前端页面展示部分直接采用开源模板，JavaScript 使用 jQuery 框架。前端代码结构如图 2.5 所示。

图 2.5　前端代码结构

页面显示效果如图 2.6 所示。

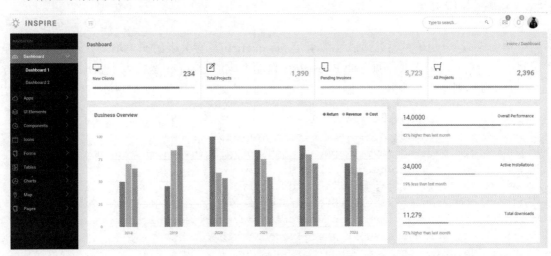

图 2.6　前端模板页面效果

2.5.5　MyBatis-Plus

MyBatis 官网也提供了一个自动生成代码的工具，可以根据数据表生成 Java 代码。

在前面已经创建了本案例需要的 5 个数据表，只需要运行自动生成代码工具类的 main 方法就可以生成如图 2.7 和图 2.8 所示的代码文件。

图 2.7　自动生成的 Java 代码　　　　　图 2.8　自动生成的 MyBatis mapper xml 文件

2.5.6　Service 层开发

自动生成的 service 实现类都已经继承了 ServiceImpl，有关表的简单增删改查操作也都提供了对应的方法。如果需要分页，MyBatis-Plus 自动生成的 Mapper 也提供了 selectPage 分页方法并返回 IPage 对象。

```
package com.zz.user.serviceImpl;
import com.baomidou.mybatisplus.core.metadata.IPage;
import com.baomidou.mybatisplus.extension.plugins.pagination.Page;
import com.zz.user.entity.SysUsers;
import com.zz.user.mapper.SysUsersMapper;
import com.zz.user.service.SysUsersService;
import com.baomidou.mybatisplus.extension.service.impl.ServiceImpl;
import org.springframework.stereotype.Service;
import javax.annotation.Resource;
/**
 * <p>
 *  服务实现类
 * </p>
 *
 * @author Bsea
 * @since 2019-12-25
 */
```

```
@Service
public class SysUsersServiceImpl extends ServiceImpl<SysUsersMapper, SysUsers>
implements SysUsersService {
    @Resource
    SysUsersMapper sysUsersMapper;
    @Override
    public IPage<SysUsers> findByPage(Page<SysUsers> page) {
        return  sysUsersMapper.selectPage(page, null);
    }
}
```

2.5.7　Controller 层开发

Controller 层中包含了 API 的代码，前端页面请求就是执行 controller 类中的方法。

本例中的 controller class 上面配置了三个注解，下面分别对这三个注解的作用进行说明。

- @Api(value = "角色 Controller") 是 Swagger 的注解，设置了文档中 API 类的名字。
- @Controller 是 SpringBoot 的注解，表示这个类是控制器。
- @RequestMapping("/roles")是 Spring Boot 的注解，可以放在 class 上面，也可以放在方法的上面。放在方法的上面表示这个方法的拦截路径。本例中的@RequestMapping("/roles")放在 class 上面，表示 class 下面使用的方法拦截路径前面都必须加上 "/roles/"。

```
package com.zz.user.controller;
import com.baomidou.mybatisplus.extension.plugins.pagination.Page;
import com.zz.user.entity.SysRoles;
import com.zz.user.service.SysRolesService;
import com.zz.util.KeyUtil;
import com.zz.util.ResultVOUtil;
import com.zz.vo.ResultVO;
import io.swagger.annotations.Api;
import io.swagger.annotations.ApiOperation;
import org.springframework.web.bind.annotation.*;
import org.springframework.stereotype.Controller;
import javax.annotation.Resource;
/**
 * <p>
 *  前端控制器
 * </p>
 *
 * @author Bsea
 * @since 2019-12-25
 */
@Api(value = "角色 Controller")
@Controller
```

```
@RequestMapping("/roles")
public class SysRolesController {
    @Resource
    SysRolesService sysRolesService;
    @GetMapping("/")
    public String list() {
        return "roleList.html";
    }
    @PostMapping("/save")
    @ResponseBody
    public ResultVO add(SysRoles sysRoles) {
        sysRoles.setId(KeyUtil.genUniqueKeyLong());
        System.out.println(sysRoles);
        sysRolesService.save(sysRoles);
        return ResultVOUtil.success();
    }
    @ApiOperation(value = "分页获取角色列表", notes = "获取角色列表")
    @GetMapping("/list/{pageNo}/{pageSize}")
    @ResponseBody
    public ResultVO listData(@PathVariable("pageNo") String pageNo ,
@PathVariable ("pageSize") String pageSize) {
        Page<SysRoles> page=new
Page<SysRoles>(Integer.parseInt(pageNo),Integer.parseInt (pageSize));
        return ResultVOUtil.success( sysRolesService.findByPage(page));
    }
}
```

2.5.8   测试

注册功能，用户只需要输入用户名和密码，页面如图 2.9 所示。

登录页面，用户输入用户名和密码，并且可以选择是否 "记住我"，如图 2.10 所示。

图 2.9   注册页面   图 2.10   登录页面

登录成功以后，用户可以看到左边的 "系统设置" 下有三个选项：权限管理、角色管理、用户管理，如图 2.11 所示。

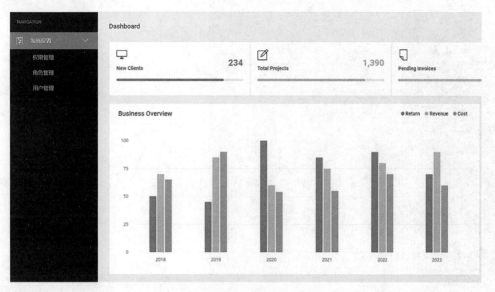

图 2.11　登录成功后首页

　　单击"权限管理"选项，可以看到权限列表页面，显示当前数据库中的权限，如图 2.12 所示。

　　单击"新建"按钮，系统弹出"新建权限"的模态框，如图 2.13 所示。

图 2.12　权限列表页面

图 2.13　新建权限页面

单击"角色管理"选项，右边显示角色列表，如图 2.14 所示。

图 2.14　角色列表页面

单击"用户管理"选项，右边显示用户列表，如图 2.15 所示。

图 2.15　用户列表页面

2.6　小　　结

本章使用 Spring Boot 框架集成 MyBatis-Plus 实现了用户管理，通过 MyBatis-Plus 的自动生成代码功能和基础 Service 的功能，极大地提高了开发效率。用户管理的案例只关注了用户相关的功能，可以非常方便地跟其他项目结合，来作为其他项目的用户管理模块。另外，采用 Shiro 框架实现了登录、授权和"记住我"的功能，可以满足各个项目中复杂的权限验证需求。

第 **3** 章

SSM&Bootstrap 商品管理系统实战

本项目涉及 Spring Boot 和 MyBatis 框架及 MySQL 数据库，前端页面使用了一套 Bootstrap 4 的页面模板。

本项目包含如下功能：

- 添加商品。
- 删除商品。
- 修改商品。
- 查询商品。
- 商品统计。
- 移动端显示商品。

从本案例中，读者可以学到如下知识：

- 从零开始搭建 Spring Boot 项目。
- Spring Boot 集成 MyBatis。
- Spring Boot 集成 Shiro。
- Spring Boot 集成 MyBatis Redis。
- Shiro 的权限管理和登录实现。
- Redis 缓存查询结果。

3.1　Bootstrap 简介

Bootstrap 是美国 Twitter 公司的产品，可以帮助程序员开发出漂亮的页面，并且不需要学习新的语言。Bootstrap 是基于基础的 HTML、CSS、JS 语言，使用 Bootstrap 只需要引入 3 个 JS 和 1 个 CSS 文件即可。

Bootstrap 最大的好处是可以开发出响应式的页面布局，其具有的移动优先的原则使页面在移动设备上也可以有很好的用户体验。

集成 Bootstrap 4 需要的文件如下。

```
 <link rel="stylesheet" href="https://cdn.staticfile.org/twitter-
bootstrap/4.3.1/css/ bootstrap.min.css">
    <script src="https://cdn.staticfile.org/jquery/3.2.1/jquery.min.js">
</script>
    <script src="https://cdn.staticfile.org/popper.js/1.15.0/umd/popper.min.js">
</script>
    <script src="https://cdn.staticfile.org/twitter-
bootstrap/4.3.1/js/bootstrap.min.js"> </script>
```

Bootstrap 网格系统把整个屏幕的宽度分成了 12 个格子，这样无论屏幕的大小如何变化，在布局时，只需要设置一个元素占用多少个格子即可。

例如，下面的布局表示在小屏幕时，一个 div 占 6 个格子，那么一行就是两列；中等屏幕时，一个 div 占 3 个格子，那么一行就是四列。所以这个布局在小屏幕中是一行两列，中等屏幕自动变成了一行四列。

```
<div class="row">
<div class="col-sm-6  col-md-3">.col</div>
<div class="col-sm-6 col-md-3">.col</div>
<div class="col-sm-6 col-md-3">.col</div>
<div class="col-sm-6 col-md-3">.col</div>
</div>
```

3.2　商品管理系统实战

项目分为两个端口：电脑端和微信公众号端。管理员在电脑端管理商品，用户通过手机端的微信公众号平台可以浏览商品，当然也可以下单购买，本案例只关注与商品相关的 Spring Boot API。

3.2.1　项目设计

该项目主要有两个角色：管理员和普通用户。两个角色的功能如图 3.1 所示。

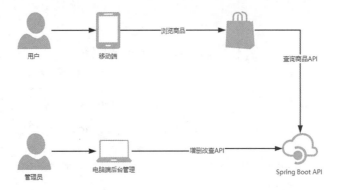

图 3.1　两个角色的功能

　　完整的电商系统不仅具有商品管理的功能，还包含了很多其他的功能，本案例为关注商品管理的独立项目。电商项目的完整架构如图 3.2 所示。

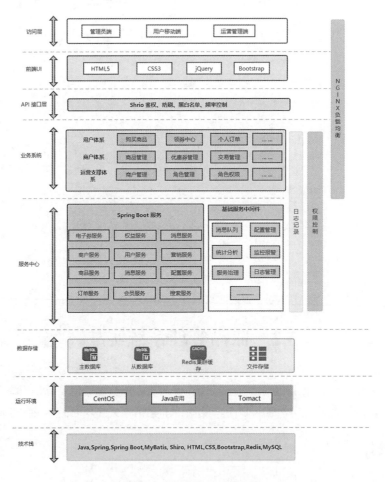

图 3.2　电商项目完成架构图

3.2.2　数据库设计

　　因为本案例只关注相关产品，其他数据表的信息读者可以查看完整的项目源码。产品表 tb_bim_spares 的字段详情设计如表 3.1 所示。

表 3.1　产品表 tb_bim_spares 的字段详情设计

字　段　名	数　据　类　型	非　　空	默　认	注　　释
spare_brand	varchar(50)	FALSE	[NULL]	暂定
spare_catalog	varchar(50)	TRUE	0	0-产品 1-套餐
spare_code	varchar(50)	FALSE	[NULL]	商品编号
spare_cost	decimal(10,2)	TRUE	0	产品进价
spare_createtime	timestamp	FALSE	[NULL]	创建时间
spare_factory	varchar(100)	FALSE	[NULL]	供应商
spare_id	bigint(20)	TRUE	[NULL]	主键
spare_isdelete	tinyint(4)	TRUE	0	逻辑删除 0-有效 1-无效
spare_kind	varchar(50)	FALSE	[NULL]	商品类型
spare_model	varchar(50)	FALSE	[NULL]	商品规格
spare_name	varchar(50)	FALSE	[NULL]	商品名
spare_photo	varchar(500)	FALSE	[NULL]	商品图片
spare_price	decimal(10,2)	FALSE	[NULL]	单价
spare_priceguide	decimal(10,2)	TRUE	0	商品毛利率
spare_profitYG	decimal(10,2)	TRUE	0	员工分红毛利率
spare_purchasing	float	FALSE	0	总采购数
spare_status	tinyint(4)	FALSE	[NULL]	暂存
spare_stock	float	TRUE	0	库存数量 剩余数量
spare_stockdscrpt	varchar(50)	FALSE	[NULL]	暂定
spare_stockman	varchar(20)	FALSE	[NULL]	采购员
spare_stockop	tinyint(4)	FALSE	[NULL]	暂定
spare_stocktime	timestamp	FALSE	[NULL]	采购时间
spare_stockunit	varchar(50)	FALSE	[NULL]	单位（个，瓶，箱…）
spare_supply	varchar(50)	TRUE	10	暂定库存警告线
spare_updateman	varchar(100)	FALSE	[NULL]	
spare_updatetime	timestamp	FALSE	[NULL]	
spare_userfor	varchar(50)	FALSE	[NULL]	门店

仓库表 tb_bim_spares_notes 字段详情设计如表 3.2 所示。

表 3.2　仓库表 tb_bim_spares_notes 字段详情

字 段 名	数据类型	非 空	默 认	注 释
spares_notes_id	bigint(20)	TRUE	[NULL]	
spares_id	bigint(20)	FALSE	[NULL]	商品 id
spares_number	int(11)	FALSE	[NULL]	数量
spares_notes_createman	varchar(100)	FALSE	[NULL]	创建者
spares_notes_createcompany	varchar(100)	FALSE	[NULL]	创建公司
spares_notes_createtime	timestamp	TRUE	CURRENT_TIMESTAMP	创建时间
spares_notes_type	tinyint(4)	FALSE	[NULL]	记录类型 0-入库 1-出库 2-消费

3.2.3　创建数据库

产品表的建表语句如下：

```
CREATE TABLE `tb_bim_spares` (
  `spare_id` bigint(20) NOT NULL AUTO_INCREMENT COMMENT '主键',
  `spare_name` varchar(50) DEFAULT NULL COMMENT '商品名',
  `spare_code` varchar(50) DEFAULT NULL COMMENT '商品编号',
  `spare_kind` varchar(50) DEFAULT NULL COMMENT '商品类型',
  `spare_model` varchar(50) DEFAULT NULL COMMENT '商品规格',
  `spare_catalog` varchar(50) NOT NULL DEFAULT '0' COMMENT '0-产品 1-套餐',
  `spare_brand` varchar(50) DEFAULT NULL COMMENT '暂定',
  `spare_userfor` varchar(50) DEFAULT NULL COMMENT '门店',
  `spare_priceguide` decimal(10,2) NOT NULL DEFAULT '0.00' COMMENT '商品毛利率',
  `spare_price` decimal(10,2) DEFAULT NULL COMMENT '单价',
  `spare_factory` varchar(100) DEFAULT NULL COMMENT '供应商',
  `spare_supply` varchar(50) NOT NULL DEFAULT '10' COMMENT '暂定 库存警告线',
  `spare_stock` float NOT NULL DEFAULT '0' COMMENT '库存数量 剩余数量',
  `spare_status` tinyint(4) DEFAULT NULL COMMENT '暂存',
  `spare_stockunit` varchar(50) DEFAULT NULL COMMENT '单位（个，瓶，箱…）',
  `spare_stockdscrpt` varchar(50) DEFAULT NULL COMMENT '暂定',
  `spare_stockop` tinyint(4) DEFAULT NULL COMMENT '暂定',
  `spare_stockman` varchar(20) DEFAULT NULL COMMENT '采购员',
  `spare_stocktime` timestamp NULL DEFAULT NULL COMMENT '采购时间',
  `spare_createtime` timestamp NULL DEFAULT NULL COMMENT '创建时间',
  `spare_updatetime` timestamp NULL DEFAULT NULL,
  `spare_updateman` varchar(100) DEFAULT NULL,
  `spare_purchasing` float DEFAULT '0' COMMENT '总采购数',
  `spare_profitYG` decimal(10,2) NOT NULL DEFAULT '0.00' COMMENT '员工分红毛
利率',
```

```
`spare_cost` decimal(10,2) NOT NULL DEFAULT '0.00' COMMENT '产品进价',
`spare_photo` varchar(500) DEFAULT NULL COMMENT '商品图片',
`spare_isdelete` tinyint(4) NOT NULL DEFAULT '0' COMMENT '逻辑删除 0-有效
1-无效',
PRIMARY KEY (`spare_id`)
) ENGINE=InnoDB AUTO_INCREMENT=1570343744187 DEFAULT CHARSET=utf8mb4
```

仓库表的建表语句如下：

```
CREATE TABLE `tb_bim_spares_notes` (
`spares_notes_id` bigint(20) NOT NULL,
`spares_id` bigint(20) DEFAULT NULL COMMENT '商品id',
`spares_number` int(11) DEFAULT NULL COMMENT '数量',
`spares_notes_createman` varchar(100) DEFAULT NULL COMMENT '创建者',
`spares_notes_createcompany` varchar(100) DEFAULT NULL COMMENT '创建公司',
`spares_notes_createtime` timestamp NOT NULL DEFAULT CURRENT_TIMESTAMP
COMMENT '创建时间',
`spares_notes_type` tinyint(4) DEFAULT NULL COMMENT '记录类型 0-入库 1-出库
2-消费'
) ENGINE=InnoDB DEFAULT CHARSET=utf8
```

3.2.4 工程搭建

　　首先需要安装 JDK1.8、IDEA 2019 和 MySQL 数据库到自己的计算机中，一般 IDEA 2019 自带了 Maven，Lombok 插件需要在 IDEA 的插件市场下载后安装。

　　整个工程搭建需要的工具和步骤如图 3.3 所示。

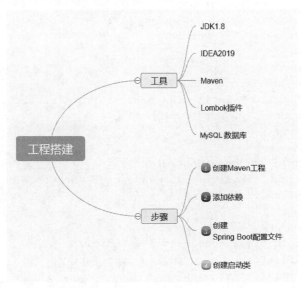

图 3.3　工程搭建

在 POM 文件中配置 Maven 项目需要的 jar 包。

```xml
<?xml version="1.0" encoding="UTF-8"?>
<project xmlns="http://maven.apache.org/POM/4.0.0"
        xmlns:xsi="http://www.w3.org/2001/XMLSchema-instance"
        xsi:schemaLocation="http://maven.apache.org/POM/4.0.0
http://maven.apache.org/xsd/maven-4.0.0.xsd">
    <modelVersion>4.0.0</modelVersion>
    <groupId>zz</groupId>
    <artifactId>productcore3</artifactId>
    <version>1.0-SNAPSHOT</version>
    <parent>
        <groupId>org.springframework.boot</groupId>
        <artifactId>spring-boot-starter-parent</artifactId>
        <version>2.1.6.RELEASE</version>
    </parent>
    <properties>
        <project.build.sourceEncoding>UTF-8</project.build.sourceEncoding>
        <project.reporting.outputEncoding>UTF-8</project.reporting.outputEncoding>
        <java.version>1.8</java.version>
    </properties>
    <dependencies>
        <dependency>
            <groupId>org.springframework.boot</groupId>
            <artifactId>spring-boot-starter-web</artifactId>
        </dependency>
        <dependency>
            <groupId>mysql</groupId>
            <artifactId>mysql-connector-java</artifactId>
            <version>5.1.47</version>
        </dependency>
        <dependency>
            <groupId>com.baomidou</groupId>
            <artifactId>MyBatis-plus-boot-starter</artifactId>
            <version>3.2.0</version>
        </dependency>
        <dependency>
            <groupId>com.baomidou</groupId>
            <artifactId>MyBatis-plus-generator</artifactId>
            <version>3.2.0</version>
        </dependency>
        <dependency>
            <groupId>org.apache.velocity</groupId>
            <artifactId>velocity-engine-core</artifactId>
            <version>2.1</version>
        </dependency>
    </dependency>
```

```xml
        <dependency>
            <groupId>org.projectlombok</groupId>
            <artifactId>lombok</artifactId>
            <scope>provided</scope>
        </dependency>
        <!-- swagger2 -->
        <dependency>
            <groupId>io.springfox</groupId>
            <artifactId>springfox-swagger2</artifactId>
            <version>2.6.1</version>
        </dependency>
        <dependency>
            <groupId>io.springfox</groupId>
            <artifactId>springfox-swagger-ui</artifactId>
            <version>2.6.1</version>
        </dependency>
        <!--JWT java web token 权限验证-->
        <dependency>
            <groupId>com.auth0</groupId>
            <artifactId>java-jwt</artifactId>
            <version>3.4.0</version>
        </dependency>
        <!--shiro 权限框架-->
        <dependency>
            <groupId>org.apache.shiro</groupId>
            <artifactId>shiro-spring</artifactId>
            <version>1.4.0</version>
        </dependency>
        <!--阿里 json 转换-->
        <dependency>
            <groupId>com.alibaba</groupId>
            <artifactId>fastjson</artifactId>
            <version>1.2.47</version>
        </dependency>
    </dependencies>
    <repositories>
        <repository>
            <id>alimaven</id>
            <name>aliyun maven</name>
            <url>http://maven.aliyun.com/nexus/content/groups/public/</url>
        </repository>
    </repositories>
    <build>
        <finalName>productcore</finalName>
        <plugins>
            <plugin>
```

```
            <groupId>org.springframework.boot</groupId>
            <artifactId>spring-boot-maven-plugin</artifactId>
        </plugin>
    </plugins>
  </build>
</project>
```

3.2.5 代码实现

1. 前端代码实现

前端页面的实现使用的是一套开源的 Bootstrap 模板，基本是使用 HTML+CSS 实现页面显示，通过 jQuery Ajax 跟后台的 API 接口交互。代码结构如图 3.4 所示。

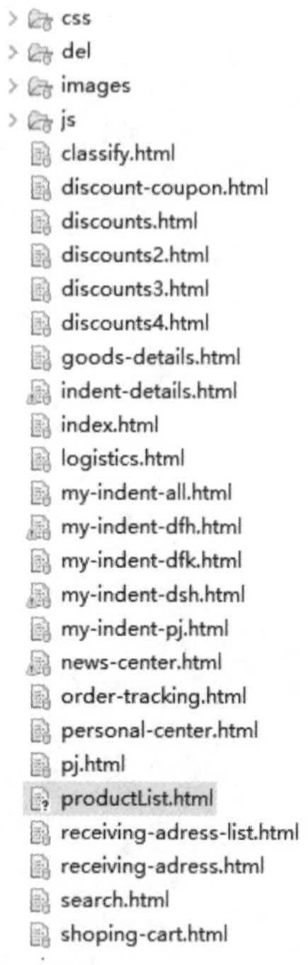

2. 自动生成代码

本章使用的自动生成代码功能与 2.1 节的 MyBatis-Plus 自动生成代码内容是一致的，读者可参考 2.1 节内容实现代码的自动生成。

3.2.6 Service 层开发

商品的 Service 层代码如下。@Service 表示本类是 Service 层，并且把创建对象的控制交给 Spring 配合@Resource 使用。@Transactional(readOnly = true) 表示默认情况下这个类上的方法都是只读事务，相当于只读数据库，不能进行写的操作，如果需要修改数据库，必须设置只读事务为 false。

> css
> del
> images
> js
classify.html
discount-coupon.html
discounts.html
discounts2.html
discounts3.html
discounts4.html
goods-details.html
indent-details.html
index.html
logistics.html
my-indent-all.html
my-indent-dfh.html
my-indent-dfk.html
my-indent-dsh.html
my-indent-pj.html
news-center.html
order-tracking.html
personal-center.html
pj.html
productList.html
receiving-adress-list.html
receiving-adress.html
search.html
shoping-cart.html

图 3.4 前端代码结构

```
import java.math.BigDecimal;
import java.util.List;
import org.springframework.beans.factory.annotation.Autowired;
import org.springframework.stereotype.Service;
import org.springframework.transaction.annotation.Transactional;
import com.zz.core.persistence.Page;
import com.zz.core.service.TreeService;
import com.zz.modules.stock.entity.BimSpares;
import com.zz.modules.stock.entity.SparesNotes;
import com.zz.modules.stock.mapper.BimSparesMapper;
import com.zz.modules.stock.mapper.SparesNotesMapper;
import com.zz.modules.sys.utils.UserUtils;
/**
 * Bsea
 *
 * @version 2019-12-16
 */
```

```java
@Service
@Transactional(readOnly = true)
public class BimSparesService extends TreeService<BimSparesMapper, BimSpares> {
    @Autowired
    private BimSparesMapper bimSparesMapper;
    @Autowired
    private SparesNotesMapper sparesNotesMapper;
    private UserUtils userUtils=new UserUtils();
    public List<BimSpares> getChildren(String parentId){
        return bimSparesMapper.getChildren(parentId);
    }
    public List<BimSpares> select(BimSpares bimSpares){
        return bimSparesMapper.select(bimSpares);
    }
    public Page<BimSpares> getInfoByClass(Page<BimSpares> page,BimSpares
bimSpares){
        bimSpares.setPage(page);
        page.setList(bimSparesMapper.getInfoByClass(bimSpares));
        return page;

    }
    public Page<BimSpares> select(Page<BimSpares> page,BimSpares bimSpares){
        bimSpares.setPage(page);
        page.setList(bimSparesMapper.select(bimSpares));
        return page;

    }
    @Transactional(readOnly = false)
    public int insert(BimSpares bimSpares){
        bimSpares.countPriceguide();
        bimSpares.setSpareUpdateman(userUtils.getUser().getId());
        bimSpares.setSpareUserfor(UserUtils.getUser().getCompany().getId());
        return bimSparesMapper.insertSelective(bimSpares);
    }
    @Transactional(readOnly = false)
    public int update(BimSpares bimSpares){
        if(bimSpares.getSpareStock()!=null){
            BimSpares temp=new BimSpares();
            temp.setSpareId(bimSpares.getSpareId());
            temp=bimSparesMapper.select(temp).get(0);
            SparesNotes s=new SparesNotes();
            s.setSparesNumber(new BigDecimal(bimSpares.getSpareStock()-
temp.getSpareStock()).intValue());
            s.setSparesId(bimSpares.getSpareId());
            int i=bimSpares.getSpareStock().compareTo(temp.getSpareStock());
            if(i==1){
```

```
                    s.setSparesNotesType((byte)0);

                }else if(i==-1){
                    s.setSparesNotesType((byte)1);
                }
                s.setSparesNotesId(UserUtils.getInsertId());
                s.setSparesNotesCreatecompany(UserUtils.getUser().getCompany().
getId());
                s.setSparesNotesCreateman(UserUtils.getUser().getId());
                sparesNotesMapper.insertSelective(s);
            }
        bimSpares.countPriceguide();
        bimSpares.setSpareUpdateman(userUtils.getUser().getId());
        return bimSparesMapper.update(bimSpares);
    }
    @Transactional(readOnly = false)
    public int updateWithOutCheck(BimSpares bimSpares){
        if(bimSpares.getSpareStock()!=null){
            BimSpares temp=new BimSpares();
            temp.setSpareId(bimSpares.getSpareId());
            temp=bimSparesMapper.select(temp).get(0);
            SparesNotes s=new SparesNotes();
            s.setSparesNumber(new BigDecimal(bimSpares.getSpareStock()-
temp.getSpareStock()).intValue());
            s.setSparesId(bimSpares.getSpareId());
            int i=bimSpares.getSpareStock().compareTo(temp.getSpareStock());
            if(i==1){
                s.setSparesNotesType((byte)0);

            }else if(i==-1){
                s.setSparesNotesType((byte)1);
            }
            s.setSparesNotesId(UserUtils.getInsertId());
            s.setSparesNotesCreatecompany(UserUtils.getUser().getCompany().
getId());
            s.setSparesNotesCreateman(UserUtils.getUser().getId());
            sparesNotesMapper.insertSelective(s);
        }
        bimSpares.setSpareUpdateman(userUtils.getUser().getId());
        return bimSparesMapper.update(bimSpares);
    }
    @Transactional(readOnly = false)
    public int update(BimSpares bimSpares,Long shopOrderId){
        if(bimSpares.getSpareStock()!=null&&shopOrderId!=null){
            BimSpares temp=new BimSpares();
            temp.setSpareId(bimSpares.getSpareId());
```

```
            temp=bimSparesMapper.select(temp).get(0);
            SparesNotes s=new SparesNotes();
            s.setSparesNumber(new BigDecimal(bimSpares.getSpareStock()-
temp.getSpareStock()).intValue());
            s.setSparesId(bimSpares.getSpareId());
            s.setSparesNotesShoporder(shopOrderId);
            s.setSparesNotesType((byte)2);
            s.setSparesNotesId(UserUtils.getInsertId());
            s.setSparesNotesCreatecompany(UserUtils.getUser().getCompany().
getId());
            s.setSparesNotesCreateman(UserUtils.getUser().getId());
            sparesNotesMapper.insertSelective(s);
        }
        bimSpares.setSpareUpdateman(userUtils.getUser().getId());
        return bimSparesMapper.update(bimSpares);
    }
    @Transactional(readOnly = false)
    public int deleteById(String id){
        return bimSparesMapper.deleteById(id);
    }
    public List<BimSpares>  findAll(){
        return bimSparesMapper.findAll();
    }
    public  List<BimSpares>  findUniqueByProperty2(String propertyName,
Object value ){
        return bimSparesMapper.findUniqueByProperty2(propertyName, value);
    }
}
```

仓库的 Service 层代码如下。

```
import java.util.List;
import org.springframework.beans.factory.annotation.Autowired;
import org.springframework.stereotype.Service;
import org.springframework.transaction.annotation.Transactional;
import com.zz.core.persistence.Page;
import com.zz.core.service.BaseService;
import com.zz.modules.stock.entity.BimSpares;
import com.zz.modules.stock.entity.SparesNotes;
import com.zz.modules.stock.mapper.SparesNotesMapper;
import com.zz.modules.stock.request.SparesNotesCountRequest;
import com.zz.modules.sys.utils.UserUtils;
/**
 * 仓库
 * Bsea
 * @version 2019-12-16
 */
```

```java
@Service
@Transactional(readOnly = true)
public class SparesNotesService extends BaseService {
    @Autowired
    private SparesNotesMapper  sparesNotesMapper;
    @Transactional(readOnly = false)
    public int insert(SparesNotes s){
        s.setSparesNotesId(UserUtils.getInsertId());
        s.setSparesNotesCreatecompany(UserUtils.getUser().getCompany().
getId());
        s.setSparesNotesCreateman(UserUtils.getUser().getId());
        return sparesNotesMapper.insertSelective(s);
    }
    @Transactional(readOnly = false)
    public int update(SparesNotes s){
        return sparesNotesMapper.updateSelective(s);
    }
    public  List<SparesNotes> select( SparesNotes s){
        return sparesNotesMapper.select(s);
    }
    public  List<SparesNotesCountRequest> count( SparesNotesCountRequest s){
        return sparesNotesMapper.count(s);
    }
    public Page<SparesNotesCountRequest>  count(Page<SparesNotesCountRequest>
page,SparesNotesCountRequest sparesNotesCountRequest){
        sparesNotesCountRequest.setPage(page);
        page.setList(sparesNotesMapper.count(sparesNotesCountRequest));
        return page;
    }
    public Page<SparesNotes>  select(Page<SparesNotes> page,SparesNotes s){
        s.setPage(page);
        page.setList(sparesNotesMapper.select(s));
        return page;
    }
}
```

3.2.7 Controller 层开发

商品控制类的 Controller 层中包含 API 的代码，前端页面请求就是执行 Controller 类中的方法。
Controller 类中用的几个注解的作用说明如下。

● @Autowired 表示从 Spring 容器中获取一个对象，先按类型，再按名字查找对应的对象，然
后把对象赋值给成员变量。

● @Controller 是 Spring Boot 的注解，表示这个类是控制器。

● @RequestMapping("拦截路径")是 Spring Boot 的注解，可以放在类的上面，也可以放在方法

的上面。放在方法的上面表示这个方法的拦截路径，本例@RequestMapping("拦截路径")放在类上面，表示这个类下面使用方法的拦截路径前面都必须加上"拦截路径"。

● @ResponseBody 放在@Controller 的方法上面，表示这个方法返回的是一个 JSON 格式的对象。

```java
package com.zz.modules.stock.web;
import java.io.File;
import java.io.FileInputStream;
import java.io.IOException;
import java.io.OutputStream;
import java.util.ArrayList;
import java.util.Date;
import java.util.List;
import java.util.Map;
import javax.servlet.http.HttpServletRequest;
import javax.servlet.http.HttpServletResponse;
import org.apache.shiro.authz.annotation.RequiresPermissions;
import org.springframework.beans.factory.annotation.Autowired;
import org.springframework.beans.factory.annotation.Value;
import org.springframework.stereotype.Controller;
import org.springframework.ui.Model;
import org.springframework.web.bind.annotation.RequestMapping;
import org.springframework.web.bind.annotation.RequestParam;
import org.springframework.web.bind.annotation.ResponseBody;
import org.springframework.web.multipart.MultipartFile;
import com.google.common.collect.Lists;
import com.google.common.collect.Maps;
import com.zz.common.config.Global;
import com.zz.common.json.AjaxJson;
import com.zz.common.utils.FileUtils;
import com.zz.common.utils.StringUtils;
import com.zz.core.persistence.Page;
import com.zz.core.web.BaseController;
import com.zz.modules.stock.entity.BimSpares;
import com.zz.modules.stock.service.BimSparesService;
import com.zz.modules.sys.utils.UserUtils;
@Controller
@RequestMapping(value = "${adminPath}/repair/spares")
public class SparesController extends BaseController {
    @Autowired
    BimSparesService bimSparesService;
    /*
     * final String sparePhotoPath="/spares/images/"; final String
     * spareNoPhotoFilePath= "/spares/images/nophoto.png";
     */
    String sparePhotoPath=Global.getConfig("file.sparePhotoPath");
```

```java
        String spareNoPhotoFilePath=Global.getConfig("file.spareNoPhotoFilePath");
        String webPath=Global.getConfig("file.webPath");
        @RequestMapping(value = "/jumpToPartsManagement")
        public String jumpToPartsManagement( ) {
            System.out.println(sparePhotoPath);
            System.out.println(spareNoPhotoFilePath);
            System.out.println(webPath);
            return "modules/stock/partsManagement";
        }
        @RequestMapping(value = "/jumpToNewParts")
        public String jumpToNewParts(@RequestParam(required=false, value="id")
    String id, Model model ) {
            BimSpares test=new BimSpares();
            if(id!=null) {
                test.setSpareId(Long.parseLong(id));
                test=bimSparesService.select(test).get(0);
            }
    //    model.addAttribute("parent", bimDevicedirService.get
    (""+test.getSpareCatalog()));
            model.addAttribute("bimSpares", test);
            return "modules/stock/newParts";
        }
        @ResponseBody
        @RequestMapping(value = "/showSpares")
        public Map<String, Object> showSpares( BimSpares bimSpares,
    HttpServletRequest request,HttpServletResponse response) {
            Page<BimSpares> resultPage = null;
            Page page = new Page<BimSpares>(request, response);
            bimSpares.setSpareUserfor(UserUtils.getUser().getCompany().getId());
            resultPage = bimSparesService.select(page, bimSpares);
            Map<String, Object> m = getBootstrapData(resultPage);
            return getBootstrapData(resultPage);
        }
        @ResponseBody
        @RequestMapping(value = "/getInfoById")
        public AjaxJson getInfoById( BimSpares bimSpares, HttpServletRequest request,
                HttpServletResponse response) {
            AjaxJson j = new AjaxJson();
            bimSpares= bimSparesService.get(""+bimSpares.getSpareId());
            j.setMsg("获取商品成功");
            j.setSuccess(true);
            j.put("bimSpares", bimSpares);
            return j;
        }
        @ResponseBody
        @RequestMapping(value = "/formSpares")
```

```java
public AjaxJson formSpares(BimSpares bimSpares, HttpServletRequest request,
        HttpServletResponse response) throws IllegalStateException,
IOException {
    String res="操作成功";
    boolean flag=true;
    String photoPath="";
     if (bimSpares.getFileList().size()>0) {
        for(MultipartFile tempFile:bimSpares.getFileList()){
            if (!tempFile.isEmpty()) {
                // 文件保存路径
            String realPath = sparePhotoPath ;
                // 转存文件
            FileUtils.createDirectory(realPath);
            String fileName=FileUtils.correctFileName(realPath +
tempFile.getOriginalFilename());
            tempFile.transferTo(new File(realPath + fileName));
            //bimSpares.setSparePhoto(webPath + fileName);
            photoPath=photoPath+webPath + fileName+";";
                }
            }
        }
    if(!"".equals(photoPath)) {
         bimSpares.setSparePhoto(photoPath);
    }else {
        if(bimSpares.getSpareId()==null) {
            bimSpares.setSparePhoto(spareNoPhotoFilePath+";");
        }
    }
    bimSpares.setSpareStocktime(new Date());
    if (bimSpares.getSpareId()!= null) {
        BimSpares temp=new BimSpares();
        temp.setSpareId(bimSpares.getSpareId());
        temp=bimSparesService.select(temp).get(0);

        bimSpares.setSparePurchasing(bimSpares.getSpareStock()-
temp.getSpareStock()+temp.getSparePurchasing());
        if(bimSpares.getSpareStock()<=0) {
            bimSpares.setSpareIsdelete((byte)1);
        }
        if(bimSparesService.update(bimSpares)<0) {
            res="修改失败";
            flag=false;
        }
    } else {
        bimSpares.setSpareId(UserUtils.getInsertId());
        if(bimSpares.getSpareStock()==null||"".equals
(bimSpares.getSpareStock()) ||bimSpares.getSpareStock()<0){
```

```java
                bimSpares.setSpareStock((float) 0);
                bimSpares.setSparePurchasing((float) 0);
            }else{
                bimSpares.setSparePurchasing(bimSpares.getSpareStock());
            }
            if(bimSpares.getSpareStock()<=0) {
                bimSpares.setSpareIsdelete((byte)1);
            }
            if(bimSparesService.insert(bimSpares)<0) {
                res="添加失败";
                flag=false;
            }
        }
        AjaxJson j = new AjaxJson();
        j.setMsg(res);
        j.setSuccess(flag);
        return j;
    }
    @ResponseBody
    @RequestMapping(value = "/delete")
    public AjaxJson delete(@RequestParam(required = false) String ids,
                           BimSpares bimSpares,HttpServletRequest request,
                           HttpServletResponse response) {
        AjaxJson j = new AjaxJson();
        String[] idArray = ids.split(",");
        for (String id : idArray) {
            if (bimSparesService.deleteById(id) < 0) {
                BimSpares temp = bimSparesService.get(id);
                j.setMsg(temp.getSpareName() + "删除失败");
                j.setSuccess(false);
                return j;
            }
        }
        j.setMsg("删除成功");
        j.setSuccess(true);
        return j;
    }
    @ResponseBody
    @RequestMapping(value = "/logicDelete")
    public AjaxJson delete(BimSpares bimSpares,
            HttpServletRequest request, HttpServletResponse response) {
        AjaxJson j = new AjaxJson();
        String res="操作成功";
        boolean flag=true;
        if(bimSparesService.update(bimSpares)<0) {
            res="操作失败";
```

```
                    flag=false;
                }
            j.setMsg(res);
            j.setSuccess(flag);
            return j;
        }
    @ResponseBody
    @RequestMapping(value = "/treeData")
    public List<Map<String, Object>> treeData(@RequestParam(required =
false) String extId,
            @RequestParam(required = false) String isShowHide,
            HttpServletResponse response) {
        List<Map<String, Object>> mapList = Lists.newArrayList();
        List<BimSpares> list = bimSparesService.findAll();
        for (int i = 0; i < list.size(); i++) {
            BimSpares e = list.get(i);
            if (StringUtils.isBlank(extId) || (extId != null && !extId.equals
(e.getId())
                    && e.getParentIds().indexOf("," + extId + ",") == -1)) {
                if (isShowHide != null && isShowHide.equals("0")) {
                    continue;
                }
                Map<String, Object> map = Maps.newHashMap();
                map.put("id", e.getSpareId());
                if ("0".equals(e.getSpareCatalog())) {
                    map.put("parent", "#");
                    Map<String, Object> state = Maps.newHashMap();
                    state.put("opened", true);
                    map.put("state", state);
                } else {
                    if (i == 0) {
                        map.put("parent", "#");
                    } else {
                        map.put("parent", e.getSpareCatalog());
                    }
                }

                map.put("text", e.getSpareName());
                map.put("name", e.getSpareName());
                mapList.add(map);
            }
        }
        return mapList;
    }
    @ResponseBody
    @RequiresPermissions("user")
    @RequestMapping(value = "bootstrapTreeData")
```

```java
    public List<Map<String, Object>> bootstrapTreeData(@RequestParam
(required=false) String extId, @RequestParam(required=false) String type,
        @RequestParam(required=false) Long grade,
@RequestParam(required=false) Boolean isAll, HttpServletResponse response) {
        List<Map<String, Object>> mapList = Lists.newArrayList();
        List<BimSpares> roots = bimSparesService.getChildren("0");
        for(BimSpares root:roots){
            Map<String, Object> map = Maps.newHashMap();
            map.put("id", root.getSpareId());
            map.put("name", root.getSpareName());
            map.put("code", root.getSpareCode());
            map.put("level", 1);
            deepTree(map, root);
            mapList.add(map);
        }
        return mapList;
    }
    /**
     * 层级迭代方法
     * @author Bsea
     */
    public void deepTree(Map<String, Object> map, BimSpares bimSpares){
        map.put("text", bimSpares.getSpareName());
        List<Map<String, Object>> arra = new ArrayList<Map<String, Object>>();
        for(BimSpares child:bimSparesService.getChildren
(""+bimSpares.getSpareId())){
            Map<String, Object> childMap = Maps.newHashMap();
            childMap.put("id", child.getSpareId());
            childMap.put("name", child.getSpareName());
            childMap.put("code", child.getSpareCode());
            arra.add(childMap);
            deepTree(childMap, child);
        }
        if(arra.size() >0){
            map.put("children", arra);
        }
    }
    @ResponseBody
    @RequestMapping(value = "validateSpareName")
    public boolean validateDevicedirName(String hasId,String spareName,
HttpServletResponse response) {
        BimSpares bimSpares = new  BimSpares();
        bimSpares.setSpareName(spareName);
        bimSpares.setSpareUserfor(UserUtils.getUser().getCompany().getId());
        List<BimSpares> listSpare=bimSparesService.select(bimSpares);
        if(hasId==null||"".equals(hasId)){
```

```
        if(listSpare.isEmpty()&&listSpare.size()<=0){
            return true;
        }else{
            return false;
        }
    }
    return true;
}
@ResponseBody
@RequestMapping(value = "validateSpareCode")
public boolean validateDevicedirCode(String hasId,String spareCode,
HttpServletResponse response) {
    BimSpares bimSpares = new BimSpares();
    bimSpares.setSpareCode(spareCode);
    bimSpares.setSpareUserfor(UserUtils.getUser().getCompany().getId());
    List<BimSpares> listSpare=bimSparesService.select(bimSpares);
    if(hasId==null||"".equals(hasId)){
        if(listSpare.isEmpty()&&listSpare.size()<=0){
            return true;
        }else{
            return false;
        }
    }
    return true;
}
@ResponseBody
@RequestMapping(value = "/formSparesStock")
public AjaxJson formSparesStock(BimSpares bimSparelog,
HttpServletRequest request,HttpServletResponse response) {
    AjaxJson j = new AjaxJson();
    String res="操作失败";
    boolean flag=false;
    BimSpares bimSpares=bimSparesService.get(bimSparelog.getSpareId()+"");
    if(bimSparelog.getSpareStockop()==1) {

bimSpares.setSpareStock(((bimSpares.getSpareStock() ==null)?0:
bimSpares.getSpareStock())+bimSparelog.getSpareStock());
    }else {
        if(bimSpares.getSpareStock()>=bimSparelog.getSpareStock()) {

bimSpares.setSpareStock(bimSpares.getSpareStock()-
bimSparelog.getSpareStock());
        }else {
            j.setMsg("操作失败,非法输入");
            j.setSuccess(false);
            return j;
```

```
            }
        }
        if(bimSparesService.update(bimSpares)>0) {
            flag=true;
            res="操作成功";
        }
        j.setMsg(res);
        j.setSuccess(flag);
        return j;
    }
    @RequestMapping(value="showImg")
    public void ShowImg(HttpServletRequest request,HttpServletResponse
response) throws IOException{
        String imgFile = request.getParameter("imgFile"); //文件名
        FileInputStream fileIs=null;
        try {
         fileIs = new FileInputStream(imgFile);
        } catch (Exception e) {
         System.out.println("系统找不到图像文件："+imgFile);
         return;
        }
        int i=fileIs.available(); //得到文件大小
        byte data[]=new byte[i];
        fileIs.read(data);  //读数据
        response.setContentType("image/*"); //设置返回的文件类型
        OutputStream outStream=response.getOutputStream();
        //得到向客户端输出二进制数据的对象
        outStream.write(data);  //输出数据
        outStream.flush();
        outStream.close();
        fileIs.close();
    }
}
```

3.2.8 测试

用户单击商品列表页面，可以分页看到所有商品，并且支持按照商品名称或者商品的所属分类进行查询，如图 3.5 和图 3.6 所示。

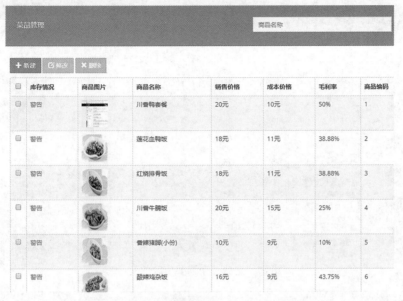

图 3.5　商品列表页面（1）

图 3.6　商品列表页面（2）

选择一个商品，然后单击"修改"按钮，系统会跳转至选中商品的修改页面，如图 3.7 和图 3.8 所示。

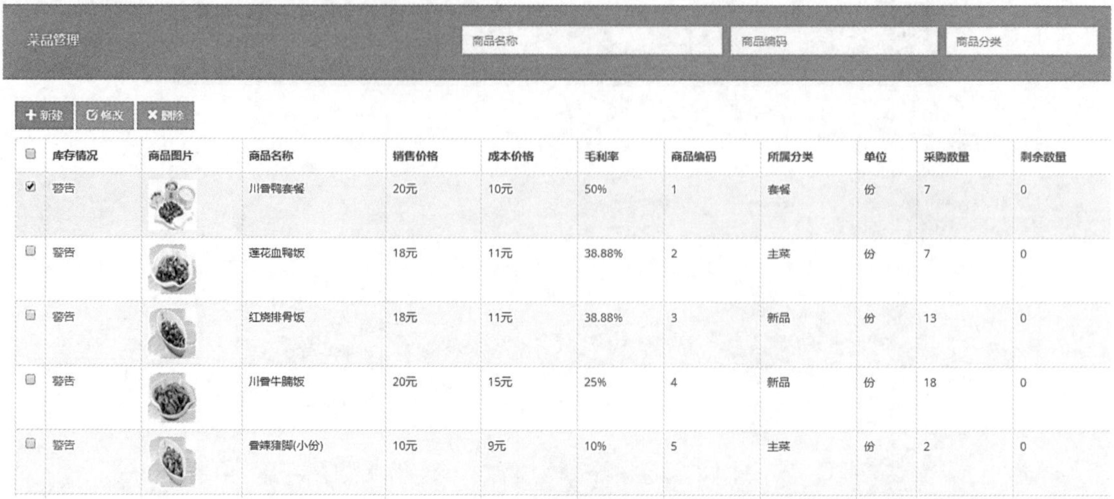

图 3.7　选择一个需要修改的商品

图 3.8　商品编辑页面

商品统计页面如图 3.9 和图 3.10 所示，系统显示每种商品的入库总量、出库总量和消费总量，便于商家根据每种商品的销售情况调整商品的库存数量。

商品名	入库总量
茶树菇排骨汤	70
海带排骨汤	65
香辣鸡爪	56
回锅肉饭	55
生地龙骨汤	50
冬瓜茶	29
香菇焖鸡	21
香辣鸡翅	20
腐竹牛腩	17
野山菌卤肉	13

图 3.9　商品统计页面（1）

出库总量	消费总量
-82	0
-70	0
-60	0
-61	0
-55	0
0	0
-8	0
-24	0
-10	0
-8	0

图 3.10　商品统计页面（2）

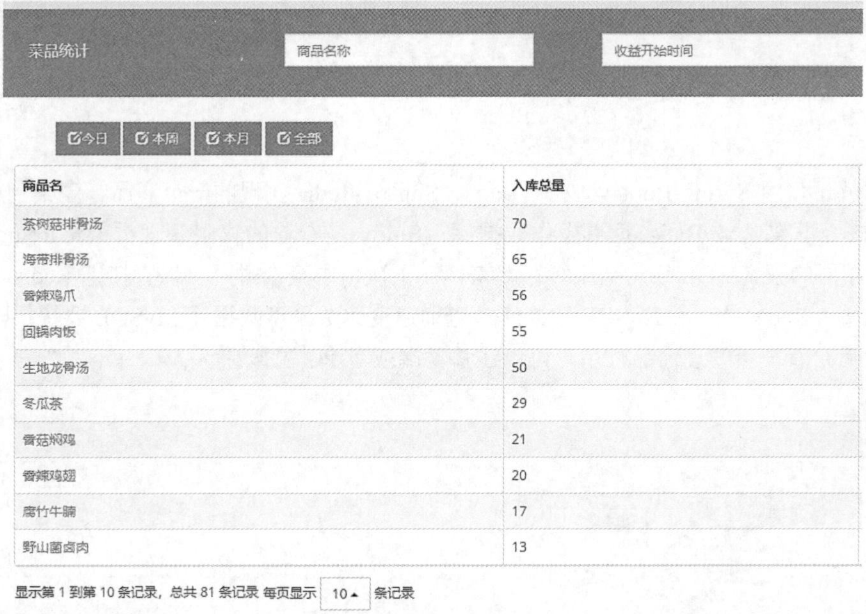

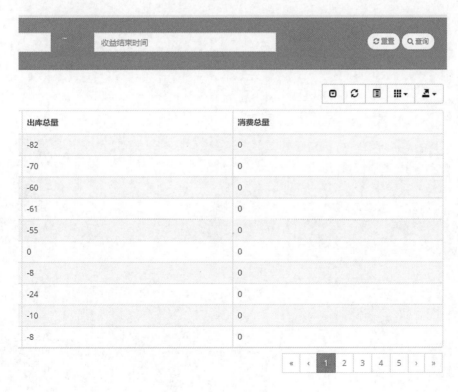

3.3 小　结

本章讲解了使用 Spring Boot 集成 MyBatis、Shiro、Redis 实现的一个商品管理案例。以 Spring Boot 作为核心框架；MyBatis 负责操作数据库；Shiro 是专业的权限管理框架；Redis 可以结合 MyBatis 把相同的查询 SQL 语句结果缓存起来，在下次请求查询时，可以直接把 Redis 中的查询结果返回给前端。Redis 是一种 NoSQL 数据库，查询速度比关系型数据库 MySQL 要快很多。

业务上后台管理员管理商品，用户可以在移动端或者 PC 端查看商品。

第 2 篇
Spring Boot +
Spring + Hibernate

第4章

Spring Boot 集成 Redis 博客系统实战

本项目主要包含 5 个模块，分别是文章管理、标签管理、评论管理、草稿管理和简介管理。技术上本项目使用了 Spring Boot+Spring+Hibernate 作为基础框架，集成 Redis 作为缓存数据库。

本案例主要涉及如下技术要点：

- Spring Boot 集成 JPA、Redis。
- Redis 的一些基本知识。
- Java 操作 Redis 数据库。
- Spring Boot 集成 Swagger。
- 通过 Swagger API 文档测试 API 接口。

4.1 准 备 工 作

在项目开始之前，先了解一些 Redis 的基本知识，并且完成 Redis 的安装。

4.1.1 Redis 简介

Redis 是一种 NoSQL（非关系型）数据库，是一个 key-value 的内存数据库。数据存储在内存中，读写速度很快，支持存储数据的类型比关系型数据库中的多。可以应用在会话缓存、消息队列、查询缓存等场景。

本案例中将演示使用 Redis 缓存 JPA 的查询结果，相同的查询条件被执行时，系统不会访问 MySQL 数据库，而是直接返回 Redis 数据库中保存的结果。

4.1.2 安装 Redis

1. 在 Windows 下安装

在浏览器中打开 https://github.com/microsoftarchive/redis/releases，如图 4.1 所示，找到 zip 文件下载即可。

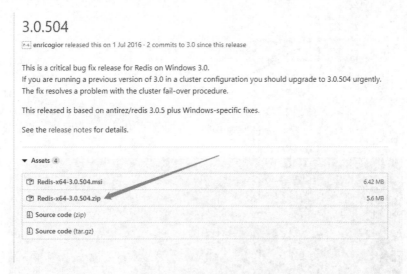

图 4.1　Redis 安装文件目录

下载完成以后，解压到任意目录中，如图 4.2 所示。然后双击 redis-server.exe 启动 Redis，如图 4.3 所示。Redis 成功启动后如图 4.4 所示。

名称	修改日期	类型	大小
dump.rdb	2020/3/7 22:39	RDB 文件	22 KB
EventLog.dll	2016/7/1 15:54	应用程序扩展	1 KB
Redis on Windows Release Notes.do...	2016/7/1 15:52	DOCX 文档	13 KB
Redis on Windows.docx	2016/7/1 15:52	DOCX 文档	17 KB
redis.windows.conf	2016/7/1 15:52	CONF 文件	43 KB
redis.windows-service.conf	2016/7/1 15:52	CONF 文件	43 KB
redis-benchmark.exe	2016/7/1 15:55	应用程序	397 KB
redis-benchmark.pdb	2016/7/1 15:55	PDB 文件	4,268 KB
redis-check-aof.exe	2016/7/1 15:55	应用程序	251 KB
redis-check-aof.pdb	2016/7/1 15:55	PDB 文件	3,436 KB
redis-check-dump.exe	2016/7/1 15:55	应用程序	262 KB
redis-check-dump.pdb	2016/7/1 15:55	PDB 文件	3,404 KB
redis-cli.exe	2016/7/1 15:55	应用程序	471 KB
redis-cli.pdb	2016/7/1 15:55	PDB 文件	4,412 KB
redis-server.exe	2016/7/1 15:55	应用程序	1,517 KB
redis-server.pdb	2016/7/1 15:55	PDB 文件	6,748 KB
Windows Service Documentation.docx	2016/7/1 9:17	DOCX 文档	14 KB

图 4.2　Redis 解压目录

名称	修改日期	类型	大小
dump.rdb	2020/3/7 22:39	RDB 文件	22 KB
EventLog.dll	2016/7/1 15:54	应用程序扩展	1 KB
Redis on Windows Release Notes.do...	2016/7/1 15:52	DOCX 文档	13 KB
Redis on Windows.docx	2016/7/1 15:52	DOCX 文档	17 KB
redis.windows.conf	2016/7/1 15:52	CONF 文件	43 KB
redis.windows-service.conf	2016/7/1 15:52	CONF 文件	43 KB
redis-benchmark.exe	2016/7/1 15:55	应用程序	397 KB
redis-benchmark.pdb	2016/7/1 15:55	PDB 文件	4,268 KB
redis-check-aof.exe	2016/7/1 15:55	应用程序	251 KB
redis-check-aof.pdb	2016/7/1 15:55	PDB 文件	3,436 KB
redis-check-dump.exe	2016/7/1 15:55	应用程序	262 KB
redis-check-dump.pdb	2016/7/1 15:55	PDB 文件	3,404 KB
redis-cli.exe	2016/7/1 15:55	应用程序	471 KB
redis-cli.pdb	2016/7/1 15:55	PDB 文件	4,412 KB
redis-server.exe	2016/7/1 15:55	应用程序	1,517 KB
redis-server.pdb	2016/7/1 15:55	PDB 文件	6,748 KB
Windows Service Documentation.docx	2016/7/1 9:17	DOCX 文档	14 KB

图 4.3　Redis 启动文件

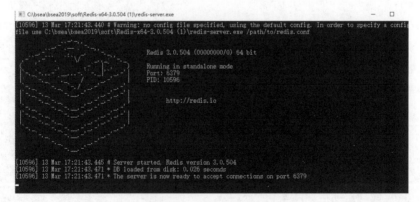

图 4.4　Redis 成功启动

2. 在 Linux 下安装

在 Linux 平台中直接执行命令就可以安装，不同的操作系统安装命令如表 4.1 所示。

表 4.1　在 Linux 下安装 Redis

操 作 系 统	安 装 命 令
Ubuntu	apt-get install redis-server
CentOS	wget http://download.redis.io/releases/redis-2.8.17.tar.gz

4.2　缓 存 注 解

Spring Cache 用在方法上，可以把在数据库中查询到的结果放到缓存里，下次在相同的条件下执行相同的查询时，系统可以不再访问数据库，直接从缓存中取出结果返回。

主要用到如下三个注解。

- @Cacheable：可以放在类或者查询方法上面，表示缓存查询结果。
- @CacheEvict：放在方法上面，表示执行这个方法时，会删除 Spring Cache 的缓存。
- @CachePut：放在方法上面，表示更新查询结果。

4.3　集 成 Redis

Spring Boot 集成 Redis，主要通过添加相关的 jar 包和配置文件完成，然后就可以通过 Java 操作 Redis 数据库。

4.3.1　配置 POM 文件

在 POM 文件上添加两个 jar 包，第一个是 Spring Boot 集成 Redis 必需的包，第二个是 fastjson 包（不是必须用的）。我们把对象存入 Redis 时，可以把对象先转换成 JSON 字符串再存入 Redis。

```
<dependency>
    <groupId>org.springframework.boot</groupId>
    <artifactId>spring-boot-starter-data-redis</artifactId>
</dependency>
 <dependency>
    <groupId>com.alibaba</groupId>
    <artifactId>fastjson</artifactId>
    <version>1.2.38</version>
</dependency>
```

4.3.2 配置 Redis 连接信息

在 application.properties 中加入如下配置信息，用来连接 Redis。

```
#Redis
#spring.redis.host=127.0.0.1
redis.host=127.0.0.1
## Redis 服务器连接端口
redis.port=6379
## 连接超时时间（毫秒）
redis.timeout=3
## Redis 服务器连接密码（默认为空）
#redis.password=135246
## 连接池中的最大连接数
redis.poolMaxTotal=10
## 连接池中的最大空闲连接
redis.poolMaxIdle=10
## 连接池最大阻塞等待时间（使用负值表示没有限制）
redis.poolMaxWait=3
```

4.3.3 封装从 Redis 中读写对象的操作

调用下面 Service 类中的 get 和 set 方法，就可以实现把任何类型的 Java 对象取出或存入 Redis。

```java
package com.xsz.service;
/**
 * @Description: RedisTemplateService
 * @Author: Bsea
 * @CreateDate: 2019/9/15$ 20:28$
 */
import com.alibaba.fastjson.JSON;
import org.springframework.beans.factory.annotation.Autowired;
import org.springframework.data.redis.core.StringRedisTemplate;
import org.springframework.stereotype.Service;
@Service
public class RedisObjectService {
    @Autowired
    StringRedisTemplate stringRedisTemplate;
    public <T> boolean set(String key ,T value){
        try {
            //任意类型转换成 String
            String val = beanToString(value);
            if(val==null||val.length()<=0){
                return false;
            }
            stringRedisTemplate.opsForValue().set(key,val);
            return true;
        }catch (Exception e){
```

```java
                return false;
            }
        }
    public <T> T get(String key,Class<T> clazz){
        try {
            String value = stringRedisTemplate.opsForValue().get(key);
            return stringToBean(value,clazz);
        }catch (Exception e){
            return null ;
        }
    }
    @SuppressWarnings("unchecked")
    private <T> T stringToBean(String value, Class<T> clazz) {
        if(value==null||value.length()<=0||clazz==null){
            return null;
        }
        if(clazz ==int.class ||clazz==Integer.class){
            return (T)Integer.valueOf(value);
        }
        else if(clazz==long.class||clazz==Long.class){
            return (T)Long.valueOf(value);
        }
        else if(clazz==String.class){
            return (T)value;
        }else {
            return JSON.toJavaObject(JSON.parseObject(value),clazz);
        }
    }
    /**
     * @return String
     */
    private <T> String beanToString(T value) {
        if(value==null){
            return null;
        }
        Class <?> clazz = value.getClass();
        if(clazz==int.class||clazz==Integer.class){
            return ""+value;
        }
        else if(clazz==long.class||clazz==Long.class){
            return ""+value;
        }
        else if(clazz==String.class){
            return (String)value;
        }else {
            return JSON.toJSONString(value);
        }
    }
}
```

4.3.4 测试

通过 JUnit 单元测试框架测试用例，分别演示了读写字符串和对象的操作。

```java
package com.xsz.service;
import com.xsz.App;
import com.xsz.entity.OrderMaster;
import junit.framework.Assert;
import org.junit.Test;
import org.junit.runner.RunWith;
import org.springframework.beans.factory.annotation.Autowired;
import org.springframework.boot.test.context.SpringBootTest;
import org.springframework.data.redis.core.StringRedisTemplate;
import org.springframework.test.context.junit4.SpringJUnit4ClassRunner;
@RunWith(SpringJUnit4ClassRunner.class)
@SpringBootTest(classes = App.class)
public class RedisTest {
    @Autowired
    StringRedisTemplate stringRedisTemplate;
    @Autowired
    RedisObjectService redisTemplateService;
    @Test
    public void test() {
        // 保存字符串
        stringRedisTemplate.opsForValue().set("aaa", "111");
        Assert.assertNotNull(stringRedisTemplate.opsForValue().get("aaa"));
    }
    @Test
    public void test1()  {
        // 取字符串
        String val=stringRedisTemplate.opsForValue().get("tt");
        System.out.println(val);
        Assert.assertEquals(val, "dddd");
    }
    @Test
    public void redisTestObject(){
        OrderMaster master = new OrderMaster();
        master.setAddress("上海浦东");
        master.setUserName("张三");
        master.setId(1);
        redisTemplateService.set("key1",master);
        OrderMaster us = redisTemplateService.get("key1",OrderMaster.class);
        System.out.println(us.getId()+":  "+us.getUserName());
    }
}
```

运行 JUnit，测试结果如图 4.5 所示。

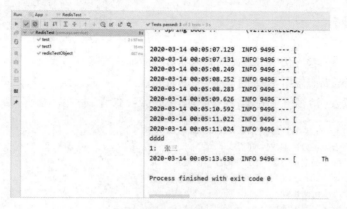

图 4.5　JUnit 测试结果

扫一扫，看视频

4.4　个人博客系统实战

本案例详细讲解博客系统的后台实现过程，并通过 Swagger 自动生成 API 文档。

4.4.1　项目设计

本案例系统实现的功能如图 4.6 所示。

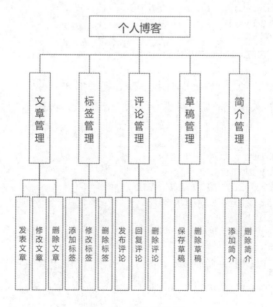

图 4.6　功能设计图

4.4.2　数据库设计

项目中使用了很多表，在项目的源码中大家可以获取到完整的数据库文件，这里只列出部分关键的表，并说明这些表的作用。

（1）博客文章表：博客信息主表，保存了博客的内容、作者、标题、状态等信息，建表语句如下。

```
CREATE TABLE `tb_blog` (
  `id` varchar(30) NOT NULL,
  `author` varchar(30) DEFAULT NULL,
  `click_time` int(11) DEFAULT NULL,
  `contents` longtext,
  `create_time` datetime DEFAULT NULL,
  `is_top` bit(1) NOT NULL,
  `modify_time` datetime DEFAULT NULL,
  `status` int(11) DEFAULT NULL,
  `title` varchar(30) DEFAULT NULL,
  PRIMARY KEY (`id`)
) ENGINE=MyISAM DEFAULT CHARSET=utf8
```

（2）标签表：一篇博客可以有多个标签，标签表中只需要保存标签的名字和 ID 即可，建表语句如下。

```
CREATE TABLE `tb_tag` (
  `id` varchar(30) NOT NULL,
  `create_time` datetime DEFAULT NULL,
  `name` varchar(255) DEFAULT NULL,
  PRIMARY KEY (`id`)
) ENGINE=MyISAM DEFAULT CHARSET=utf8
```

（3）博客标签中间表：一篇博客可以有多个标签，一个标签可以标记多篇博客。在数据库设计中，如果两个表是多对多的关系，就需要创建中间表来维护关系。中间表只需要保存两个表的主键，建表语句如下。

```
CREATE TABLE `tb_blog_tag` (
  `id` varchar(30) NOT NULL,
  `blog_id` varchar(30) DEFAULT NULL,
  `tag_id` varchar(30) DEFAULT NULL,
  PRIMARY KEY (`id`)
) ENGINE=MyISAM DEFAULT CHARSET=utf8
```

（4）评论表：用户可以评论一篇博客，另外用户还可以评论别人的评论，评论表中保存了评论的内容、评论的博客 ID，parent_comment_id 保存了上级评论 ID，建表语句如下。

```
CREATE TABLE `tb_comment` (
  `id` varchar(30) NOT NULL,
  `author` varchar(30) DEFAULT NULL,
```

```
`blog_id` varchar(30) DEFAULT NULL,
`contents` varchar(600) DEFAULT NULL,
`create_time` datetime DEFAULT NULL,
`parent_comment_id` varchar(30) DEFAULT NULL,
`status` int(11) DEFAULT NULL,
`type` int(11) DEFAULT NULL,
PRIMARY KEY (`id`)
) ENGINE=MyISAM DEFAULT CHARSET=utf8
```

（5）粉丝表：用户看了博主发布的博客，如果想要持续看到这个博主的文章，可以关注博主。将粉丝和博主的关系保存到粉丝表中，follower_id 是粉丝的用户表 ID，star_id 是博主的用户表 ID，建表语句如下。

```
CREATE TABLE `tb_follower` (
`id` varchar(30) NOT NULL,
`follower_id` varchar(30) DEFAULT NULL,
`star_id` varchar(30) DEFAULT NULL,
PRIMARY KEY (`id`)
) ENGINE=MyISAM DEFAULT CHARSET=utf8
```

4.4.3 工程搭建 SSH&Redis

搭建工程共需要如下 4 个步骤。

● 配置 POM 文件。
● 配置 application.properties。
● Redis 缓存配置类。
● Swagger 配置类。

代码结构如图 4.7 所示。

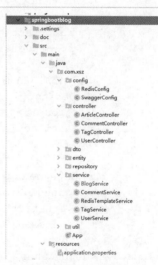

1．配置 POM 文件

在 springbootblog/pom.xml 中添加项目所需的 jar 包。

```
<project xmlns="http://maven.apache.org/POM/4.0.0"
xmlns:xsi="http://www.w3.org/2001/ XMLSchema-
instance" xsi:schemaLocation=
"http://maven.apache.org/POM/4.0.0 http://maven.apache.org/xsd/maven-4.0.0.xsd">
  <modelVersion>4.0.0</modelVersion>
  <parent>
    <groupId>bsea</groupId>
    <artifactId>springboot2</artifactId>
    <version>0.0.1-SNAPSHOT</version>
  </parent>
  <artifactId>springbootblog</artifactId>
  <!-- Add typical dependencies for a web application -->
```

图 4.7　代码结构

```xml
<dependencies>
  <!-- 添加 redis 的支持 -->
    <dependency>
      <groupId>org.springframework.boot</groupId>
      <artifactId>spring-boot-starter-data-redis</artifactId>
    </dependency>
  <dependency>
      <groupId>org.springframework.boot</groupId>
      <artifactId>spring-boot-starter-web</artifactId>
  </dependency>
  <!--目的：（可选）引入 springboot 热启动，每次修改以后，会自动把改动加载，不需要重
启服务了
    <dependency> <groupId>org.springframework.boot</groupId>
      <artifactId>spring-boot-devtools</artifactId>
      <optional>true</optional>
    </dependency>
    -->
    <!-- https://mvnrepository.com/artifact/mysql/mysql-connector-java -->
  <dependency>
      <groupId>mysql</groupId>
      <artifactId>mysql-connector-java</artifactId>
      <!-- <version>8.0.15</version> -->
  </dependency>
  <!-- 添加 JPA 的支持 -->
  <dependency>
      <groupId>org.springframework.boot</groupId>
      <artifactId>spring-boot-starter-data-jpa</artifactId>
  </dependency>
   <!--目的：（可选）集成 swagger2 需要两个包-->
    <dependency>
    <groupId>io.springfox</groupId>
    <artifactId>springfox-swagger2</artifactId>
    <version>2.6.1</version>
  </dependency>
  <dependency>
      <groupId>io.springfox</groupId>
      <artifactId>springfox-swagger-ui</artifactId>
      <version>2.6.1</version>
  </dependency>
   <dependency>
      <groupId>com.alibaba</groupId>
      <artifactId>fastjson</artifactId>
      <version>1.2.38</version>
   </dependency>
</dependencies>
</project>
```

2. 配置 application.properties

添加 MySQL 和 Redis 数据库的连接信息。

```
#端口号
server.port=9004
#相对于项目名字
server.servlet.context-path=/blog
#自定义属性
myversion=@4
# 数据库的信息
spring.datasource.url = jdbc:mysql://localhost:3306/db_blog?useSSL=
false&serverTimezone=Asia/Shanghai
spring.datasource.username = XSZDB
spring.datasource.password = XSZDB2019
spring.datasource.driverClassName = com.mysql.jdbc.Driver
spring.jpa.database = MYSQL
# spring.jpa.show-sql = true 表示会在控制台打印执行的 SQL 语句
spring.jpa.show-sql = true
spring.jpa.hibernate.ddl-auto = update
#Redis
#spring.redis.host=127.0.0.1
redis.host=127.0.0.1
## Redis 服务器连接端口
redis.port=6379
## 连接超时时间（毫秒）
redis.timeout=3
## Redis 服务器连接密码（默认为空）
#redis.password=135246
## 连接池中的最大连接数
redis.poolMaxTotal=10
## 连接池中的最大空闲连接
redis.poolMaxIdle=10
## 连接池最大阻塞等待时间（使用负值表示没有限制）
redis.poolMaxWait=3
```

3. Redis 缓存配置类

Spring Cache 本身是不能缓存数据的，必须配合其他数据库才能实现。

RedisCacheManager 是 CacheManager 的实现类，表示集成 Redis 来保存缓存，并且可以设置缓存的过期时间。

```
package com.xsz.config;
import org.springframework.cache.CacheManager;
import org.springframework.cache.annotation.CachingConfigurerSupport;
import org.springframework.cache.interceptor.KeyGenerator;
import org.springframework.context.annotation.Bean;
```

```java
import org.springframework.context.annotation.Configuration;
import org.springframework.data.redis.cache.RedisCacheConfiguration;
import org.springframework.data.redis.cache.RedisCacheManager;
import org.springframework.data.redis.cache.RedisCacheWriter;
import org.springframework.data.redis.connection.RedisConnectionFactory;
import org.springframework.data.redis.core.RedisTemplate;
import org.springframework.data.redis.core.StringRedisTemplate;
import org.springframework.data.redis.serializer.Jackson2JsonRedisSerializer;
import com.fasterxml.jackson.annotation.JsonAutoDetect;
import com.fasterxml.jackson.annotation.PropertyAccessor;
import com.fasterxml.jackson.databind.ObjectMapper;
import org.springframework.data.redis.serializer.StringRedisSerializer;
import java.time.Duration;
@Configuration
public class RedisConfig extends CachingConfigurerSupport {
    // 自定义缓存 key 生成策略
    @Bean
    public KeyGenerator keyGenerator() {
        return new KeyGenerator() {
            @Override
            public Object generate(Object target, java.lang.reflect.Method method,
Object... params) {
                StringBuffer sb = new StringBuffer();
                sb.append(target.getClass().getName());
                sb.append(method.getName());
                for (Object obj : params) {
                    sb.append(obj.toString());
                }
                return sb.toString();
            }
        };
    }
    // 缓存管理器
    @Bean
    public CacheManager cacheManager(RedisConnectionFactory redisConnectionFactory) {
        RedisCacheConfiguration redisCacheConfiguration =
RedisCacheConfiguration.defaultCacheConfig()
                .entryTtl(Duration.ofMinutes(30)); // 设置缓存有效期 30 分钟
        return RedisCacheManager
                .builder(RedisCacheWriter.nonLockingRedisCacheWriter(redisConnectio
nFactory))
                .cacheDefaults(redisCacheConfiguration).build();
    }
    @Bean
    @SuppressWarnings({"rawtypes", "unchecked"})
    public RedisTemplate<Object,Object> redisTemplate(RedisConnectionFactory
connectionFactory){
        RedisTemplate<Object,Object> redisTemplate=new RedisTemplate<>();
```

```
        redisTemplate.setConnectionFactory(connectionFactory);
        //使用 Jackson2JsonRedisSerializer 替换默认的序列化规则
        Jackson2JsonRedisSerializer jackson2JsonRedisSerializer=new
Jackson2JsonRedisSerializer(Object.class);
        ObjectMapper objectMapper=new ObjectMapper();
        objectMapper.setVisibility(PropertyAccessor.ALL,JsonAutoDetect.
Visibility.ANY);
        objectMapper.enableDefaultTyping(ObjectMapper.DefaultTyping.NON_FINAL);
        jackson2JsonRedisSerializer.setObjectMapper(objectMapper);
        //设置 value 的序列化规则
        redisTemplate.setValueSerializer(jackson2JsonRedisSerializer);
        //设置 key 的序列化规则
        redisTemplate.setKeySerializer(new StringRedisSerializer());
        redisTemplate.afterPropertiesSet();
        return redisTemplate;
    }
// private void setSerializer(StringRedisTemplate template) {
//     @SuppressWarnings({ "rawtypes", "unchecked" })
//     Jackson2JsonRedisSerializer jackson2JsonRedisSerializer = new
Jackson2JsonRedisSerializer(Object.class);
//     ObjectMapper om = new ObjectMapper();
//     om.setVisibility(PropertyAccessor.ALL,
JsonAutoDetect.Visibility.ANY);
//     om.enableDefaultTyping(ObjectMapper.DefaultTyping.NON_FINAL);
//     jackson2JsonRedisSerializer.setObjectMapper(om);
//     template.setValueSerializer(jackson2JsonRedisSerializer);
// }
    }
```

4. Swagger 配置类

Swagger 配置类的主要作用是开启 Swagger 和设置 Controller 的扫描路径。

```
package com.xsz.config;
import org.springframework.context.annotation.Bean;
import org.springframework.context.annotation.Configuration;
import springfox.documentation.builders.ApiInfoBuilder;
import springfox.documentation.builders.PathSelectors;
import springfox.documentation.builders.RequestHandlerSelectors;
import springfox.documentation.service.ApiInfo;
import springfox.documentation.service.Contact;
import springfox.documentation.spi.DocumentationType;
import springfox.documentation.spring.web.plugins.Docket;
import springfox.documentation.swagger2.annotations.EnableSwagger2;
@Configuration
@EnableSwagger2
public class SwaggerConfig {
```

```java
    @Bean
    public Docket buildDocket() {
        return new Docket(DocumentationType.SWAGGER_2)
            .apiInfo(buildApiInf())
            .select()
            .apis(RequestHandlerSelectors.basePackage("com.xsz.controller"))
            .paths(PathSelectors.any())
            .build();
    }
    private ApiInfo buildApiInf() {
        return new ApiInfoBuilder()
            .title("系统 RESTful API 文档")
            .contact(new Contact("Bsea", "https://me.csdn.net/h356363",
"yinyouhai@aliyun.com"))
            .version("1.0")
            .build();
    }
}
/**
*
*
* Swagger 常用注解
@Api: 修饰整个类，描述 Controller 的作用；
@ApiOperation: 描述一个类的一个方法，或者说一个接口；
@ApiParam: 单个参数描述；
@ApiModel: 用对象来接收参数；
@ApiProperty: 用对象接收参数时，描述对象的一个字段；
@ApiResponse: HTTP 响应其中 1 个描述；
@ApiResponses: HTTP 响应整体描述；
@ApiIgnore: 使用该注解忽略这个 API；
@ApiError: 发生错误返回的信息；
@ApiImplicitParam: 一个请求参数；
@ApiImplicitParams: 多个请求参数。
编写 RESTful API 接口
Spring Boot 中包含了一些注解，对应 HTTP 协议中的方法:
@GetMapping 对应 HTTP 中的 GET 方法；
@PostMapping 对应 HTTP 中的 POST 方法；
@PutMapping 对应 HTTP 中的 PUT 方法；
@DeleteMapping 对应 HTTP 中的 DELETE 方法；
@PatchMapping 对应 HTTP 中的 PATCH 方法。
**
http://localhost:9004/blog/swagger-ui.html
**/
```

4.4.4　通过 JPA 创建数据库表

案例中 JPA 实体类使用的注解说明如下。

- @Entity：放在类的上面，表示这个类对应数据库的表，JPA 会反向创建数据表。
- @Table：放在类的上面，默认类的名字和表名字一样，如果数据表名字需要和类不一样，可以通过这个注解设置。
- @DynamicUpdate：默认值是 true，表示 update 对象时，生成动态的 update 语句，如果这个字段的值是 null，就不会被加入 update 语句中。
- @Id：放在属性上面，表示这个属性是数据库的主键。
- @Column(length=30)：放在属性上面，表示这个属性是数据库的列，长度为 30。

博客实体类封装了博客的内容、作者、状态、点击次数等信息，@Entity 注解表示这个类会对应数据库中的一个表，启动 Spring Boot 时会逆向生成数据表 tb_blog，代码如下。

```
package com.xsz.entity;
import java.io.Serializable;
import java.util.Date;
import javax.persistence.Column;
import javax.persistence.Entity;
import javax.persistence.Id;
import javax.persistence.Lob;
import javax.persistence.Table;
import org.hibernate.annotations.DynamicUpdate;
/**
 *
 * @author Bsea
 *
 */
@Entity
@Table(name="tb_blog")
@DynamicUpdate
public class Blog implements Serializable {
    /**
     *
     */
    private static final long serialVersionUID = 1L;
    /**主键 ID**/
    @Id
    @Column(length=30)
    private String id;
    /**作者**/
    @Column(length=30)
    private String author;
    /**内容 @Lob 表示长字段，默认是 longtext 类型**/
    @Lob
    private String contents;
    /**标题**/
    @Column(length=30)
```

```java
    private String title;
    /**点击次数**/
    @Column(length=30)
    private Integer clickTime;
    /**创建时间**/
    private Date createTime;
    /**修改时间**/
    private Date modifyTime;
    /**是否置顶**/
    private boolean isTop;
    /**状态，0 表示发表，1 表示草稿，2 表示冻结**/
    private Integer status;
    public Date getModifyTime() {
        return modifyTime;
    }
    public void setModifyTime(Date modifyTime) {
        this.modifyTime = modifyTime;
    }
    public String getId() {
        return id;
    }
    public void setId(String id) {
        this.id = id;
    }
    public String getAuthor() {
        return author;
    }
    public void setAuthor(String author) {
        this.author = author;
    }
    public String getContents() {
        return contents;
    }
    public void setContents(String contents) {
        this.contents = contents;
    }
    public String getTitle() {
        return title;
    }
    public void setTitle(String title) {
        this.title = title;
    }
    public Integer getClickTime() {
        return clickTime;
    }
    public void setClickTime(Integer clickTime) {
```

```
      this.clickTime = clickTime;
   }
   public Date getCreateTime() {
      return createTime;
   }
   public void setCreateTime(Date createTime) {
      this.createTime = createTime;
   }
   public boolean isTop() {
      return isTop;
   }
   public void setTop(boolean isTop) {
      this.isTop = isTop;
   }
   public Integer getStatus() {
      return status;
   }
   public void setStatus(Integer status) {
      this.status = status;
   }
}
```

评论实体类封装了评论的内容、作者、上级评论等信息，@Entity 注解表示这个类会对应数据库中的一个表，启动 Spring Boot 时会逆向生成数据表 tb_comment，代码如下。

```
package com.xsz.entity;
import java.io.Serializable;
import java.util.Date;
import javax.persistence.Column;
import javax.persistence.Entity;
import javax.persistence.Id;
import javax.persistence.Lob;
import javax.persistence.Table;
/**
 *
 * @author Bsea
 *
 */
@Entity
@Table(name="tb_comment")
public class Comment implements Serializable {
   private static final long serialVersionUID = 1L;
   /**主键ID**/
   @Id
   @Column(length=30)
   private String id;
```

```java
/**评论作者**/
@Column(length=30)
private String author;
/**内容 **/
@Column(length=600)
private String contents;
/**创建时间**/
private Date createTime;
/**博客 Id**/
@Column(length=30)
private String blogId;

/**上级评论 Id**/
@Column(length=30)
private String parentCommentId;

/**状态，0 表示发表，1 表示冻结**/
private Integer status=0;

/**状态，0 表示新发表评论，1 表示回复评论**/
private Integer type=0;
public String getId() {
    return id;
}
public void setId(String id) {
    this.id = id;
}
public String getAuthor() {
    return author;
}
public void setAuthor(String author) {
    this.author = author;
}
public String getContents() {
    return contents;
}
public void setContents(String contents) {
    this.contents = contents;
}
public Date getCreateTime() {
    return createTime;
}
public void setCreateTime(Date createTime) {
    this.createTime = createTime;
}
public String getBlogId() {
```

```
      return blogId;
   }
   public void setBlogId(String blogId) {
      this.blogId = blogId;
   }
   public Integer getStatus() {
      return status;
   }
   public void setStatus(Integer status) {
      this.status = status;
   }
   public String getParentCommentId() {
      return parentCommentId;
   }
   public void setParentCommentId(String parentCommentId) {
      this.parentCommentId = parentCommentId;
   }
   public Integer getType() {
      return type;
   }
   public void setType(Integer type) {
      this.type = type;
   }
}
```

标签表封装了标签的内容、创建时间等信息，@Entity 注解表示这个类对应数据库中的一个表，启动 Spring Boot 时会逆向生成数据表 tb_tag，代码如下。

```
package com.xsz.entity;
import java.io.Serializable;
import java.util.Date;
import javax.persistence.Column;
import javax.persistence.Entity;
import javax.persistence.Id;
import javax.persistence.Table;
/**
 *
 * @author Bsea
 * 标签
 */
@Entity
@Table(name="tb_tag")
public class Tag implements Serializable {
   private static final long serialVersionUID = 1L;
   /**主键ID**/
   @Id
```

```
    @Column(length=30)
    private String id;
    /**标签名字**/
    private String name;
    /**创建时间**/
    private Date createTime;
    public String getId() {
        return id;
    }
    public void setId(String id) {
        this.id = id;
    }
    public String getName() {
        return name;
    }
    public void setName(String name) {
        this.name = name;
    }
    public Date getCreateTime() {
        return createTime;
    }
    public void setCreateTime(Date createTime) {
        this.createTime = createTime;
    }
}
```

4.4.5　Service 层开发

案例中 Service 层使用的注解说明如下。

- @Service：放在类的上面，表示这个类是 Service，并且把创建对象的控制权交给 Spring 容器。
- @Resource：放在属性的上面，表示从 Spring 容器取出对象，并且赋值给这个属性。
- @Cacheable：放在查询的方法上面，表示缓存查询结果。
- @CachePut(key = "#p0.id")：放在修改的方法上面，表示更新 key 对应的缓存。
- @CacheEvict(key = "#p0")：放在删除的方法上面，表示删除 key 对应的缓存。

文章 Service 类 BlogService，在类的上面加@CacheConfig(cacheNames = "blogService")，表示在所有的查询结果的缓存 key 前面都自动添加一个 blogService，可以避免跟其他 Service 的缓存 key 重复。文章 Service 类提供了新增博客、修改博客、删除博客和查询等功能，代码如下。

```
package com.xsz.service;
import java.util.Date;
import java.util.List;
import javax.annotation.Resource;
```

```java
import org.springframework.beans.BeanUtils;
import org.springframework.cache.annotation.CacheConfig;
import org.springframework.cache.annotation.CacheEvict;
import org.springframework.cache.annotation.CachePut;
import org.springframework.cache.annotation.Cacheable;
import org.springframework.stereotype.Service;
import com.xsz.dto.ArticleDTO;
import com.xsz.entity.Blog;
import com.xsz.entity.BlogTag;
import com.xsz.repository.BlogRepository;
import com.xsz.repository.BlogTagRepository;
import com.xsz.repository.TagRepository;
import com.xsz.util.KeyUtil;
@Service
@CacheConfig(cacheNames = "blogService")
public class BlogService {
    @Resource
    BlogRepository blogRepository;
    @Resource
    BlogTagRepository blogtagRepository;
    public Blog add(ArticleDTO adto) {
        Blog blog=new Blog();
        // 需要把 DTO 对象里面所有 blog 相同属性的值赋值到 blog 对象
        //blog.setContents(adto.getContents());
        //根据属性名字，把第一对象的值赋值到第二个对象相同属性上
        System.out.println(adto);
        BeanUtils.copyProperties(adto, blog);
        String blogId=KeyUtil.getId();
        blog.setId(blogId);
        blog.setCreateTime(new Date());
        blog.setModifyTime(new Date());
        adto.getTags().forEach(e->{
            BlogTag bt=new BlogTag();
            bt.setId(KeyUtil.getId());
            bt.setBlogId(blogId);
            bt.setTagId(e.getId());
            blogtagRepository.save(bt);
        });
        return blogRepository.save(blog);
    }
    @CachePut(key = "#p0.id")
    public Blog update(Blog blog) {
        blog.setModifyTime(new Date());
        return blogRepository.save(blog);
    }
    @CacheEvict(key = "#p0")
```

```
    public void delete(String id) {
        blogRepository.deleteById(id);
    }
    @Cacheable(key = "#p0")
    public Blog selectById(String id) {
        return blogRepository.findById(id).get();
    }
    //查询博客
    @Cacheable
    public Blog selectByTitle(String title) {
        return blogRepository.findByTitleAndStatus(title,0);
    }
    //查询作者
    @Cacheable
    public List<Blog> selectByAuthor(String author) {
        return blogRepository.findByAuthorAndStatus(author,0);
    }
    //查询作者的草稿博客
    @Cacheable
    public List<Blog> selectByAuthor2(String author) {
        return blogRepository.findByAuthorAndStatus(author,1);
    }
}
```

评论 Service 类 CommentService,在类的上面加@CacheConfig(cacheNames = "CommentService"),表示在所有的查询结果的缓存 key 前面都自动添加一个 CommentService,可以避免跟其他 Service 的缓存 key 重复。评论 Service 类提供了新增评论、修改评论、删除评论和查询等功能,代码如下。

```
package com.xsz.service;
import java.util.Date;
import java.util.List;
import javax.annotation.Resource;
import org.springframework.cache.annotation.CacheConfig;
import org.springframework.cache.annotation.CacheEvict;
import org.springframework.cache.annotation.CachePut;
import org.springframework.cache.annotation.Cacheable;
import org.springframework.stereotype.Service;
import com.xsz.entity.Comment;
import com.xsz.repository.CommentRepository;
import com.xsz.util.KeyUtil;
@Service
@CacheConfig(cacheNames = "CommentService")
public class CommentService {
    @Resource
    CommentRepository commentRepository;
    public Comment add(Comment comment) {
```

```
        comment.setId(KeyUtil.getId());
        comment.setCreateTime(new Date());
        return commentRepository.save(comment);
    }
    @CachePut(key = "#p0.id")
    public Comment update(Comment comment) {
        return commentRepository.save(comment);
    }
    @CacheEvict(key = "#p0")
    public void delete(String id) {
        commentRepository.deleteById(id);
    }
    @Cacheable
    public List<Comment> selectAll() {
        return commentRepository.findAll();
    }
    @Cacheable(key = "#p0")
    public List<Comment> selectByBlogId(String blogId) {
        return commentRepository.findByBlogId(blogId);
    }
}
```

标签 Service 类 TagService，在类的上面加@CacheConfig(cacheNames = "TagService")，表示对所有的查询结果的缓存 key 前面都自动添加一个 TagService，可以避免跟其他 Service 的缓存 key 重复。标签 Service 类上提供了新增标签、修改标签、删除标签和查询等功能，代码如下。

```
package com.xsz.service;
import java.util.Date;
import java.util.List;
import javax.annotation.Resource;
import org.springframework.cache.annotation.CacheConfig;
import org.springframework.cache.annotation.CacheEvict;
import org.springframework.cache.annotation.CachePut;
import org.springframework.cache.annotation.Cacheable;
import org.springframework.stereotype.Service;
import com.xsz.entity.Tag;
import com.xsz.repository.TagRepository;
import com.xsz.util.KeyUtil;
@Service
@CacheConfig(cacheNames = "TagService")
public class TagService {
    @Resource
    TagRepository TagRepository;
    public Tag add(Tag Tag) {
        Tag.setId(KeyUtil.getId());
        Tag.setCreateTime(new Date());
```

```
        return TagRepository.save(Tag);
    }
    @CacheEvict(cacheNames="TagCache", allEntries=true)
    public Tag update(Tag Tag) {
        return TagRepository.save(Tag);
    }
    @CacheEvict(cacheNames="TagCache", allEntries=true)
    public void delete(String id) {
        TagRepository.deleteById(id);
    }
    @Cacheable(cacheNames="TagCache")
    public List<Tag> selectAll() {
        return TagRepository.findAll();
    }
}
```

4.4.6　Controller 层开发

案例中 Controller 层使用的注解说明如下。

- @RequestMapping（路径）：放在类的上面，表示这个类中所有方法的拦截路径前面都必须加上小括号里面的路径；放在方法的上面，表示这个方法设置了该方法对应的拦截路径。
- @Resource：放在属性的上面，表示从 Spring 容器取出对象，并赋值给这个属性。
- @RestController: 放在类的上面，表示这个类下面的方法返回数据都会自动转成 JSON 格式。
- @Api(value＝"API 类名字")：放在类的上面，设置这个 Controller 在 Swagger 文档中显示的控制类名字。
- @ApiOperation(value＝"API 名字")：放在方法的上面，设置这个单独的每个 API 在 Swagger 文档中显示的名字。
- @PostMapping：放在方法的上面，表示这个 API 只接受 Post 请求，并设置 API 访问路径。
- @GetMapping：放在方法的上面，表示这个 API 只接受 Get 请求，并设置 API 访问路径。
- @PathVariable("参数名字")：放在方法的输入参数上，表示小括号中的参数名字必须和 API 的访问路径上的"{参数名字}"保持一致。

在文章 Controller 类上加@RestController 注解，表示下面的方法返回的数据会默认转换成 JSON 格式。@RequestMapping("article")放在类的上面，表示这个控制类下面所有方法的拦截路径前面都必须加上 article，文章控制类的代码如下。

```
package com.xsz.controller;
import java.util.HashMap;
import java.util.List;
import java.util.Map;
```

```java
import javax.annotation.Resource;
import org.springframework.web.bind.annotation.GetMapping;
import org.springframework.web.bind.annotation.PathVariable;
import org.springframework.web.bind.annotation.PostMapping;
import org.springframework.web.bind.annotation.RequestBody;
import org.springframework.web.bind.annotation.RequestMapping;
import org.springframework.web.bind.annotation.RestController;
import com.xsz.dto.ArticleDTO;
import com.xsz.entity.Blog;
import com.xsz.service.BlogService;
import io.swagger.annotations.Api;
import io.swagger.annotations.ApiImplicitParam;
import io.swagger.annotations.ApiOperation;
/**
 *
 * @author Bsea
 * 文章管理模块 文章控制类
 */
@RequestMapping("article")
@RestController
@Api(value = "文章 API")
public class ArticleController {
    @Resource
    BlogService blogService;
    //发表文章
    @ApiOperation(value = "发表文章", notes = "发表文章")
    @ApiImplicitParam(name = "adto", value = "发表文章对象", required = true,
dataType = "ArticleDTO")
    @PostMapping("save")
    public Blog add(@RequestBody ArticleDTO adto) {
        return blogService.add(adto);
    }
    //修改文章
    @ApiOperation(value = "修改文章", notes = "修改文章")
    @PostMapping("modify")
    public Blog update(@RequestBody Blog blog) {
        return blogService.update(blog);
    }
    //删除文章
    @ApiOperation(value = "删除文章", notes = "删除文章")
    @ApiImplicitParam(name = "id", value = "文章的主键 Id", required = true,
dataType = "String", paramType = "path")
    @PostMapping("delete/{id}")
    public Map<String, String> delete(@PathVariable("id") String id) {
        Map<String, String> result=new HashMap();
        blogService.delete(id);
```

```
            result.put("result", "success");
            return result;
        }
        //根据作者查询文章
        @ApiOperation(value = "根据作者查询文章", notes = "根据作者查询文章")
        @ApiImplicitParam(name = "id", value = "作者的主键 Id", required = true,
dataType = "String", paramType = "path")
        @GetMapping("showByAuthor/{id}")
        public List<Blog> selectByAuthor(@PathVariable("id") String id) {
            return blogService.selectByAuthor(id);
        }
        //根据作者查询草稿文章
        @ApiOperation(value = "根据作者查询草稿文章", notes = "根据作者查询草稿文章")
        @ApiImplicitParam(name = "id", value = "作者的主键 Id", required = true,
dataType = "String", paramType = "path")
        @GetMapping("showByAuthorDraft/{id}")
        public List<Blog> selectByAuthorDraft(@PathVariable("id") String id) {
            return blogService.selectByAuthor2(id);
        }
        //根据标题查询文章
        @ApiOperation(value = "根据标题查询文章", notes = "根据标题查询文章")
        @ApiImplicitParam(name = "title", value = "标题", required = true,
dataType = "String", paramType = "path")
        @GetMapping("showByTitle/{title}")
        public Blog selectByTitle(@PathVariable("title") String title) {
            return blogService.selectByTitle(title);
        }
        //根据文章 ID 查询文章
        @ApiOperation(value = "根据文章 ID 查询文章")
        @GetMapping("showById/{id}")
        public Blog selectById(@PathVariable("id") String aid) {
            return blogService.selectById(aid);
        }
    }
```

在评论 Controller 类上加@RestController 注解，表示下面的方法返回的数据会默认转换成 JSON 格式。@RequestMapping("comment")放在类的上面，表示这个控制类下面所有方法的拦截路径前面都必须加上 comment，评论控制类的代码如下。

```
package com.xsz.controller;
import java.util.HashMap;
import java.util.List;
import java.util.Map;
import javax.annotation.Resource;
import org.springframework.web.bind.annotation.GetMapping;
import org.springframework.web.bind.annotation.PathVariable;
```

```java
import org.springframework.web.bind.annotation.PostMapping;
import org.springframework.web.bind.annotation.RequestBody;
import org.springframework.web.bind.annotation.RequestMapping;
import org.springframework.web.bind.annotation.RestController;
import com.xsz.entity.Comment;
import com.xsz.service.CommentService;
import io.swagger.annotations.Api;
import io.swagger.annotations.ApiImplicitParam;
import io.swagger.annotations.ApiOperation;
/**
 *
 * @author Bsea
 * 评论管理模块 评论控制类
 */
@RequestMapping("comment")
@RestController
@Api(value = "评论API")
public class CommentController {
    @Resource
    CommentService commentService;
    //发表评论
    @ApiOperation(value = "新建评论", notes = "新建评论")
    @PostMapping("save")
    public Comment add(@RequestBody Comment comment) {
        return commentService.add(comment);
    }
    //修改评论
    @ApiOperation(value = "修改评论", notes = "修改评论")
    @PostMapping("modify")
    public Comment update(@RequestBody Comment comment) {
        return commentService.update(comment);
    }
    //删除评论
    @ApiOperation(value = "删除评论", notes = "删除评论")
    @ApiImplicitParam(name = "id", value = "评论的主键Id", required = true,
dataType = "String", paramType = "path")
    @PostMapping("delete/{id}")
    public Map<String, String> delete(@PathVariable("id") String id) {
        Map<String, String> result=new HashMap();
        commentService.delete(id);
        result.put("result", "success");
        return result;
    }
    //查询评论
    @ApiOperation(value = "查询所有评论", notes = "查询所有评论")
    @GetMapping("showAll")
```

```java
public List<Comment> selectAll() {
    return commentService.selectAll();
}
    //根据 blog id 查询评论
    @ApiOperation(value = "根据博客查询评论", notes = "根据 blog id 查询评论")
    @GetMapping("showByBlog/{bid}")
    @ApiImplicitParam(name = "bid", value = "评论的主键 Id", required =
true, dataType = "String", paramType = "path")
    public List<Comment> selectByBlog(@PathVariable("bid") String blogId) {
        return commentService.selectByBlogId(blogId);
    }
}
```

在标签 Controller 类上加@RestController 注解，表示下面的方法返回的数据会默认转换成 JSON
格式。@RequestMapping("tag")放在类的上面，表示这个控制类下面所有方法的拦截路径前面都必须
加上 tag，标签控制类的代码如下。

```java
package com.xsz.controller;
import java.util.HashMap;
import java.util.List;
import java.util.Map;
import javax.annotation.Resource;
import org.springframework.web.bind.annotation.GetMapping;
import org.springframework.web.bind.annotation.PathVariable;
import org.springframework.web.bind.annotation.PostMapping;
import org.springframework.web.bind.annotation.RequestBody;
import org.springframework.web.bind.annotation.RequestMapping;
import org.springframework.web.bind.annotation.RestController;
import com.xsz.entity.Tag;
import com.xsz.service.TagService;
import io.swagger.annotations.Api;
import io.swagger.annotations.ApiImplicitParam;
import io.swagger.annotations.ApiOperation;
/**
 *
 * @author Bsea
 *    标签管理模块 标签控制类
 */
@RequestMapping("tag")
@RestController
@Api(value = "标签 API")
public class TagController {
    @Resource
    TagService tagService;
    //发表标签
    @ApiOperation(value = "新建标签", notes = "新建标签")
```

```
@PostMapping("save")
public Tag add(@RequestBody Tag tag) {
    return tagService.add(tag);
}
//修改标签
@ApiOperation(value = "修改标签", notes = "修改标签")
@PostMapping("modify")
public Tag update(@RequestBody Tag tag) {
    return tagService.update(tag);
}
//删除标签
@ApiOperation(value = "删除标签", notes = "删除标签")
@ApiImplicitParam(name = "id", value = "标签的主键 Id", required = true,
dataType = "String", paramType = "path")
@PostMapping("delete/{id}")
public Map<String, String> delete(@PathVariable("id") String id) {
    Map<String, String> result=new HashMap();
    tagService.delete(id);
    result.put("result", "success");
    return result;
}
 //查询标签
@ApiOperation(value = "查询所有标签", notes = "查询所有标签")
@GetMapping("showAll")
public List<Tag> selectAll() {
    return tagService.selectAll();
}


}
```

4.4.7　测试

在浏览器中打开 Swagger 的 API 文档，地址为 http://localhost:9004/blog/swagger-ui.html，如图 4.8 所示。每个接口都可以直接通过 API 文档进行测试，这里只演示两个接口的测试，其他接口读者可以自行尝试。

展开发表文章接口，如图 4.9 所示。

图 4.8　Swagger API 文档

图 4.9　发表文章接口

测试数据如下：

```
{
  "author": "Bsea",
  "clickTime": 0,
  "contents": "博客内容测试测试测试博客内容测试测试测试博客内容测试测试测试博客内容测试测试测试博客内容测试测试测试",
  "createTime": "2020-03-17T15:59:42.412Z",
  "modifyTime": "2020-03-17T15:59:42.412Z",
  "status": 0,
  "tags": [
    {
      "createTime": "2020-03-17T15:59:42.413Z",
      "id": "string",
      "name": "测试标签"
    }
  ],
  "title": "SpringBoot 实战",
  "top": true
}
```

输入测试数据，并单击"Try it out!"按钮，如图 4.10 所示。

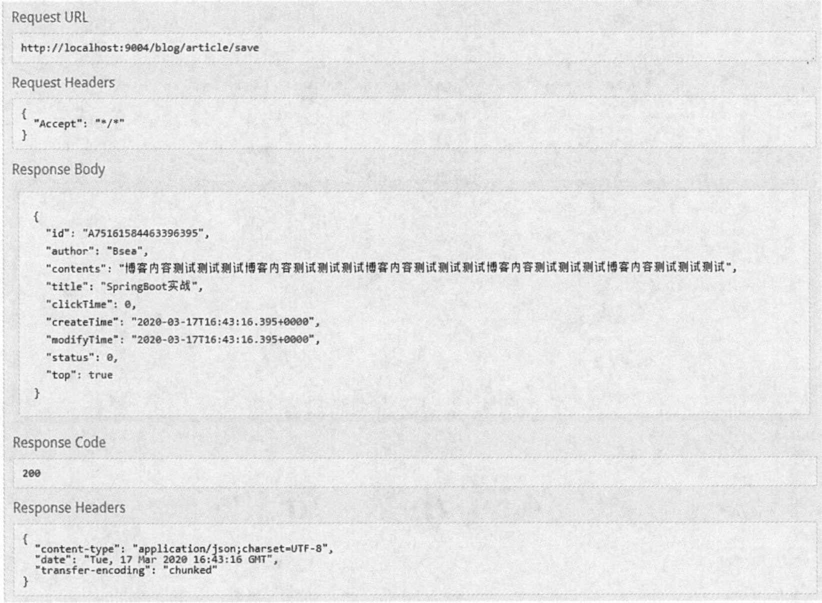

图 4.10　发表文章接口返回结果

展开根据 ID 查询文章接口，如图 4.11 所示。输入测试数据，并且单击"Try it out"按钮，如图 4.12 所示。

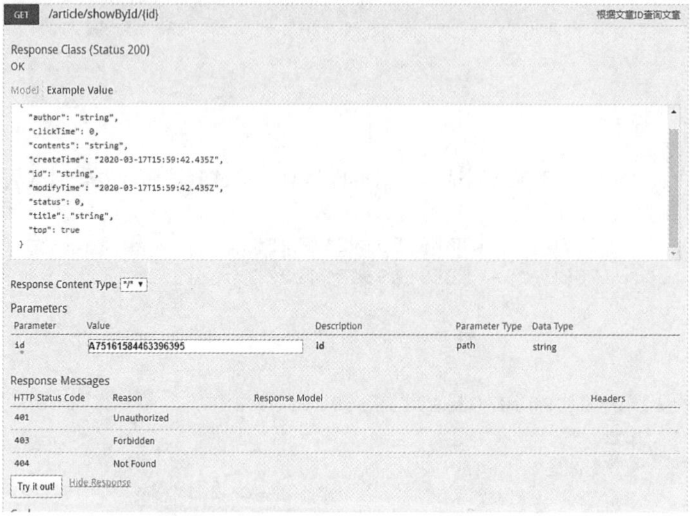

图 4.11　根据 ID 查询文章接口

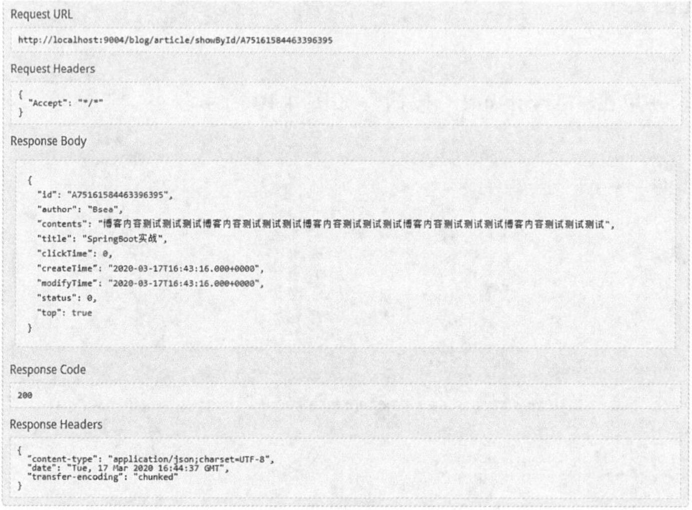

图 4.12　ID 查询结果

4.5　小　　结

　　本案例采用 Spring Boot + JPA+MySQL+Redis 实现了博客项目的后台 API。Redis 是一种使用 C 语言开发的开源数据库。由于 Redis 的大部分操作都是直接在内存中执行的，数据也存在内存中，所以 Redis 的数据处理速度非常快，官方数据是可以达到数 10 万的 QPS（每秒内的查询次数）。本案例中使用 Redis 作为缓存数据库，可以提升查询 API 的效率。

第5章

Spring Boot 集成 JPA 英语字典翻译系统实战

本项目涉及 Spring Boot、JPA、MySQL、Uni-app、微信小程序的使用。前端页面的实现使用了一套 Uni-app 的页面模板。与用户管理相关的内容会在其他章节讲解，本章主要关注字典部分。

本项目包含如下功能：

- 查看中文的英文释义。
- 显示查询历史记录。
- 语音播放单词发音。
- 创建个人的单词本。

从本案例中，读者可以学到如下知识：

- 前后分离项目如何分层处理。
- 微信小程序的开发。
- Uni-app 开发前端代码。
- Spring Boot 全局异常处理。
- 如何从零开始构建一个 SSH 项目。
- Lombok 插件让代码更加整洁，@Data 注解在实体类上，可以省略 get 和 set 方法。

5.1　添加 JPA 支持

Spring Boot data JPA（又称 Spring Data JPA、Spring Boot JPA），是 Spring 家族的成员之一，主要用来简化对数据库端的操作，特别是一些简单查询，以前要写很多的代码才能实现，JPA 可以直接通过规定的方法名字快速实现。

在 Maven 项目中添加 Spring Data JPA 支持，只需要在 POM 文件中添加对应的 dependency 即可，代码如下。

```
<!-- 添加 JPA 的支持 -->
<dependency>
    <groupId>org.springframework.boot</groupId>
    <artifactId>spring-boot-starter-data-jpa</artifactId>
</dependency>
```

5.2　JPA 查询

JPA 可以提高开发效率，最重要的原因是 JPA 支持按方法名字来定义查询方法。

Spring Data JPA 框架在进行方法名解析时，查询可以使用 find、findBy、read、readBy、get、getBy 等前缀，然后对剩下部分进行解析。例如，我们需要实现根据用户名（name）和密码（password）查询用户，只需要把方法的名字定义成 findByNameAndPassword，SpringBoot JPA 会自动到数据库中执行语句"select * from user where name=? and password=?"。

Spring Data JPA 的查询方法命名规则如表 5.1 所示。

表 5.1　Spring Data JPA 的查询方法命名规则

Keyword	Sample	JPQL snippet
And	findByLastnameAndFirstname	… where x.lastname = ?1 and x.firstname = ?2
Or	findByLastnameOrFirstname	… where x.lastname = ?1 or x.firstname = ?2
Is, Equals	findByFirstname,findByFirstnameIs,findBy FirstnameEquals	… where x.firstname = ?1
Between	findByStartDateBetween	… where x.startDate between ?1 and ?2
LessThan	findByAgeLessThan	… where x.age < ?1
LessThanEqual	findByAgeLessThanEqual	… where x.age <= ?1
GreaterThan	findByAgeGreaterThan	… where x.age > ?1
GreaterThanEqual	findByAgeGreaterThanEqual	… where x.age >= ?1
After	findByStartDateAfter	… where x.startDate > ?1

Keyword	Sample	JPQL snippet
Before	findByStartDateBefore	… where x.startDate < ?1
IsNull, Null	findByAge(Is)Null	… where x.age is null
IsNotNull, NotNull	findByAge(Is)NotNull	… where x.age not null
Like	findByFirstnameLike	… where x.firstname like ?1
NotLike	findByFirstnameNotLike	… where x.firstname not like ?1
StartingWith	findByFirstnameStartingWith	… where x.firstname like ?1 (parameter bound with appended %)
EndingWith	findByFirstnameEndingWith	… where x.firstname like ?1 (parameter bound with prepended %)
Containing	findByFirstnameContaining	… where x.firstname like ?1 (parameter bound wrapped in %)
OrderBy	findByAgeOrderByLastnameDesc	… where x.age = ?1 order by x.lastname desc
Not	findByLastnameNot	… where x.lastname <> ?1
In	findByAgeIn(Collection<Age> ages)	… where x.age in ?1
NotIn	findByAgeNotIn(Collection<Age> ages)	… where x.age not in ?1
TRUE	findByActiveTrue()	… where x.active = true
FALSE	findByActiveFalse()	… where x.active = false
IgnoreCase	findByFirstnameIgnoreCase	… where UPPER(x.firstame) = UPPER(?1)

下面通过具体示例演示 JPA 的查询。

5.2.1　ProductRepository

Repository 是总接口，CrudRepository 继承它，PagingAndSortingRepository 继承 CrudRepository，JpaRepository 又继承 PagingAndSortingRepository。

CrudRepository<Product,String>的第一个参数是操作的实体类；第二个参数是主键的数据类型，接口代码如下。

```
package com.zz.repository;
import java.util.List;
import org.springframework.data.repository.CrudRepository;
import com.zz.entity.Product;
public interface ProductRepository extends  CrudRepository<Product,String>{
    public List<Product> findByProductName(String name);
    public List<Product> findByProductNameLike(String name);
    public List<Product> findByProductNameAndProductPrice(String name,String price);
}
```

5.2.2　ProductService

Service 层通过各种方法调用 Repository 操作数据库，从而实现一个业务逻辑。通过@Service 这个注解，告诉 Spring 这是一个 Service 类，并且把对象的控制器交给 Spring 来管理。@Resource 默认按照名称方式进行 bean 匹配，找不到再按类型查找。

```java
package com.zz.service;
import java.util.List;
import javax.annotation.Resource;
import org.springframework.stereotype.Service;
import com.zz.entity.OrderMaster;
import com.zz.entity.Product;
import com.zz.repository.OrderMasterRepository;
import com.zz.repository.ProductRepository;
@Service
public class ProductService {
    @Resource
    ProductRepository productRepository;
        public List<Product> getAll(){
            return (List<Product>) productRepository.findAll();
        }
    public List<Product> getByName(String name){
                return productRepository.findByProductName(name);
        }
public List<Product> getByLikeName(String name){
        return productRepository.findByProductNameLike(name);
}
public List<Product> getByNameAndPrice(String name,String price){
        return productRepository.findByProductNameAndProductPrice (name,price);
}
}
```

5.2.3　ProductController

通过 4 个 API 接口，分别实现查询所有商品、根据产品名称精确查找、根据产品名称模糊查找、根据产品名称和价钱查找的功能。

```java
package com.zz.controller;
import java.util.List;
import javax.annotation.Resource;
import javax.servlet.http.HttpServletRequest;
import org.springframework.web.bind.annotation.RequestMapping;
import org.springframework.web.bind.annotation.RestController;
import com.zz.entity.OrderMaster;
import com.zz.entity.Product;
import com.zz.service.OrderService;
import com.zz.service.ProductService;
import com.zz.util.KeyUtil;
@RestController
```

```
@RequestMapping("product")
public class ProductController {
    @Resource
    ProductService productService;
    //测试地址为http://localhost:9081/b/ordermaster/add?address=ddd&name=jacky
    @RequestMapping("all")
    public List<Product> showAll(){
        return productService.getAll();
    }
    @RequestMapping("byname")
    public List<Product> showByName(HttpServletRequest request){
        String name=request.getParameter("name");
        return productService.getByName(name);
    }
    @RequestMapping("bynamelike")
    public List<Product> showByNameLike(HttpServletRequest request){
        String name=request.getParameter("name");
        return productService.getByLikeName(name+"%");
    }
    @RequestMapping("bynameandprice")
    public List<Product> showByNamePrice(HttpServletRequest request){
        String name=request.getParameter("name");
        String price=request.getParameter("p");
        return productService.getByNameAndPrice(name,price);
    }
}
```

测试查询所有商品的 API 接口，结果如图 5.1 所示。

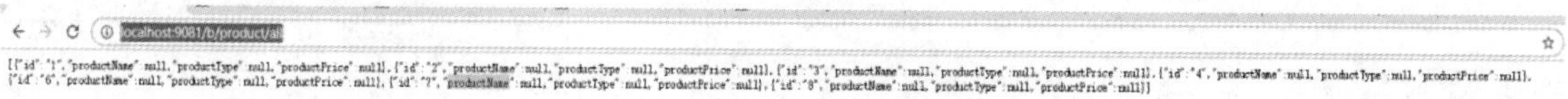

[{"id":"1","productName":null,"productType":null,"productPrice":null},{"id":"2","productName":null,"productType":null,"productPrice":null},{"id":"3","productName":null,"productType":null,"productPrice":null},{"id":"4","productName":null,"productType":null,"productPrice":null},{"id":"6","productName":null,"productType":null,"productPrice":null},{"id":"7","productName":null,"productType":null,"productPrice":null},{"id":"9","productName":null,"productType":null,"productPrice":null}]

图 5.1　查询所有商品 API 接口

测试根据产品名称精确查找的 API 接口，结果如图 5.2 所示。

[{"id":"1","productName":"苹果","productType":"水果","productPrice":"234"}]

图 5.2　根据产品名称精确查找 API 接口

测试根据产品名称模糊查找的 API 接口，结果如图 5.3 所示。

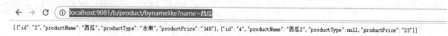

[{"id":"2","productName":"西瓜","productType":"水果","productPrice":"345"},{"id":"4","productName":"西瓜2","productType":null,"productPrice":"23"}]

图 5.3　根据产品名称模糊查找 API 接口

测试根据产品名称和价钱查找的 API 接口，结果如图 5.4 所示。

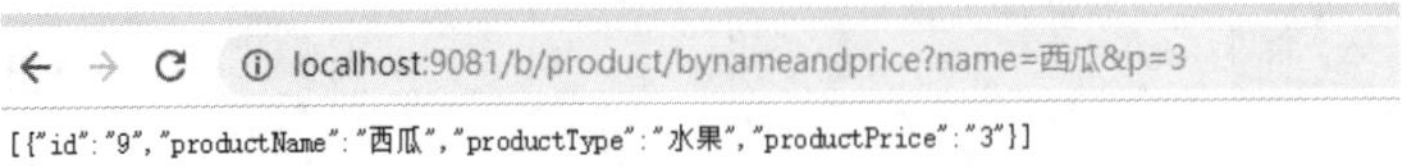

← → C ① localhost:9081/b/product/bynameandprice?name=西瓜&p=3

[{"id":"9","productName":"西瓜","productType":"水果","productPrice":"3"}]

图 5.4　根据产品名称和价钱查找 API 接口

5.3　JPA 注解

Spring Data 是用于简化数据库访问、支持云服务并根据 JPA 规范封装的一套 JPA 开源应用框架。主要目标是使得基于 Spring 框架构建的应用对数据的访问变得方便快捷。

JPA 有很多注解，下面介绍一些常用的注解，如表 5.2 所示。

表 5.2　JPA 注解

注　解	使　用　说　明
@Entity	用于实体类声明语句之前，指出该 Java 类为实体类，将映射到指定的数据注解进行表
@Table	当实体类与其映射的数据表名不同时，需要使用 @Table 注解进行说明，该注解与@Entity 注解并列使用，置于实体类声明语句之前，可写为单独语句行，也可与声明语句同行
@Column	指定属性映射的列信息，如列名、长度等
@GeneratedValue	用于标注主键的生成策略，通过 strategy 属性指定
@Id	用于声明一个实体类的属性映射为数据库的主键列
@Transient	修饰不想持久保存的属性
@OneToMany	映射一对多关系

扫一扫，看视频

5.4　英语字典翻译系统实战

本项目的展现形式是微信小程序，用户可以很方便地在手机端使用本项目开发的英文翻译小程序来查询英文单词，并建立自己的单词本。

5.4.1　项目设计

Uni-app 是一个使用 Vue.js 开发的前端应用框架，开发者编写一套代码，就可以发布到移动端 iOS、安卓系统和电脑端。如果读者对 Uni-app 感兴趣，可以通过官网 https://uniapp.dcloud.io 了解更多信息。

本项目前后端分离，后台 API 通过 Spring Boot 和 JPA 实现。

5.4.2　数据库设计

本项目主要用到一个单词本的表（表名：tb_wordbook），用来记录每个人的单词本，字段信息如表 5.3 所示。

表 5.3　单词本数据表

列　　名	数 据 类 型	是否为 null	注　　释
id	varchar(50)	否	主键
word	varchar(50)	否	英文单词
user_id	varchar(50)	否	用户 id
createTime	date	是	添加时间

5.4.3　工程搭建

首先需要安装 JDK1.8、IDEA 2019 和 MySQL 数据库到自己的计算机中，一般 IDEA 2019 自带了 Maven，Lombok 插件需要在 IDEA 的插件市场安装。整个工程搭建需要的工具和步骤与第 3 章案例的工程搭建相同，读者可以进行参考安装。

5.4.4　前端代码实现

Uni.request 是 Uni-app 实现 Ajax 的方法。这里通过 Uni-request 发送请求到翻译软件——扇贝单词的接口，查询英语单词，并且在 Ajax 的回调方法里获取返回结果，赋值给对象 searchrs。

```
callsb:function(val){
        const duration = 2000;
        const requestUrl = 'https://api.shanbay.com/bdc/search/?word='+val
                        uni.request({
        url: requestUrl,
        dataType: 'text',
        data: {
            noncestr: Date.now()
        },
        success: (res) => {
            // string 转 json
            let datajson=JSON.parse(res.data);
            this.searchrs=datajson.data;
        },
        fail: (err) => {
            console.log('request fail', err);
            uni.showModal({
                content: err.errMsg,
```

```
                    showCancel: false
                });
            },
            complete: () => {
                this.loading = false;
            }
        });
    },
```

用户单击查询按钮以后会执行下面的方法，该部分会完成两个功能：一个是把查询的单词放到前端缓存，收录到查询记录中；另一个是把新的单词上面的方法执行扇贝的单词查询 API 接口。

```
searchNow: function(e) {
            if (this.ipt == '') {
                uni.showToast({
                    title: '未输入搜索关键字',
                    icon: 'none',
                    duration: 1000
                });
                return false;
            }
            var that = this;
            var newArr = that.searchKey;
            newArr.push(this.ipt);
            this.searchKey = newArr;
            //执行接口方法
            this.callsb(this.ipt);
            var newStr = newArr.join('-');
            uni.setStorage({
                key: 'searchLocal',
                data: newStr
            });
        },
```

Uni-app 的语法中通过双大括号 "{{}}"，可以把对象和视图双向绑定，一旦获取结果，后台数据对象变化，会自动把结果显示到页面中。

```
<view class="uni-list">
        <block >
            <view class="uni-list-cell" hover-class="uni-list-cell-
hover">
                <view class="uni-triplex-row">
                    <view class="uni-triplex-left">
                        <text class="uni-title uni-ellipsis">
{{searchrs.content}} </text>
                        <text class="uni-title uni-ellipsis" v-if=
"searchrs.pron"> 音标:{{searchrs.pron}}</text>
```

```
                <text class="uni-title uni-
ellipsis">{{searchrs.definition}} </text>


            </view>

         </view>
       </view>
     </block>
   </view>
```

5.4.5 通过 JPA 创建数据库表

在配置文件中添加 spring.jpa.hibernate.ddl-auto = update，注解@Entity 放在 class 的上面，表示这个 class 是实体类。默认情况下，JPA 会自动在数据库中创建一个跟类名一样的表。这里在@Entity 后面设置了 name="tb_wordbook"，表示数据表的名字需要和 name 属性指定的名字一样。

```
package com.zz.entity;
import lombok.Data;
import javax.persistence.Column;
import javax.persistence.Entity;
import javax.persistence.Id;
import java.sql.Date;
/**
 * @Description: 个人单词本
 * @Author: Bsea
 * @CreateDate: 2019/9/25$ 20:16$
 */
@Entity
@Table(name="tb_wordbook")
@Data
public class WordBook {
    /**
     * 主键
     */
    @Id
    @Column(length=50)
    private String id;
    /**
     * 单词
     */
    private String word;
    /**
     * 用户 id
     */
```

```
    private String I;
    /**
     * 创建时间
     */
    private Date createTime;
}
```

5.4.6 Service 层开发

Service 层的类一定要在类的上面添加@Service 注解，表示 Service 层同时把创建 service 对象的控制权交给 Spring。

下面是会员管理的 Service 层代码，实现了对单词本的查看和单词的添加。

```
package com.zz.service;
import com.zz.entity.WordBook;
import com.zz.repository.WordBookRepository;
import com.zz.util.KeyUtil;
import org.springframework.stereotype.Service;
import javax.annotation.Resource;
import java.util.List;
@Service
public class WordBookService {
    @Resource
    WordBookRepository wordBookRepository;
    public List<WordBook> getByUser(String uid){
        return  wordBookRepository.findByUserId(uid);
    };
    public WordBook save(WordBook wordBook){
        wordBook.setId(KeyUtil.genUniqueKey());
        return  wordBookRepository.save(wordBook);
    };
}
```

5.4.7 Controller 层开发

Controller 层中包含了 API 的代码，前端页面请求就是执行 Controller 类中的方法。

本项目代码在 Controller 类上面配置了三个注解，下面分别对这三个注解的作用进行说明。

● @Api(value = "单词本 Controller") 是 Swagger 的注解，设置了文档中 API 类的名字。

● @RestController 是 SpringBoot 的注解，表示这个类是控制器，并且返回的是 JSON 格式数据。

● @RequestMapping("wordbook")是 SpringBoot 的注解，可以放在类上面，也可以放在方法的上面。放在方法的上面表示这个方法的拦截路径，这里将@RequestMapping("wordbook")放在类的上面，表示在类下面使用方法的拦截路径前面都必须加上 "/wordbook/"。

```
package com.zz.controller;
import com.zz.entity.OrderMaster;
import com.zz.entity.WordBook;
import com.zz.service.OrderService;
import com.zz.service.WordBookService;
import com.zz.util.ResultVOUtil;
import com.zz.vo.ResultVO;
import io.swagger.annotations.Api;
import io.swagger.annotations.ApiImplicitParam;
import io.swagger.annotations.ApiOperation;
import org.springframework.web.bind.annotation.*;
import javax.annotation.Resource;
import java.util.List;
@Api(value = "单词本 Controller")
@RestController
@RequestMapping("wordbook")
public class WordBookController {
    @Resource
    WordBookService wordBookService;
    @ApiOperation(value = "查看单词本", notes = "根据单词 id 查自己的单词本")
    @ApiImplicitParam(name = "id", value = "单词 id", required = true, dataType
= "String",paramType = "path")
    @GetMapping("show/{id}")
    public ResultVO getByUserId(@PathVariable("id") String id){
        return ResultVOUtil.success(wordBookService.getByUser(id));
    }
    @ApiOperation(value = "新增单词", notes = "根据单词实体创建单词")
    @ApiImplicitParam(name = "word", value = "单词实体", required = true, dataType
= "WordBook")
    @PostMapping("/add")
    public ResultVO addWord(@RequestBody WordBook wordBook) {
        return ResultVOUtil.success(wordBookService.save(wordBook));
    }
}
```

5.4.8 测试

用户打开微信，找到小程序，本项目的小程序取名为"蓝道"，如图 5.5 所示。

进入小程序以后，可以输入单词 map，输入完成后，小程序会立刻显示查询结果。用户可以看到中文释义和音标，还可以播放美式发音，如图 5.6 所示。

图 5.5　小程序列表　　　　　　　图 5.6　查询结果

5.5　小　　结

本章介绍了一些 JPA 的常用注解，使用 JPA 开发效率非常高，只需要按照 JPA 的规范设置方法名字，就可以实现对数据库的操作。然后通过开发一个微信小程序，可以学到一些关于 Uni-app 的前端知识，Uni-app 开发前端项目功能非常强大，只需要开发一套代码，就可以把前端代码打包成手机 APP、微信小程序或 H5 页面的显示形式。

对于移动端项目，前端的开发方式有很多，只需要负责页面显示即可。后台的逻辑和操作数据库都可以交给 Spring Boot 开发。

第**6**章

SSH&Swagger 会员管理系统实战

本项目涉及 Spring Boot、JPA、MySQL 和 Swagger 等技术，前端页面的实现使用了一套 Bootstrap 4 的页面模板。与用户管理相关的内容会在其他章节讲解，本章主要关注会员部分。

本项目包含如下功能：

- 添加会员。
- 修改会员。
- 删除会员。
- 查询会员。

从本案例中，读者可以学到如下知识：

- 整个工程如何分层处理。
- Spring Boot 如何集成 Swagger。
- 通过 Swagger API 测试接口。
- 使用 beanUtils 如何实现数据拷贝。
- Spring Boot 全局异常处理。
- 如何从零开始构建一个 SSH 项目。
- Lombok 插件让代码更加整洁，@Data 注解在实体类上，可以省略 get 和 set 方法。

6.1　什么是 RESTful

REST 全称是 Representational State Transfer，中文意思是表述性状态转移。2000 年，美国的 Roy Fielding 的博士论文中提出了这个概论，并迅速得到了开发人员的认可。REST 本身并没有创造新的技术，只是提供了 API 设计规范，满足这些设计规范的应用程序或设计就是 RESTful。有了这个统一的 API 规范，极大地帮助了不同的开发语言、不同的团队和公司之间的沟通。

通常我们需要遵从如下规范。

- GET：读取（Read）。
- POST：新建（Create）。
- PUT：更新（Update）。
- PATCH：更新（Update），通常是部分更新。
- DELETE：删除（Delete）。

扫一扫，看视频

6.2　Swagger 简介

Swagger 是一个规范和完整的框架，可以动态生成 API 文档。开发人员可以直接在 Swagger 生成的 API 文档中测试接口。总体目标是使客户端和文件系统作为服务器以同样的速度进行更新。如果开发人员修改了已经存在的 API 接口的路径、参数和返回数据，Swagger API 文档也会同步更新。

在 Maven 项目中添加 Swagger 的支持，只需要在 POM 文件中导入下面的两个包。

```
<!--swagger2 需要两个包 swagger 的作用是自动生成 api 文档-->
<dependency>
    <groupId>io.springfox</groupId>
    <artifactId>springfox-swagger2</artifactId>
    <version>2.6.1</version>
</dependency>
<dependency>
    <groupId>io.springfox</groupId>
    <artifactId>springfox-swagger-ui</artifactId>
    <version>2.6.1</version>
</dependency>
```

另外需要一个配置类，用来配置 Swagger 作用的路径，代码如下。

```
package com.zz.config;
import org.springframework.context.annotation.Bean;
```

```java
import org.springframework.context.annotation.Configuration;
import springfox.documentation.builders.ApiInfoBuilder;
import springfox.documentation.builders.PathSelectors;
import springfox.documentation.builders.RequestHandlerSelectors;
import springfox.documentation.service.ApiInfo;
import springfox.documentation.service.Contact;
import springfox.documentation.spi.DocumentationType;
import springfox.documentation.spring.web.plugins.Docket;
import springfox.documentation.swagger2.annotations.EnableSwagger2;
@Configuration
@EnableSwagger2
public class SwaggerConfig {
    @Bean
    public Docket buildDocket() {
        return new Docket(DocumentationType.SWAGGER_2)
            .apiInfo(buildApiInf())
            .select()
            .apis(RequestHandlerSelectors.basePackage("com.zz.controller"))
            .paths(PathSelectors.any())
            .build();
    }
    private ApiInfo buildApiInf() {
        return new ApiInfoBuilder()
            .title("系统 RESTful API 文档")
            .contact(new Contact("Bsea", "https://me.csdn.net/h356363",
"yinyouhai@aliyun.com"))
            .version("1.0")
            .build();
    }
}
```

6.3　会员管理系统实战

扫一扫，看视频

目前很多系统都需要有会员管理模块，这个使用 Spring Boot 框架开发的会员管理项目可以轻松地与其他项目集成。本项目包含了如下功能：

● 添加会员。

● 修改会员。

● 删除会员。

● 查询会员。

6.3.1　项目设计

项目实现了对会员的管理功能，前端使用 Bootstrap 和 jQuery 框架，后台采用了 Spring Boot 和 JPA 框架，并且使用了 Swagger 自动生成 API 文档。

项目的代码结构如图 6.1 所示。

6.3.2　数据库设计

数据库主要是一个会员表，数据表的名字一般采用"tb"开头，id 采用 varchar 的数据类型，方便代码中自己定义规则生成唯一的 id。

```
CREATE TABLE `tb_member` (
  `id` varchar(50) NOT NULL,
  `age` int(11) NOT NULL,
  `car_num` int(11) NOT NULL,
  `create_time` varchar(255) DEFAULT NULL,
  `level` int(11) NOT NULL,
  `name` varchar(255) DEFAULT NULL,
  `phone` int(11) NOT NULL,
  `sex` varchar(255) DEFAULT NULL,
  `status` int(11) NOT NULL,
  PRIMARY KEY (`id`)
) ENGINE=MyISAM DEFAULT CHARSET=utf8mb4
```

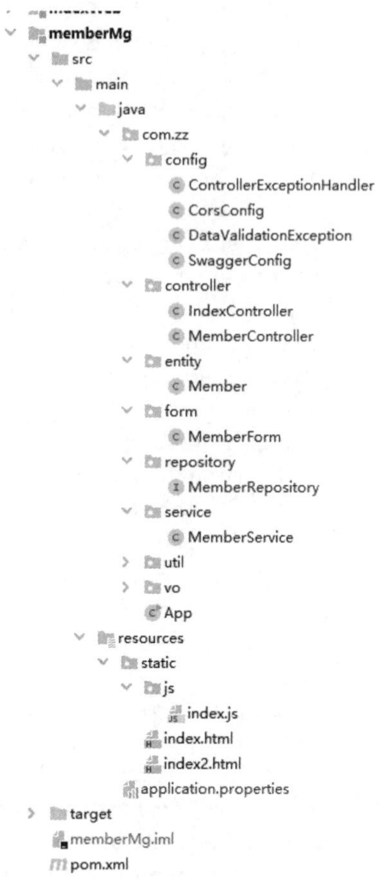

图 6.1　代码结构

6.3.3　工程搭建

首先需要安装 JDK 1.8、IDEA 2019 和 MySQL 数据库到自己的计算机中，一般 IDEA 2019 自带了 Maven、Lombok 插件需要在 IDEA 的插件市场安装。整个工程搭建需要的工具和步骤与第 3 章案例的工程搭建相同，读者可以进行参考安装。

6.3.4　前端代码实现

前端代码使用基本的 HTML、CSS、JavaScript 语言，另外使用了 jQuery、Bootstrap 框架。本项目中，前端还包含了一个几乎所有项目都需要的分页功能。

1. HTML 代码

HTML 中采用了 Bootstrap 的响应式表格，可以保证手机端的页面展示不变形。表格内容是动态生成的，使用 html 文件只需要通过 `<tbody id="databody">` 为 tbody 设置一个 id，js 会动态生成 tbody 中的内容。

```html
<!DOCTYPE html>
<html lang="en">
<head>
    <meta charset="UTF-8">
    <title>会员管理</title>
    <meta charset="utf-8">
    <meta name="viewport" content="width=device-width, initial-scale=1">
    <link rel="stylesheet" href="https://cdn.staticfile.org/twitter-
bootstrap/4.3.1/css/bootstrap.min.css">
    <script src="https://cdn.staticfile.org/jquery/3.2.1/jquery.min.js">
</script>
    <script src="https://cdn.staticfile.org/popper.js/1.15.0/umd/popper.min.js">
</script>
    <script src="https://cdn.staticfile.org/twitter-
bootstrap/4.3.1/js/bootstrap.min.js"></script>
</head>
<body>
<div class="container-fluid">
<h2>会员管理</h2>
<!-- 按钮：用于打开模态框 -->
<button type="button" class="btn btn-primary" id="addbtn">
    添加
</button>
<button type="button" class="btn btn-primary" id="updatebtn">
    修改
</button>
<div class="table-responsive">
    <table class="table">
        <thead>
        <tr>
            <th></th>
            <th>#编号</th>
            <th>姓名</th>
            <th>手机号码</th>
            <th>性别</th>
            <th>年龄</th>
            <th>会员等级</th>
            <th>加入时间</th>
            <th>拥有车数量</th>
        </tr>
        </thead>
        <tbody id="databody">
        </tbody>
    </table>
</div>
<!-- 分页开始-->
```

```html
<div class="row">
    <div class="col-sm-3"></div>
    <div class="col-sm-6">
        <ul class="pagination">
        </ul>
    </div>
    <div class="col-sm-3"></div>
</div>
<!-- 分页结束-->
</div>
<!-- 模态框 -->
<div class="modal fade" id="myModal">
    <div class="modal-dialog">
        <div class="modal-content">
            <!-- 模态框头部 -->
            <div class="modal-header">
                <h4 class="modal-title">模态框头部</h4>
                <button type="button" class="close" data-dismiss="modal">&times;
</button>
            </div>
            <!-- 模态框主体 -->
            <div class="modal-body">
                <form id="addform" action="/membermg/index/add" method= "post">
                    <div class="form-group">
                        <label >姓名:</label>
                        <input type="email" class="form-control" name="name">
                    </div>
                    <div class="form-group">
                        <label >手机号码:</label>
                        <input type="email" class="form-control" name="phone">
                    </div>
                    <div class="form-group">
                        <label >性别:</label>
                        <div class="radio">
                            <label><input type="radio" name="sex" value="男">男
</label>
                            <label><input type="radio" name="sex" value="女">女
</label>
                        </div>
                    </div>
                    <input type="hidden" name="id">
                </form>
            </div>
            <!-- 模态框底部 -->
            <div class="modal-footer">
                <button type="button" class="btn btn-primary" id="smbbtn">提交
</button>
```

```
        <button type="button" class="btn btn-secondary" data-
dismiss="modal">关闭</button>
        </div>
    </div>
</div>
<!-- 模态框结尾 -->
<script src="/membermg/js/index.js"></script>
</body>
</html>
```

2. JavaScript 代码

JavaScript 使用 jQuery 框架的$.getJSON 方法来实现 Ajax，从而获取后台 API 返回的 JSON 格式的数据。

```
$(document).ready(function(){
    // 在这里写你的代码...
    var currentpage=0;
    getData();
    function getData(){
        $.getJSON("/membermg/member/showall/"+currentpage+"/10", function(json){
            console.log("***********1****"+currentpage);
            var contentdata=json.content;
            $("#databody").empty();
            for(var i=0;i<contentdata.length;i++){
                $("#databody").append(" <tr>");
                $("#databody").append(" <input type='radio' name='radioselect'
value= '"+contentdata[i].id+"'>");
                $("#databody").append(" <td>"+contentdata[i].id+"</td>");
                $("#databody").append(" <td>"+contentdata[i].name+"</td>");
                $("#databody").append(" <td>"+contentdata[i].phone+"</td>");
                $("#databody").append(" <td>"+contentdata[i].sex+"</td>");
                $("#databody").append(" <td>"+contentdata[i].age+"</td>");
                $("#databody").append(" <td>"+contentdata[i].level+"</td>");
                $("#databody").append(" <td>"+contentdata[i].createTime+"</td>");
                $("#databody").append(" <td>"+contentdata[i].carNum+"</td>");
                $("#databody").append(" </tr>");
            }
            //动态设置分页
            var totalPagesnumber=json.totalPages;
            $(".pagination").empty();
            $(".pagination").append('<li class=""><a class="page-link" href="#"
id="firstpage">首页</a></li>');
            $(".pagination").append('<li class=""><a class="page-link" href="#"
id="previosepage">上一页</a></li>');
            for(var j=0;j<totalPagesnumber;j++){
```

```
            $(".pagination").append(' <li class="page-item"
id="pageno'+j+'"><a class="page-link" href="#">'+(j+1)+'</a></li>');
            }
            $(".pagination").append(' <li class=""><a class="page-link"
href="#" id="nextpage">下一页</a></li>');
            //把当前页颜色变成蓝色
            $(".page-item").removeClass("active");
            $("#pageno"+currentpage).addClass("active");
            $(".page-item").click(function(){
                var idval=this.id;
                currentpage=idval.substr(6);
                getData();
            })
            //下一页
            $("#nextpage").click(function(){
                var  curr= new Number(currentpage);
                currentpage=curr+1;
                getData();
            })
            //上一页
            $("#previosepage").click(function(){
                var  curr= new Number(currentpage);
                currentpage=curr-1;
                getData();
            })
            //首页
            $("#firstpage").click(function(){
                currentpage=0;
                getData();
            })
        });
    }
    // $.get("/membermg/member/showall/"+0+"/"+10, function(data){
    //     console.log(data)
    // });
    $("#smbbtn").click(function(){
        $("#addform").submit();
    });
    $("#updatebtn").click(function(){
        var selectedId=$("input[name='radioselect']:checked").val();
        console.log("被选中的记录--",selectedId);
        var selName=$("input[name='radioselect']:checked").next().next().text();
        var selPhone=$("input[name='radioselect']:checked")  .next().next().
next().text();
        console.log("被选中的记录--",selName+selPhone);
        $("input[name='name']").val(selName);
```

```
            $("input[name='phone']").val(selPhone);
            $("input[name='id']").val(selectedId);
            $("#addform").attr('action',"/membermg/index/update");
            // $("#addform").action="/membermg/index/update";
            $('#myModal').modal('show')
        });
        $("#addbtn").click(function(){
            $("input[name='name']").val("");
            $("input[name='phone']").val("");
            $('#myModal').modal('show')
        });
    });
```

6.3.5　通过 JPA 创建数据库表

　　注解@Entity 放在类的上面，表示这个类是实体类，默认情况下，JPA 会自动在数据库中创建一个跟类名一样的表。这里在@Entity 后面设置了 name="tb_member"，表示数据表的名字需要和 name 属性指定的名字一样。

```
package com.zz.entity;
import com.fasterxml.jackson.annotation.JsonIgnore;
import lombok.Data;
import org.hibernate.annotations.DynamicUpdate;
import javax.persistence.*;
/**
 * @Description: 会员
 * @Author: Bsea
 * @CreateDate: 2019/9/25$ 20:16$
 */
@Entity(name="tb_member")
@Data
@DynamicUpdate
public class Member {
    /**
     * 主键
     */
    @Id
    @Column(length=50)
    private String id;
    /**
     * 会员名字
     */
    private String name;
    /**
     * 性别
```

6

SSH&Swagger 会员管理系统实战

```
    */
    private String sex;
    /**
     * 年龄
     */
    private int age;
    /**
     *  等级
     */
    private int level;
    /**
     * 状态
     */
    private int status;
    /**
     * 持有汽车数量
     */
    private int carNum;
    /**
     * 创建会员时间
     */
    private String createTime;
    /**
     * 电话
     */
    private int phone;
}
```

6.3.6 Service 层开发

Service 层的类一定要在类上添加@Service 注解，表示 Service 层同时把创建 Service 对象的控制权交给 Spring。

下面是会员管理的 Service 层代码，实现了对会员的增删改查操作。

```
package com.zz.service;/**
 * @Description: 描述
 * @Author: Bsea
 * @CreateDate: ${Date}
 */
import com.zz.entity.Member;
import com.zz.repository.MemberRepository;
import com.zz.util.KeyUtil;
import org.springframework.data.domain.Page;
import org.springframework.data.domain.PageRequest;
import org.springframework.data.domain.Pageable;
import org.springframework.data.domain.Sort;
```

```java
import org.springframework.stereotype.Service;
import org.springframework.transaction.annotation.Transactional;
import javax.annotation.Resource;
import java.text.SimpleDateFormat;
import java.util.Date;
@Service
public class MemberService {
    @Resource
    MemberRepository memberRepository;
    /**
     * 添加会员
     *
     */
    public Member add(Member member){
        String key= KeyUtil.genUniqueKey();
        member.setId(key);
        SimpleDateFormat format=new SimpleDateFormat("yyyy-MM-dd");
        member.setCreateTime(format.format(new Date()));
        return memberRepository.save(member);
    }
    /**
     * 修改会员
     *
     */
    @Transactional(rollbackFor = Exception.class)
    public int update(Member member){
        return memberRepository.update(member);
    }
    /**
     * 删除会员
     *
     */
    public void remove(String id){
        memberRepository.deleteById(id);
    }
    /**
     * 查询会员
     *
     */
    public Page<Member> showall( int page, int size){
        /**
         * Sort.Direction.DESC 表示从大到小
         * Sort.Direction.ASC 表示从小到大
         */
        Sort sort=new Sort(Sort.Direction.DESC,"createTime");
        Pageable pageable= PageRequest.of(page,size,sort);
        return memberRepository.findAll(pageable);
    }
```

```
    /**
     * 根据名字查询会员
     *
     */
    public Member showByName( String name){
        return memberRepository.findByName(name);
    }
}
```

6.3.7 Controller 层开发

Controller 层中包含了 API 的代码，前端页面请求就是执行 Controller 类中的方法。

本项目代码中 Controller class 上面配置了三个注解，下面分别对这三个注解的作用进行说明。

- @Api(value = "会员控制器") 是 Swagger 的注解，设置了文档中 API 类的名字。
- @RestController 是 Spring Boot 的注解，表示这个类是控制器，并且返回的是 JSON 格式数据。
- @RequestMapping("member")是 Spring Boot 的注解，可以放在类上面，也可以放在方法的上面。放在方法的上面表示这个方法的拦截路径，这里将@RequestMapping("member")放在类的上面，表示在类下面使用方法的拦截路径前面都必须加上"/member/"。

```
package com.zz.controller;/**
 * @Description: 描述
 * @Author: Bsea
 * @CreateDate: ${Date}
 */
import com.zz.config.DataValidationException;
import com.zz.entity.Member;
import com.zz.form.MemberForm;
import com.zz.service.MemberService;
import com.zz.util.FormUtil;
import com.zz.util.ResultVOUtil;
import com.zz.vo.ResultVO;
import io.swagger.annotations.Api;
import io.swagger.annotations.ApiImplicitParam;
import io.swagger.annotations.ApiImplicitParams;
import io.swagger.annotations.ApiOperation;
import org.springframework.beans.BeanUtils;
import org.springframework.data.domain.Page;
import org.springframework.validation.BindingResult;
import org.springframework.web.bind.annotation.*;
import javax.annotation.Resource;
import javax.validation.Valid;
/**
 * @Description: java 类作用描述
 * @Author: Bsea
 * @CreateDate: 2019/10/13$ 11:22$
```

```
*/
@Api(value = "会员控制器")
@RestController
@RequestMapping("member")
public class MemberController {
    @Resource
    MemberService memberService;
    @ApiOperation(value = "查看会员", notes = "查看所有会员")
    @ApiImplicitParams({
            @ApiImplicitParam(name = "page", value = "开始页 0 开始", required =
true, dataType = "int",paramType = "path"),
            @ApiImplicitParam(name = "size", value = "每页显示数量", required =
true, dataType = "int",paramType = "path"),
    })
    @GetMapping("showall/{page}/{size}")
    public Page<Member>  showAll(@PathVariable("page") int page,
@PathVariable("size") int size){
        FormUtil.filterBean();
        return memberService.showall(page,size);
    }
    @ApiOperation(value = "查看会员", notes = "根据名字查找会员")
    @ApiImplicitParam(name = "name", value = "会员名字", required = true,
dataType = "String",paramType = "path")
    @GetMapping("show/{name}")
    public Member  showByName(@PathVariable("name") String name){
        return memberService.showByName(name);
    }
    @ApiOperation(value = "添加会员", notes = "根据名字查找会员")
    @ApiImplicitParam(name = "name", value = "会员名字", required = true,
dataType = "String",paramType = "path")
    @PostMapping("add")
    public Member  add(@Valid MemberForm member, BindingResult
bindingResult){
        System.out.println(member);
        if(bindingResult.hasErrors()){
            throw new DataValidationException(bindingResult.getFieldError().
getDefaultMessage());
        }
        Member member1=new Member();
        BeanUtils.copyProperties(member,member1);
        return memberService.add(member1);
    }
}
```

项目启动成功以后，就可以访问 Swagger 的 API 文档了，如图 6.2 所示。

Swagger 的访问路径为 http://localhost:9082/membermg/swagger-ui.html。

图 6.2　Swagger API 文档

展开每个 API 接口都可以看到 API 接口的作用、请求参数类型和发送及返回值的格式等信息。例如，根据名字查看会员信息接口，可以直接在 Swagger 文档中输入测试的会员名字，如图 6.3 所示。

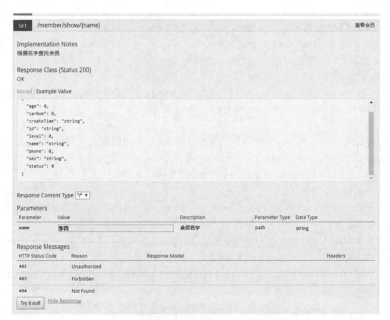

图 6.3　查看会员接口

然后单击"Try it out!"按钮，Swagger 会真实地执行这个 API 接口，Controller 收到请求后通过 Service 获取到数据库中的数据，将 JSON 格式的结果返回给前端，Swagger 会解析返回值并显示在 API 文档页面中，如图 6.4 所示。

Curl

curl -X GET --header 'Accept: application/json' 'http://localhost:9082/memberng/member/show/%E6%9C%8E%E5%98%98'

Request URL

http://localhost:9082/memberng/member/show/%E6%9C%8E%E5%98%98

Request Headers

{
  "Accept": "*/*"
}

Response Body

{
  "id": "157428548483120769",
  "name": "手百",
  "sex": "女",
  "age": 0,
  "level": 0,
  "status": 0,
  "carNum": 0,
  "createTime": "2019-11-21",
  "phone": 1234
}

Response Code

200

Response Headers

{
  "content-type": "application/json;charset=UTF-8",
  "date": "Wed, 20 Nov 2019 22:41:12 GMT",
  "transfer-encoding": "chunked"
}

图 6.4　API 测试结果

6.3.8　测试

单击"添加"按钮，弹出 Bootstrap 的模态框，输入会员的姓名、手机号码、性别，如图 6.5 和图 6.6 所示。

图 6.5　添加会员

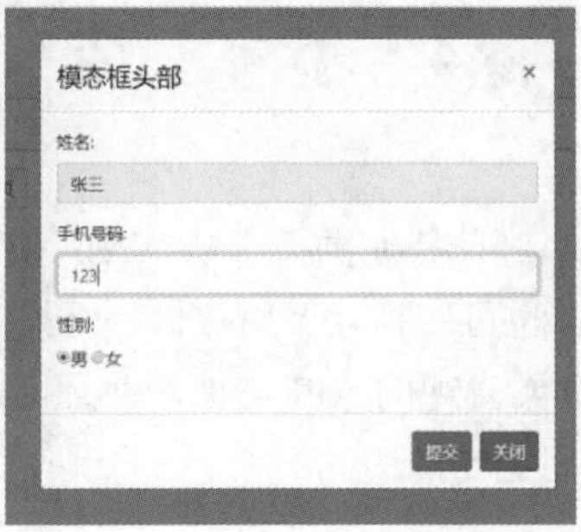

图 6.6　输入数据

单击"提交"按钮，系统自动关闭模态框，在主页的表格中会显示刚刚添加的新数据，如果数据过多，系统会分页显示，如图6.7所示。

选择其中一条会员数据，然后单击"修改"按钮，弹出模态框，原有的数据会默认显示在输入框中，如图6.8所示。

图6.7 主页显示会员信息   图6.8 修改页面默认值

通过页面修改姓名、手机号码和性别，如图6.9所示。

单击"提交"按钮，更新后的数据会显示在主页中，如图6.10所示。

图6.9 修改页面输入新的数据   图6.10 主页显示修改后的数据

6.4 小 结

REST 本身并没有创造新的技术，只是提供了一些 Web 接口的规则。RESTful 接口都是通过 HTTP 访问的，所以不同的开发语言也可以相互调用接口。开发者们都默认遵守 REST 的规则提供和消费 API 接口。Swagger 提供了非常直观的 API 文档，并且可以直接在 API 文档上对 API 进行测试，极大地方便了 API 提供者和使用者的沟通。

第 7 章

Spring Boot 订单管理系统实战

本项目涉及 Spring Boot 框架、JPA 和 MySQL 数据库，前端页面使用了一套 Bootstrap 4 的页面模板。用户管理的相关内容会在其他章节讲解，本章主要关注订单部分。

本项目包含如下功能：

- 创建订单。
- 订单列表。
- 取消订单。
- 查看订单详情。

从本案例中，读者可以学习到如下知识：

- 整个工程如何分层处理。
- 使用 beanUtils 如何实现数据拷贝。
- Spring Boot 全局异常处理。
- 如何从零开始构建一个 SSH 项目。
- Lombok 插件让代码更加整洁，@Data 注解在实体类上，可以省略 get 和 set 方法。

7.1 项 目 设 计

前后端分离是目前比较流行的开发方式，前端团队负责页面的开发，后端团队提供需要的 RESTful API 接口。所以在开始编程前，需要确定每个 API 的请求和返回 JSON 格式。

（1）项目整体流程如图 7.1 所示。

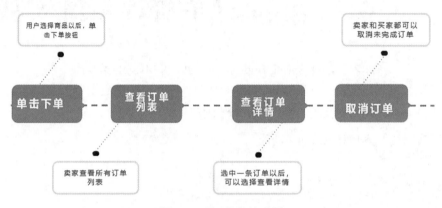

图 7.1 项目流程演示图

（2）下单页面如图 7.2 所示。

（3）订单详情和取消订单页面如图 7.3 所示。

图 7.2 下单页面

图 7.3 订单详情和取消订单页面

（4）卖家订单列表页面如图 7.4 所示。

（5）工程代码结构如图 7.5 所示。

图 7.4　订单列表页面

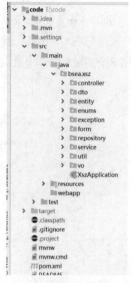

图 7.5　工程代码结构图

7.1.1　创建订单 API

- 功能介绍：用户单击"下单"按钮时，需要执行创建订单接口，数据库会在订单主表和订单详情表中都插入数据。
- URL：POST /shop/order/add。
- 接口说明：前端只是传入产品的 id 和购买数量，产品的价钱应该在后台从数据库中获取，订单总价也是在后台计算。这样设计的好处是可以防止别人篡改产品的价钱，加强系统安全。接口的使用时序图如图 7.6 所示。

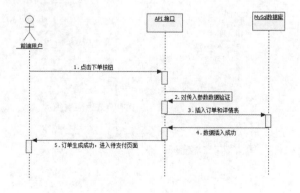

图 7.6　创建订单时序图

7.1.2   订单列表 API

● 功能介绍：卖家端，单击查看订单，第一个页面需要显示所有订单列表。

● URL：GET /order/list/{uid}/{page}/{limit}。

● 接口说明：本接口支持了分页功能，page 表示第几页，limit 表示一页显示几行数据。

根据 RESTful 的接口规范，对于查询数据可以采用 GET 接口，接口的使用时序图如图 7.7 所示。

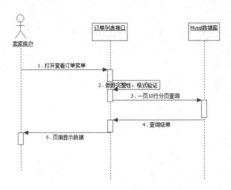

图 7.7   订单列表使用时序图

7.1.3   订单详情 API

● 功能介绍：卖家端，单击查看订单，第一个页面需要显示所有订单列表。卖家可以单击任意一条订单查看订单的详情。

● URL：GET /order/get/{orderDetailId}/detail。

● 接口说明：根据 RESTful 的接口规范，对于查询数据可以采用 GET 接口，接口的使用时序图如图 7.8 所示。

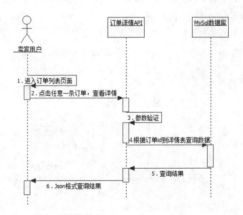

图 7.8   订单详情使用时序图

7.1.4 取消订单 API

- 功能介绍：如果订单还没有完成，买家和卖家都可以取消订单。
- URL：POST /order/cancelOrder。
- 接口说明：根据 RESTful 的接口规范，对于修改数据，可以采用 POST 接口，接口的使用时序如图 7.9 所示。

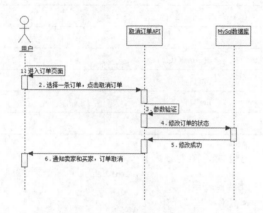

图 7.9 取消订单使用时序图

7.2 数据库设计

在进行数据库的设计时，一般来说一个对象就对应创建一张表。从角色来说，本项目需要有卖家和买家两个角色，这两个角色主要是通过订单来联系。买家生成订单，卖家查看订单。用户和角色表会直接使用第 2 章用户管理系统中的表，订单相关的表需要新建。

7.2.1 表关系

需要用到两张表，订单表 tb_shop_order 和订单详情表 tb_shop_order_detail，两个表之间是一（订单表）对多（订单详情表）的关系。

7.2.2 建表语句

下面是两个表的设计和创建 SQL 语句，提供订单表 tb_shop_order 的字段说明作为参考，如表 7.1 所示。

表7.1　订单表 tb_shop_order

字 段 名 字	数 据 类 型	是否为 null	注　　释
order_id	varchar(50)	否	订单
customer_address	varchar(255)	是	买家地址
customer_name	varchar(50)	是	买家名字
shop_id	varchar(50)	是	商户 id
customer_phone	varchar(20)	是	买家手机号
pay_type	int(11)	是	支付方式
order_amount	decimal(19,2)	是	订单总金额
status	int(11)	是	订单状态
pay_status	int(11)	是	支付状态
update_time	datetime	是	修改时间

提供订单表创建语句的完整代码作为参考：

```
CREATE TABLE `tb_shop_order` (
  `order_id` varchar(50) NOT NULL,
  `create_by_id` varchar(255) DEFAULT NULL,
  `create_time` datetime DEFAULT NULL,
  `customer_address` varchar(255) DEFAULT NULL,
  `customer_id` varchar(50) DEFAULT NULL,
  `customer_name` varchar(50) DEFAULT NULL,
  `customer_openid` varchar(255) DEFAULT NULL,
  `customer_phone` varchar(20) DEFAULT NULL,
  `order_amount` decimal(19,2) DEFAULT NULL,
  `order_isprint` int(11) DEFAULT NULL,
  `order_remarks` varchar(255) DEFAULT NULL,
  `pay_status` int(11) DEFAULT NULL,
  `pay_type` int(11) DEFAULT NULL,
  `shop_id` varchar(50) DEFAULT NULL,
  `status` int(11) DEFAULT NULL,
  `update_time` datetime DEFAULT NULL,
  PRIMARY KEY (`order_id`)
) ENGINE=MyISAM DEFAULT CHARSET=utf8
```

提供订单详情表创建语句的完整代码作为参考：

```
CREATE TABLE `tb_shop_order_detail` (
  `id` int(11) NOT NULL AUTO_INCREMENT,
  `account` int(11) DEFAULT NULL,
  `imgageurl` varchar(255) DEFAULT NULL,
  `product_id` varchar(255) DEFAULT NULL,
  `product_name` varchar(255) DEFAULT NULL,
  `product_price` decimal(19,2) DEFAULT NULL,
```

```
`shop_order_id` varchar(255) DEFAULT NULL,
PRIMARY KEY (`id`)
) ENGINE=MyISAM AUTO_INCREMENT=20 DEFAULT CHARSET=utf8
```

7.3 工 程 搭 建

首先需要安装 JDK 1.8、IDEA 2019 和 MySQL 数据库到自己的计算机中，一般 IDEA 2019 自带了 Maven，Lombok 插件需要在 IDEA 的插件市场安装。整个工程搭建需要的工具和步骤与第 3 章案例的工程搭建相同，读者可以进行参考安装。

7.3.1 创建 Maven 工程

Maven 可以帮助我们下载和管理 jar 包，Spring Boot 框架会涉及许多 jar 包，可以通过 Maven 配置文件上添加 jar 包的描述，下载这些 jar 包。

使用 IDEA 创建 Maven 项目时，可以选择 Spring Initializr，IDEA 会自动把 Spring Boot 需要的 jar 包配置好。但有时会有冲突和一些不必要的配置，所以建议读者创建一个空白的 Maven 项目，手动配置需要的 jar 包。

（1）打开 IDEA，单击 File→New→Project，在 New Project 对话框中选择 Maven 选项，创建一个空白的 Maven 工程，如图 7.10 所示。

（2）输入 GroupId 和 ArtifactId 的信息，Maven 工程图如图 7.11 所示。

图 7.10 创建空白 Maven 工程

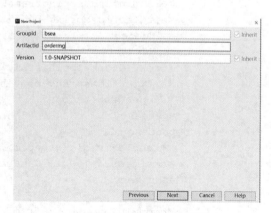

图 7.11 Maven 工程图

7.3.2　添加依赖

通过 Maven 的 POM 文件配置需要的 jar 包，Spring Boot 项目通过在 POM 文件中配置<parent>来设置 Spring Boot 的版本号。<dependencies>是每个 jar 包的信息，<repository>中配置了一个阿里的仓库地址，这样的好处是：Maven 下载 jar 包时会去国内的阿里仓库中下载，加快下载速度。提供完整代码作为参考：

```xml
<?xml version="1.0" encoding="UTF-8"?>
<project xmlns="http://maven.apache.org/POM/4.0.0"
        xmlns:xsi="http://www.w3.org/2001/XMLSchema-instance"
        xsi:schemaLocation="http://maven.apache.org/POM/4.0.0
http://maven.apache.org /xsd/maven-4.0.0.xsd">
    <modelVersion>4.0.0</modelVersion>
    <groupId>zz</groupId>
    <artifactId>shopcore7</artifactId>
    <version>1.0-SNAPSHOT</version>
    <packaging>jar</packaging>
    <parent>
        <groupId>org.springframework.boot</groupId>
        <artifactId>spring-boot-starter-parent</artifactId>
        <version>2.1.1.RELEASE</version>
        <relativePath/> <!-- lookup parent from repository -->
    </parent>
    <properties>
        <project.build.sourceEncoding>UTF-8</project.build.sourceEncoding>
        <project.reporting.outputEncoding>UTF-8</project.reporting.
outputEncoding>
        <java.version>1.8</java.version>
    </properties>
    <dependencies>
        <dependency>
            <groupId>org.springframework.boot</groupId>
            <artifactId>spring-boot-starter-web</artifactId>
        </dependency>
        <dependency>
            <groupId>org.springframework.boot</groupId>
            <artifactId>spring-boot-starter-test</artifactId>
            <scope>test</scope>
        </dependency>
        <dependency>
            <groupId>mysql</groupId>
            <artifactId>mysql-connector-java</artifactId>
        </dependency>
        <dependency>
            <groupId>org.springframework.boot</groupId>
```

```
        <artifactId>spring-boot-starter-data-jpa</artifactId>
</dependency>
<dependency>
        <groupId>org.projectlombok</groupId>
        <artifactId>lombok</artifactId>
</dependency>
<dependency>
        <groupId>com.google.code.gson</groupId>
        <artifactId>gson</artifactId>
</dependency>
<dependency>
        <groupId>com.github.binarywang</groupId>
        <artifactId>weixin-java-mp</artifactId>
        <version>2.7.0</version>
</dependency>
<dependency>
        <groupId>cn.springboot</groupId>
        <artifactId>best-pay-sdk</artifactId>
        <version>1.1.0</version>
</dependency>
<dependency>
        <groupId>org.springframework.boot</groupId>
        <artifactId>spring-boot-starter-freemarker</artifactId>
</dependency>
<dependency>
        <groupId>org.springframework.boot</groupId>
        <artifactId>spring-boot-starter-data-redis</artifactId>
</dependency>
<dependency>
        <groupId>org.springframework.boot</groupId>
        <artifactId>spring-boot-starter-websocket</artifactId>
</dependency>
<dependency>
        <groupId>org.mybatis.spring.boot</groupId>
        <artifactId>mybatis-spring-boot-starter</artifactId>
        <version>1.2.0</version>
</dependency>
<dependency>
        <groupId>com.upyun</groupId>
        <artifactId>java-sdk</artifactId>
        <version>4.0.1</version>
</dependency>
<!-- swagger2 需要两个包 swagger 的作用是自动生成 api 文档-->
<dependency>
        <groupId>io.springfox</groupId>
        <artifactId>springfox-swagger2</artifactId>
```

```
            <version>2.6.1</version>
        </dependency>
        <dependency>
            <groupId>io.springfox</groupId>
            <artifactId>springfox-swagger-ui</artifactId>
            <version>2.6.1</version>
        </dependency>
    </dependencies>
    <build>
        <finalName>ordercore</finalName>
        <plugins>
            <plugin>
                <groupId>org.springframework.boot</groupId>
                <artifactId>spring-boot-maven-plugin</artifactId>
            </plugin>
        </plugins>
    </build>
</project>
```

7.3.3 创建 Spring Boot 配置文件

通过 server.context-path 配置项目名字 spring.jpa.show-sql=true，工程运行以后，会把数据库中的内容打印到控制台，spring.jpa.hibernate.ddl-auto=update 表示如果数据表或者字段存在就不影响，如果没有就在数据库中创建。提供完整代码作为参考：

```
\resources\application.properties
spring.datasource.url = jdbc:mysql://localhost:3306/jeeplus_ani_big?useUnicode
=true&characterEncoding=utf8
spring.datasource.username = root
spring.datasource.password =
spring.datasource.driverClassName = com.mysql.jdbc.Driver
spring.jpa.database = MYSQL
spring.jpa.show-sql = true
spring.jpa.hibernate.ddl-auto = update
server.port=8080
server.context-path=/ordermg
```

7.3.4 创建启动类

普通的 Spring Boot 工程启动类没有什么特殊设置。在本地测试的时候，直接执行这个启动类的 main 方法就可以启动整个工程。提供完整代码作为参考：

```
package bsea.xsz;
import org.springframework.boot.SpringApplication;
import org.springframework.boot.autoconfigure.SpringBootApplication;
```

```
import org.springframework.boot.builder.SpringApplicationBuilder;
import org.springframework.boot.web.servlet.ServletComponentScan;
import org.springframework.boot.web.support.SpringBootServletInitializer;
import org.springframework.data.jpa.repository.config.EnableJpaAuditing;
@SpringBootApplication
@ServletComponentScan   //如果使用过滤器，必须添加这个注解
@EnableJpaAuditing       //用户插入数据时，默认插入系统时间
public class XszApplication extends SpringBootServletInitializer {
    @Override
    protected SpringApplicationBuilder configure(SpringApplicationBuilder
application) {
        return application.sources(XszApplication.class);
    }
    public static void main(String[] args) {
        SpringApplication.run(XszApplication.class, args);
    }
}
```

7.4 前端代码实现

前端页面的实现使用的是一套 Bootstrap 4 的后台模板，然后根据项目功能的需要修改页面。模板效果如图 7.12 所示。

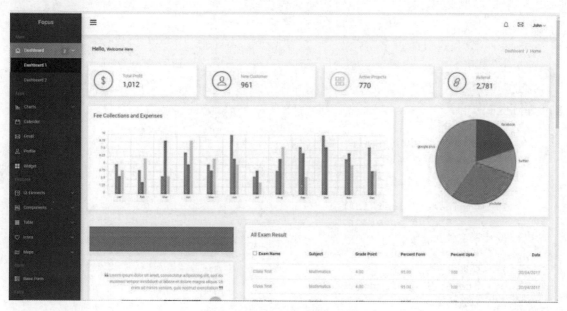

图 7.12 Bootstrap 4 后台模板

7.5 通过 JPA 创建数据库表

Hibernate 是对象关系映射（ORM），完成 Java 实体类的编写以后会自动创建数据表，通过 @Entity 注解来表示该类是一个实体类，对应数据库中的一张表。

7.5.1 实体类 ShopOrder

订单的主表用来存储订单主要信息，如总价、买家信息、商户信息等。提供完整代码作为参考：

```java
package com.zz.entity;
import com.zz.enums.OrderStatusEnum;
import lombok.Data;
import lombok.Getter;
import lombok.Setter;
import org.hibernate.annotations.DynamicUpdate;
import javax.persistence.*;
import java.math.BigDecimal;
import java.util.Date;
import java.util.HashSet;
import java.util.Set;

/**
 * Created by Bsea
 * 2019-06-11 17:08
 * 订单主实体
 */
@Data
@Entity
@DynamicUpdate
@Table(name="tb_shop_order")
public class ShopOrder {
    /** 订单id. */
    @Id
    @Column(name="order_id")
    private String orderId;
    /** 顾客名字. */
    private String customerName;
    /** 顾客手机号. */
    private String customerPhone;
    /** 顾客地址. */
    private String customerAddress;
    /** 顾客微信 Openid. */
```

```
    private String customerOpenid;
    /** 顾客id. */
    private String customerId;
    /** 商铺id. */
    private String shopId;
    /** 创建订单人. */
    private String createById;
    /** 订单总金额. */
    private BigDecimal orderAmount;
    /** 订单状态，默认为0新下单. */
    private Integer status = OrderStatusEnum.NEW.getCode();
    /** 支付状态，默认为0未支付. */
    private Integer payStatus =0;
    /** 支付类型，默认为0微信支付. */
    private Integer payType = 0;
    /** 创建时间. */
    private Date createTime;
    /** 更新时间. */
    private Date updateTime;
    /** 订单备注. */
    private String orderRemarks;
    /** 小票状态，默认为0未打印. */
    private Integer orderIsprint =0;
}
```

7.5.2 实体类 ShopOrderDetail

订单详情表ShopOrderDetail，一个订单可能会有多个商品，一个商品对应一条详情表的记录。所以一条订单主表的记录，可能包含多条详情表的记录。提供完整代码作为参考：

```
package com.zz.entity;
import com.fasterxml.jackson.annotation.JsonIgnore;
import lombok.Data;
import javax.persistence.*;
import java.math.BigDecimal;
/**
 *  * 在one-to-many双向关联中，多的一方为关系维护端，关系维护端负责外键记录的更新
 *  * 关系被维护端是没有权力更新外键记录的
 * Created by Bsea
 * 2019-06-11 17:20
 * 订单详情实体
 */
@Entity
@Table(name="tb_shop_order_detail")
@Data
public class ShopOrderDetail {
```

```
    @Id
    @GeneratedValue(strategy = GenerationType.IDENTITY)
    private Integer  id;
    /** 商品 id. */
    private String productId;
    /** 商品名称. */
    private String productName;
    /** 商品单价. */
    private BigDecimal productPrice;
    /** 商品数量. */
    private Integer account;
    /** 商品小图. */
    private String imgageurl;
    /** 主订单记录. */
    private String ShopOrderId;
}
```

7.6　Service 层开发

在 Service 层中，使用了 Java 8 的新特性 forEach 来遍历订单中的多个订单详情对象集合，并且是在 forEach 中完成订单详情的保存操作。使用工具类 BeanUtils.copyProperties（原始对象，目标对象）把订单的 DTO 对象的属性值复制到订单对象中，这个工具方法可以实现将原始对象中的值直接复制到目标对象的相同属性上。

```
package com.zz.service;
import com.zz.dto.ShopOrderDTO;
import com.zz.entity.ShopOrder;
import com.zz.entity.ShopOrderDetail;
import com.zz.repository.ShopOrderDetailRespository;
import com.zz.repository.ShopOrderRespository;
import com.zz.util.KeyUtil;
import org.springframework.beans.BeanUtils;
import org.springframework.data.domain.Page;
import org.springframework.data.domain.PageRequest;
import org.springframework.data.domain.Pageable;
import org.springframework.stereotype.Service;
import javax.annotation.Resource;
import java.math.BigDecimal;
import java.util.Date;
import java.util.stream.Collectors;
@Service
public class ShopOrderService {
```

```
@Resource
ShopOrderRespository shopOrderRespository;
@Resource
ShopOrderDetailRespository detailRespository;
public Page<ShopOrder> getList(String userId,String startpage,String limit){
    Pageable pageable = PageRequest.of(Integer.parseInt(startpage),
Integer.parseInt(limit));
    Page<ShopOrder> shopOrders=shopOrderRespository.findByCustomerId(userId,
pageable);
    return shopOrders;
}
public ShopOrder add(ShopOrderDTO shopOrderDTO){
    String primaryId=KeyUtil.genUniqueKey();
    ShopOrder shopOrder=new ShopOrder();
    BeanUtils.copyProperties(shopOrderDTO, shopOrder);
    shopOrder.setOrderId(primaryId);
    shopOrder.setUpdateTime(new Date());
    shopOrder.setCreateTime(new Date());
    BigDecimal totalamt=shopOrderDTO.getShopOrderDetailSet().stream().map
(e->e.getProductPrice().multiply(new BigDecimal(e.getAccount()))).reduce
(BigDecimal.ZERO, BigDecimal::add);
    shopOrder.setOrderAmount(totalamt);
    shopOrderDTO.getShopOrderDetailSet().forEach(e->{
        e.setShopOrderId(primaryId);
        detailRespository.save(e);
    });
    return shopOrderRespository.save(shopOrder);
}
public ShopOrderDetail getOrderDetail(String detaild){
    return detailRespository.findById(Integer.parseInt(detaild)).get();
}
public ShopOrder updateOrder(ShopOrder shopOrder){
    return shopOrderRespository.save(shopOrder);
}
}
```

7.7　Controller 层开发

控制层中包含了 API 的代码，前端页面请求就是执行 Controller 类中的方法。

本项目代码在 Controller 类上面配置了四个注解，下面分别对这四个注解的作用进行说明。

● @Api(value = "订单控制器") 是 Swagger 的注解，设置了文档中 API 类的名字。

● @RestController 是 Spring Boot 的注解，表示这个类是控制器，并且返回的是 JSON 格式数据。

- @RequestMapping("/order")是 Spring Boot 的注解，可以放在类上面，也可以放在方法的上面。放在方法的上面表示这个方法的拦截路径。这里将@RequestMapping("/order")放在 class 上面，表示类下面使用方法的拦截路径前面都必须加上 "/order/"。
- @RequestBody 表示这个 API 接受的参数格式必须是 JSON。

```
package com.zz.controller;
import com.zz.dto.CancelShopOrderDTO;
import com.zz.dto.ShopOrderDTO;
import com.zz.entity.ShopOrder;
import com.zz.entity.ShopOrderDetail;
import com.zz.enums.OrderStatusEnum;
import com.zz.enums.ResultEnum;
import com.zz.exception.OrderException;
import com.zz.service.ShopOrderService;
import com.zz.util.ResultVOUtil;
import com.zz.vo.ResultVO;
import io.swagger.annotations.Api;
import io.swagger.annotations.ApiImplicitParam;
import io.swagger.annotations.ApiImplicitParams;
import io.swagger.annotations.ApiOperation;
import lombok.extern.slf4j.Slf4j;
import org.springframework.beans.BeanUtils;
import org.springframework.data.domain.Page;
import org.springframework.data.domain.PageRequest;
import org.springframework.util.StringUtils;
import org.springframework.web.bind.annotation.*;
import javax.annotation.Resource;
import java.util.HashMap;
import java.util.List;
import java.util.Map;
/**
 * Created by Bsea
 * 2019-06-18 23:27
 */
@Api(value = "订单控制器")
@RestController
@RequestMapping("/order")
@Slf4j
public class ShopOrderController {
    @Resource
    ShopOrderService shopOrderService;
    /** 订单列表. */
    @GetMapping("/list/{uid}/{page}/{limit}")
    @ApiOperation(value = "订单列表", notes = "分页订单列表")
    @ApiImplicitParams({
        @ApiImplicitParam(name = "uid", value = "用户 Id", required =
```

```
true, dataType = "String",paramType = "path"),
        @ApiImplicitParam(name = "page", value = "第几页", required =
true, dataType = "String" ,paramType = "path"),
        @ApiImplicitParam(name = "limit", value = "一页显示记录", required
= true, dataType = "String",paramType = "path")
    })
    public ResultVO<List<ShopOrder>> list(@PathVariable("uid") String
uid,@PathVariable ("page") String page,@PathVariable("limit") String limit) {
        Page<ShopOrder> ShopOrderPage = shopOrderService.getList( uid, page,
limit);
        return ResultVOUtil.success(ShopOrderPage);
    }
    /** 订单详情. */
    @GetMapping("/get/{orderDetailId}/detail")
    @ApiOperation(value = "订单详情", notes = "订单详情")
    @ApiImplicitParams({
        @ApiImplicitParam(name = "orderDetailId", value = "订单详情 ID",
required = true, dataType = "String",paramType = "path")
    })
    public ResultVO<List<ShopOrderDetail>>
getDetail(@PathVariable("orderDetailId") String orderDetailId) {
        return ResultVOUtil.success(shopOrderService.getOrderDetail
(orderDetailId));
    }
    /** 取消订单. */
    @PostMapping("/cancelOrder")
    @ApiOperation(value = "取消订单", notes = "取消订单")
    @ApiImplicitParam(name = "cancelShopOrderDTO", value = "订单实体",
required = true, dataType = "CancelShopOrderDTO")
    public ResultVO<List<ShopOrder>> canelOrder(@RequestBody
CancelShopOrderDTO cancelShopOrderDTO) {
        ShopOrder shopOrder=new ShopOrder();
        BeanUtils.copyProperties(cancelShopOrderDTO, shopOrder);
        return ResultVOUtil.success(shopOrderService.updateOrder(shopOrder));
    }
    /** 新增订单. */
    @ApiOperation(value = "创建订单", notes = "创建订单")
    @ApiImplicitParam(name = "order", value = "订单实体", required = true,
dataType = "ShopOrderDTO")
    @PostMapping("/add")
    public ResultVO<Map<String, String>> addUser(@RequestBody ShopOrderDTO
order) {
        ShopOrder createResult = shopOrderService.add(order);
        Map<String, String> map = new HashMap<>();
        map.put("orderId", createResult.getOrderId());
        return ResultVOUtil.success(map);
    }
```

7

Spring Boot 订单管理系统实战

· 221 ·

}

7.8 测　　试

本项目集成了 Swagger，可以使用 Swagger 生成的 API 文档来测试之前开发的各个接口。

在浏览器中输入地址 http://localhost:9081/shop/swagger-ui.html，可以看到如图 7.13 所示的 API 说明页面。

图 7.13　Swagger API 说明页面

7.8.1　创建订单

选择创建订单，然后输入之前提供的 JSON 字符串，单击"Try it out!"按钮就会执行创建订单的 API，如图 7.14 所示。

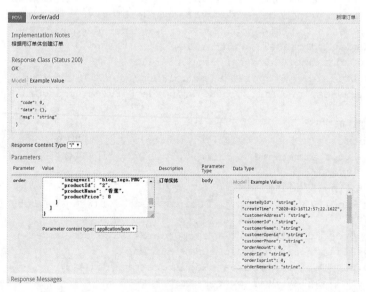

图 7.14　创建订单接口

创建订单的请求参数如下。

```
{
  "createById": "2",
  "customerAddress": "上海市浦东新区",
  "customerId": "2",
  "customerName": "李四",
  "customerOpenid": "112342",
  "customerPhone": "1772141188",
  "orderRemarks": "要甜的",
  "payType": 0,
  "shopId": "34535",
  "shopOrderDetailSet": [
    {
      "account": 6,
      "imgageurl": "blog_logo.PNG",
      "productId": "1",
      "productName": "苹果",
      "productPrice": 10
    },
    {
      "account": 2,
      "imgageurl": "blog_logo.PNG",
      "productId": "2",
      "productName": "香蕉",
      "productPrice": 8
    }
  ]
}
```

创建订单接口返回 JSON。

```
{
  "code": 0,
  "msg": "成功",
  "data": {
    "orderId": "158220746810320301"
  }
}
```

创建订单返回结果，如图 7.15 所示。

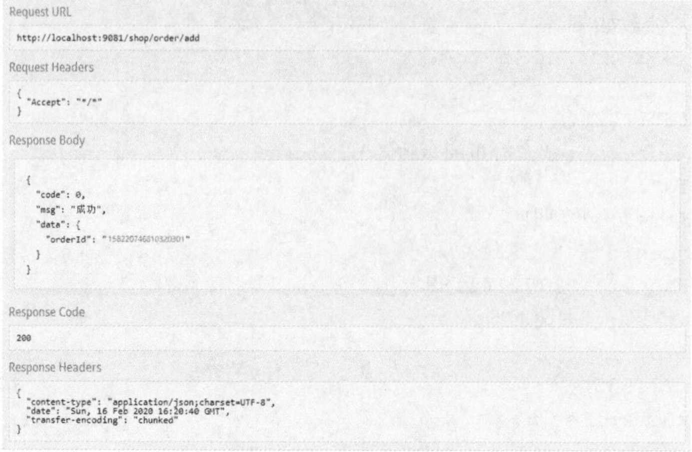

```
Request URL

  http://localhost:9081/shop/order/add

Request Headers

  {
    "Accept": "*/*"
  }

Response Body

  {
    "code": 0,
    "msg": "成功",
    "data": {
      "orderId": "1582207468103203001"
    }
  }

Response Code

  200

Response Headers

  {
    "content-type": "application/json;charset=UTF-8",
    "date": "Sun, 16 Feb 2020 16:20:40 GMT",
    "transfer-encoding": "chunked"
  }
```

图 7.15　创建订单返回值

订单接口创建完成以后，可以看到数据库中订单表和订单详情表中都已经插入了数据，如图 7.16 和图 7.17 所示。

图 7.16　订单表中的数据

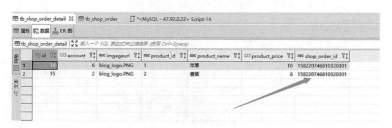

图 7.17　详情表中的数据

7.8.2　订单列表

订单列表的请求地址为 http://localhost:9081/shop/order/list/1/0/10。

1 表示用户的 id；0 表示第一页，这个地方需要注意页码是从 0 开始的；10 表示一页显示 10 行数据。订单列表请求页面如图 7.18 所示。

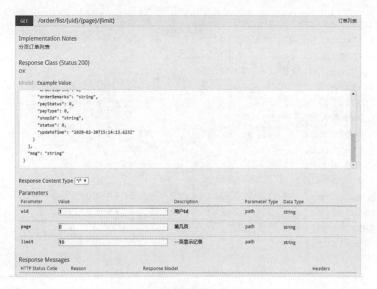

图 7.18　订单列表请求页面

订单列表接口返回 JSON 如下。

```json
{
  "code": 0,
  "msg": "成功",
  "data": {
    "content": [
      {
        "orderId": "158221018461344017",
        "customerName": "张三",
        "customerPhone": "1772141188",
        "customerAddress": "北京市海淀区",
        "customerOpenid": "112342",
        "customerId": "1",
        "shopId": "2222",
        "createById": "1",
        "orderAmount": 158,
        "status": 0,
        "payStatus": 0,
        "payType": 0,
        "createTime": "2020-02-20T14:49:45.000+0000",
        "updateTime": "2020-02-20T14:49:45.000+0000",
        "orderRemarks": "要酸的",
        "orderIsprint": 0
      },
      {
        "orderId": "158221019881673242",
```

```json
        "customerName": "张三",
        "customerPhone": "1772141188",
        "customerAddress": "北京市海淀区",
        "customerOpenid": "112342",
        "customerId": "1",
        "shopId": "2222",
        "createById": "1",
        "orderAmount": 158,
        "status": 0,
        "payStatus": 0,
        "payType": 0,
        "createTime": "2020-02-20T14:49:59.000+0000",
        "updateTime": "2020-02-20T14:49:59.000+0000",
        "orderRemarks": "要酸的",
        "orderIsprint": 0
      }
    ],
    "pageable": {
      "sort": {
        "sorted": false,
        "unsorted": true,
        "empty": true
      },
      "offset": 0,
      "pageSize": 10,
      "pageNumber": 0,
      "unpaged": false,
      "paged": true
    },
    "totalPages": 1,
    "totalElements": 2,
    "last": true,
    "number": 0,
    "size": 10,
    "numberOfElements": 2,
    "sort": {
      "sorted": false,
      "unsorted": true,
      "empty": true
    },
    "first": true,
    "empty": false
  }
}
```

订单列表接口的成功返回页如图 7.19 所示。

Response Body

```
{
    "code": 0,
    "msg": "成功",
    "data": {
        "content": [
            {
                "orderId": "158221018461344017",
                "customerName": "张三",
                "customerPhone": "1772141188",
                "customerAddress": "北京市海淀区",
                "customerOpenid": "112342",
                "customerId": "1",
                "shopId": "2222",
                "createById": "1",
                "orderAmount": 158,
                "status": 0,
                "payStatus": 0,
                "payType": 0,
                "createTime": "2020-02-20T14:49:45.000+0000",
                "updateTime": "2020-02-20T14:49:45.000+0000",
```

Response Code

200

Response Headers

```
{
    "content-type": "application/json;charset=UTF-8",
    "date": "Thu, 20 Feb 2020 15:14:45 GMT",
    "transfer-encoding": "chunked"
}
```

图 7.19　订单列表接口的成功返回页

7.8.3　订单详情

订单详情接口请求地址为 http://localhost:9081/shop/order/get/19/detail。

19 表示详情表中的数据主键 id，接口的请求页面如图 7.20 所示。

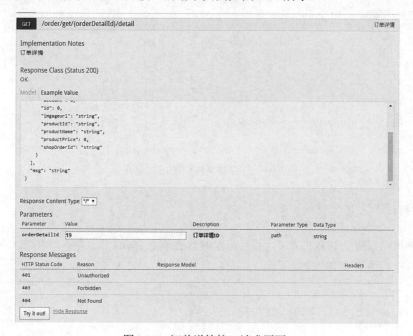

图 7.20　订单详情接口请求页面

订单详情接口返回的 JSON 如下。

```json
{
  "code": 0,
  "msg": "成功",
  "data": {
    "id": 19,
    "productId": "1",
    "productName": "葡萄",
    "productPrice": 23,
    "account": 6,
    "imgageurl": "blog_logo.PNG",
    "shopOrderId": "1582210198881673242"
  }
}
```

订单详情接口的成功返回页如图 7.21 所示。

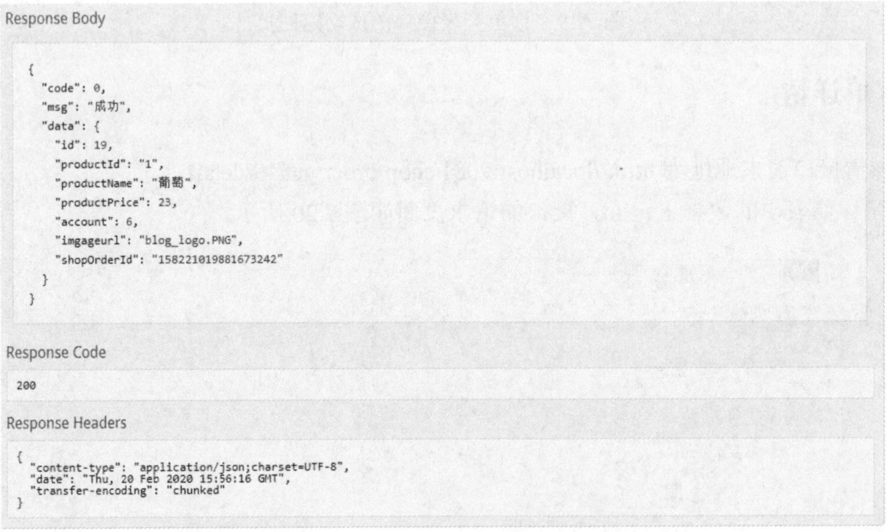

图 7.21　订单详情接口的成功返回页

7.8.4　取消订单

取消订单接口只接受 POST 请求，并且请求参数必须是 JSON 格式的，如图 7.22 所示。
取消订单接口的请求 JSON 如下。

```json
{
  "orderId": "1582207468810320301"
}
```

执行取消订单接口以后，可以在数据库中看到订单状态从 0 被改成了 2，如图 7.23 和图 7.24 所示。

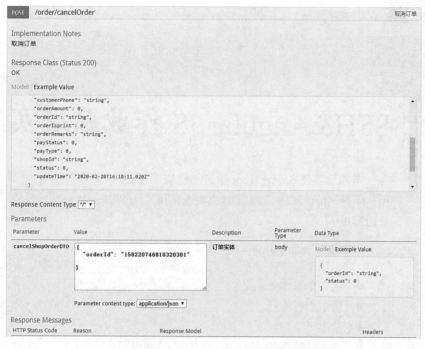

图 7.22　取消订单接口请求页

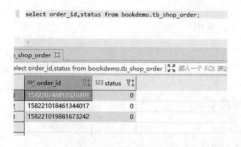

图 7.23　取消订单接口执行前订单状态是 0

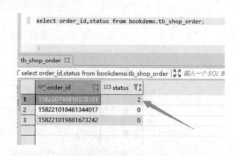

图 7.24　取消订单接口执行后订单状态是 2

7.9　小　　结

本章通过 4 个接口，展示了 Spring Boot 集成 JPA 和 Swagger 框架的开发流程。主要演示了从零开始搭建项目的框架和一些 Spring Boot 的常用注解的使用，如@RestController、@Resource、@Service、@PostMapping、@GetMapping 等，Lombok 插件的@Data 可以自动生成 get 和 set 方法。

第8章

SSH&Angular JS 作业系统实战

本项目涉及 Spring Boot 和 JPA 框架及 MySQL 数据库的使用，同时 Angular JS 前端页面的实现使用了一套 Bootstrap 4 的页面模板。

本项目包含如下功能：

- 老师布置作业。
- 学生查看作业。
- 学生提交作业。
- 老师批改作业。
- 学生提交作业情况统计图表。

从本案例中，读者可以学习到如下知识：

- 整个工程如何分层处理。
- Angular JS 的使用。
- 使用 beanUtils 如何实现数据拷贝。
- SpringBoot 全局异常处理。
- 如何从零开始构建一个 SSH 项目。
- Lombok 插件让代码更加整洁，@Data 注解在实体类上，可以省略 get 和 set 方法。

8.1　Angular JS 简介

扫一扫，看视频

Angular 有两个大的版本：1.x 和 2.x，这两个版本区别非常大。

版本 1.x 是 JavaScript 框架；版本 2.0 以上的是 TypeScript 框架。Angular JS 一般指的是 1.x 的 JavaScript 版本。Angular JS 主要通过指令增强了 HTML，可以很方便地开发单页面应用。

如表 8.1 所示列出了常用的 Angular JS 指令。

表 8.1　常用的 Angular JS 指令

指　　令	描　　述
ng-app	定义应用程序的根元素，设置作用范围
ng-model	双向绑定页面和数据
ng-controller	定义应用的控制器对象可以有多个
ng-click	定义元素被点击时执行的方法
ng-if	如果条件为 false，移除 HTML 元素
ng-show	显示或隐藏 HTML 元素
ng-repeat	定义遍历集合并且复制当前元素

8.2　作业系统实战

扫一扫，看视频

本项目采用前后端分离的方式，前端团队负责页面的开发，后端团队提供需要的 RESTful API 接口。所以在开始编程之前，需要确定每个 API 的请求和返回 JSON 格式。

前端采用 Angular JS，把后端数据与 HTML 视图绑定和页面事件进行响应。

8.2.1　项目设计

很多程序员都会到 LeetCode、牛客网等网站中刷题，尤其是准备面试的时候，这些刷题网站有许多的大公司面试原题。本项目主要功能也是刷题，项目中有两个角色：学生和老师。学生就是普通的用户，功能的用例如图 8.1 所示。

老师角色其实就是系统的管理员，只是在这个项目里面，老师还可以批改自己班级学生刷题的答案，功能的用例如图 8.2 所示。

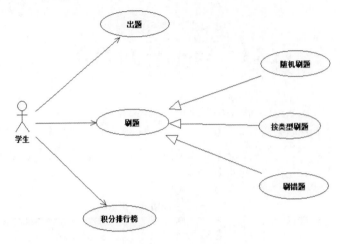

图 8.1　学生功能用例图

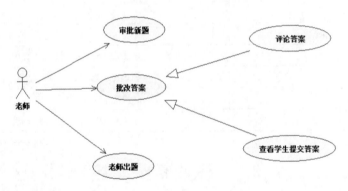

图 8.2　老师功能用例图

8.2.2　数据库设计

用户相关数据库表，会重用第 2 章的用户管理系统中的数据表。

题目表的建表语句如下：

```
CREATE TABLE `tb_question` (
  `id` varchar(50) NOT NULL,
  `content` varchar(255) DEFAULT NULL,
  `create_by` varchar(55) DEFAULT NULL,
  `create_time` date DEFAULT NULL,
  `title` varchar(25) DEFAULT NULL,
  `parent` varchar(25) DEFAULT NULL,
  `type` varchar(25) DEFAULT NULL,
  PRIMARY KEY (`id`)
) ENGINE=MyISAM DEFAULT CHARSET=utf8
```

回答表的建表语句如下:

```
CREATE TABLE `tb_answer` (
  `id` varchar(50) NOT NULL,
  `content` varchar(255) DEFAULT NULL,
  `create_time` date DEFAULT NULL,
  `qid` varchar(55) DEFAULT NULL,
  `result` bit(1) NOT NULL,
  `uid` varchar(55) DEFAULT NULL,
  `val` int(11) NOT NULL,
  PRIMARY KEY (`id`)
) ENGINE=MyISAM DEFAULT CHARSET=utf8
```

评论表的建表语句如下:

```
CREATE TABLE `tb_comments` (
  `id` varchar(50) NOT NULL,
  `aid` varchar(55) DEFAULT NULL,
  `content` varchar(255) DEFAULT NULL,
  `create_time` date DEFAULT NULL,
  `qid` varchar(55) DEFAULT NULL,
  `uid` varchar(55) DEFAULT NULL,
  PRIMARY KEY (`id`)
) ENGINE=MyISAM DEFAULT CHARSET=utf8
```

8.2.3　工程搭建

首先需要安装 JDK 1.8、IDEA 2019 和 MySQL 数据库到自己的计算机中，一般 IDEA 2019 自带了 Maven，Lombok 插件需要在 IDEA 的插件市场安装。整个工程搭建需要的工具和步骤与第 3 章案例的工程搭建相同，读者可以进行参考安装。

8.2.4　前端代码实现

前端页面的实现使用了一套开源的 Bootstrap 模板，对于前端页面设计，这里只列举几个页面，其他的页面都是类似的。

出题页面如图 8.3 所示，表格显示自己以前出的题目，每行的末尾有修改按钮，用户可以修改自己的题目。在表格的上面有"新建"按钮，单击后会弹出新建模态框，可以输入新题目的相关字段内容，如图 8.4 所示。

图 8.3　出题页面

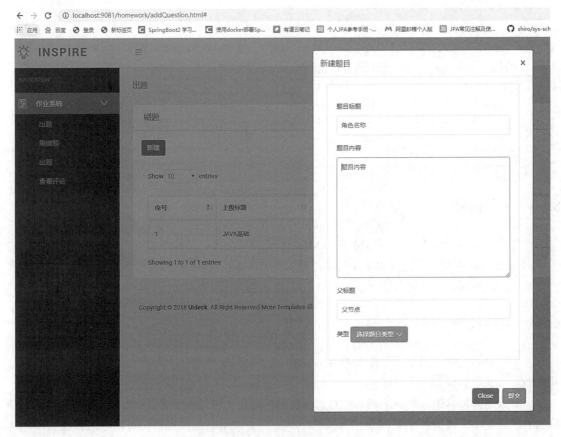

图 8.4　新建题目页面

单击左侧的"刷题"选项进入刷题页面，题目显示列表的最后一列有"回答"按钮，单击进入答题页面，如图 8.5 所示。

图 8.5　刷题主页面

Angular JS 是一个 MVVM 框架，默认是开启双向绑定的，在页面上输入值之后视图会发生变化，数据也会跟着自动变化；反过来，数据变化也会立刻改变视图。

下面代码演示了 Angular JS 的双向绑定特性。

```html
<!DOCTYPE html>
<html>
<head>
<meta charset="utf-8">
<script src="https://cdn.staticfile.org/angular.js/1.4.6/angular.min.js">
</script>
</head>
<body>
<div ng-app="">
   <p>页面输入框内容 : <input type="text" ng-model="name"></p>
   <h1>后台数据内容 {{name}}</h1>
</div>
</body>
</html>
```

页面效果如图 8.6 所示，用户在 input 框中输入一些测试内容以后，下方输出的后台变量也会直接跟着变化。

通过 Angular JS 的$http 服务来实现 Ajax call 访问后台的 API 接口。

下面的 JS 代码实现了前端 Ajax 执行问题列表数据的 API 接口，并且把获取的数据赋值给一个$scope 的变量。

页面输入框内容：测试输入

后台数据内容 测试输入

图 8.6　Angular JS 双向绑定演示

```javascript
var app = angular.module('myApp', []);
app.controller('listcontroller', function($scope, $http) {
    $http.get("/homework/question/all/0/5")
        .then(function (result) {
            console.log(result)
            $scope.questions = result.data.body.content;
```

```
            console.log(result)
        });
    $scope.saveanswer=function(){
        console.log( $scope.uname);
    }
});
```

在 HTML 里面通过 ng-repeat 指令遍历上一步获取的问题集合。ng-repeat 对于集合中（数组中）的每个项会克隆一次 HTML 元素，所以集合中有多少条数据，就会产生多少个\<tr>标签。

```
<tr ng-repeat="item in questions">
    <th scope="row">{{item.id}}</th>
    <td>{{item.title}}</td>
    <td>{{item.type}}</td>
    <td>{{item.type}}</td>
    <td>{{item.createBy}}</td>
    <td>{{item.createTime}}</td>
    <td><button type="button" class="btn btn-common waves-effect waves-
light" data-toggle="modal" data-target=".bs-example-modal-lg">回答
</button></td>
 </tr>
```

8.2.5 通过 JPA 创建数据库表

题目类的实现代码如下。

```
package com.zz.entity;/**
 * @Description: 描述
 * @Author: Bsea
 * @CreateDate: 2019/12/27
 */
import lombok.Data;
import javax.persistence.Column;
import javax.persistence.Entity;
import javax.persistence.Id;
import javax.persistence.Table;
import java.sql.Date;
/**
 * @Description: 题目
 * @Author: Bsea
 * @CreateDate: 2019/12/27$ 21:03$
 */
@Entity
@Table(name = "tb_question")
@Data
public class Question {
```

```
    /**
     * 主键
     */
    @Column(length = 50)
    @Id
    private  String id;
    /**
     * 标题
     */
    private  String title;
    /**
     * 难度等级
     */
    private  int level;
    /**
     * 内容
     */
    private  String content;
    /**
     * 创建人
     */
    private  String createBy;
    /**
     * 创建时间
     */
    private Date createTime;
    /**
     * 类型
     */
    private  String type;
    /**
     * 上级标题
     */
    private  String parent;
}
```

一个题目可以被多位用户提交答案，所以一个题目对应多个答案，通过答案类中有问题 id 的属性来实现一对多的关系，答案类的实现代码如下。

```
package com.zz.entity;
import lombok.Data;
import javax.persistence.Column;
import javax.persistence.Entity;
import javax.persistence.Id;
import javax.persistence.Table;
import java.sql.Date;
```

```java
/**
 * @Description: 答案
 * @Author: Bsea
 * @CreateDate: 2019/12/27$ 21:03$
 */
@Entity
@Table(name = "tb_answer")
@Data
public class Answer {
    /**
     * 主键
     */
    @Column(length = 50)
    @Id
    private  String id;
    /**
     * 题目 id
     */
    private  String qid;
    /**
     * 用户 id
     */
    private  String uid;
    /**
     * 结果
     */
    private  boolean result;
    /**
     * 评分
     */
    private  int val;
    /**
     * 内容
     */
    private  String content;
    /**
     * 创建时间
     */
    private Date createTime;
}
```

老师或者管理员可以对用户提交的答案进行评论，用户也可以看到老师的评论，评论类的实现代码如下。

```java
package com.zz.entity;
import lombok.Data;
import javax.persistence.Column;
```

```
import javax.persistence.Entity;
import javax.persistence.Id;
import javax.persistence.Table;
import java.sql.Date;
/**
 * @Description: 评论
 * @Author: Bsea
 * @CreateDate: 2019/12/27$ 21:03$
 */
@Entity
@Table(name = "tb_comments")
@Data
public class Comments {
    /**
     * 主键
     */
    @Column(length = 50)
    @Id
    private  String id;
    /**
     * 题目 id
     */
    private  String qid;
    /**
     * 评论人 id
     */
    private  String uid;
    /**
     * 答案 id
     */
    private  String aid;
    /**
     * 内容
     */
    private  String content;
    /**
     * 创建时间
     */
    private Date createTime;
}
```

8.2.6 Service 层开发

问题 Service 类提供对问题的增删改查操作。

```
package com.zz.service;/**
 * @Description: 描述
```

```java
 * @Author: Bsea
 * @CreateDate: 2019/12/27
 */
import com.zz.entity.Question;
import com.zz.repository.QuestionRepository;
import org.springframework.data.domain.Page;
import org.springframework.data.domain.Pageable;
import org.springframework.stereotype.Service;
import javax.annotation.Resource;
/**
 * @Description: Java 类作用描述
 * @Author: Bsea
 * @CreateDate: 2019/12/27$ 21:09$
 */
@Service
public class QuestionService {
    @Resource
    QuestionRepository questionRepository;
    public Page<Question> getQuestionAll(Pageable pageable){
        return questionRepository.findAll(pageable);
    }
    public Question getQuestionById(String id){
        return questionRepository.getOne(id);
    }
    public Question add(Question question){
        return questionRepository.save(question);
    }
    public void delete(Question question){
        questionRepository.delete(question);
    }
}
```

答案 Service 类提供对答案的增删改查操作。

```java
package com.zz.service;/**
 * @Description: 描述
 * @Author: Bsea
 * @CreateDate: 2019/12/27
 */
import com.zz.entity.Answer;
import com.zz.repository.AnswerRepository;
import org.springframework.data.domain.Page;
import org.springframework.data.domain.Pageable;
import org.springframework.stereotype.Service;
import javax.annotation.Resource;
/**
 * @Description: Java 类作用描述
```

```
 * @Author: Bsea
 * @CreateDate: 2019/12/27$ 21:09$
 */
@Service
public class AnswerService {
    @Resource
    AnswerRepository answerRepository;
    public Page<Answer> getAnswerAll(Pageable pageable){
        return answerRepository.findAll(pageable);
    }
    public Answer getAnswerById(String id){
        return answerRepository.getOne(id);
    }
    public Answer add(Answer Answer){
        return answerRepository.save(Answer);
    }
    public void delete(Answer Answer){
        answerRepository.delete(Answer);
    }
}
```

评论 Service 类提供对评论的增删改查操作。

```
package com.zz.service;/**
 * @Description: 描述
 * @Author: Bsea
 * @CreateDate: 2019/12/27
 */
import com.zz.entity.Comments;
import com.zz.repository.CommentsRepository;
import org.springframework.data.domain.Page;
import org.springframework.data.domain.Pageable;
import org.springframework.stereotype.Service;
import javax.annotation.Resource;
/**
 * @Description: Java 类作用描述
 * @Author: Bsea
 * @CreateDate: 2019/12/27$ 21:09$
 */
@Service
public class CommentsService {
    @Resource
    CommentsRepository commentsRepository;
    public Page<Comments> getCommentsAll(Pageable pageable){
        return commentsRepository.findAll(pageable);
    }
    public Comments getCommentsById(String id){
```

```
        return commentsRepository.getOne(id);
    }
    public Comments add(Comments Comments){
        return commentsRepository.save(Comments);
    }
    public void delete(Comments Comments){
        commentsRepository.delete(Comments);
    }
}
```

8.2.7　Controller 层开发

题目 API 提供对题目的增、改、查功能。

接口说明：本接口支持分页功能，一页显示 10 行数据。

项目集成了 Swagger，可以自动生成 RESTful 接口规范的 API 文档，如图 8.7 所示。

图 8.7　题目控制器 API 文档

题目控制器的实现代码如下。

```
package com.zz.controller;
import com.zz.entity.Question;
import com.zz.service.QuestionService;
import com.zz.util.KeyUtil;
import com.zz.util.ResultVOUtil;
import com.zz.vo.ResultVO;
import io.swagger.annotations.Api;
import io.swagger.annotations.ApiImplicitParam;
import io.swagger.annotations.ApiImplicitParams;
import io.swagger.annotations.ApiOperation;
import org.springframework.data.domain.PageRequest;
import org.springframework.data.domain.Pageable;
import org.springframework.web.bind.annotation.*;
import javax.annotation.Resource;
/**
 * @Description: 描述
 * @Author: Bsea
 * @CreateDate: 2019/12/27
 */
```

```java
@Api(value = "题目控制器")
@RestController
@RequestMapping("question")
public class QuestionController {
    @Resource
    QuestionService questionService;
    @ApiOperation(value = "获取题目信息", notes = "分页显示题目信息")
    @ApiImplicitParams({
            @ApiImplicitParam(name = "page", value = "第几页", required =
true, dataType = "String", paramType = "path"),
            @ApiImplicitParam(name = "limit", value = "一页显示记录", required
= true, dataType = "String", paramType = "path")
    })
    @GetMapping("all/{page}/{limit}")
    public ResultVO findAll(@PathVariable("page") String page,@PathVariable
("limit") String limit){
        Pageable pageable= PageRequest.of(Integer.parseInt(page),
Integer.parseInt(limit));
        return   ResultVOUtil.success(questionService.getQuestionAll (pageable));
    }
    @ApiOperation(value = "获取题目信息", notes = "根据题目 id 查询题目")
    @ApiImplicitParam(name = "id", value = "题目 id", required = true,
dataType = "Long", paramType = "path")
    @GetMapping("by/{id}")
    public ResultVO findById(@PathVariable("id") String qid){
        return   ResultVOUtil.success(questionService.getQuestionById(qid));
    }
    @ApiOperation(value = "添加题目", notes = "添加题目")
    @ApiImplicitParam(name = "question", value = "题目", required = true,
dataType = "question")
    @PostMapping("add")
    public ResultVO add(@RequestBody Question question){
        question.setId(KeyUtil.genUniqueKey());
        return   ResultVOUtil.success(questionService.add(question));
    }
    @ApiOperation(value = "修改题目", notes = "修改题目")
    @ApiImplicitParam(name = "question", value = "题目", required = true,
dataType = "question")
    @PostMapping("update")
    public ResultVO update(@RequestBody Question question){
        return   ResultVOUtil.success(questionService.add(question));
    }
}
```

答案 API 提供对答案的增、改、查功能。

接口说明：本接口支持分页功能，一页显示 10 行数据。

项目集成了 Swagger，可以自动生成 RESTful 接口规范的 API 文档，如图 8.8 所示。

图 8.8 答案 API 文档

答案控制器的实现代码如下。

```java
package com.zz.controller;
import com.zz.entity.Answer;
import com.zz.service.AnswerService;
import com.zz.util.KeyUtil;
import com.zz.util.ResultVOUtil;
import com.zz.vo.ResultVO;
import io.swagger.annotations.Api;
import io.swagger.annotations.ApiImplicitParam;
import io.swagger.annotations.ApiImplicitParams;
import io.swagger.annotations.ApiOperation;
import org.springframework.data.domain.PageRequest;
import org.springframework.data.domain.Pageable;
import org.springframework.web.bind.annotation.*;

import javax.annotation.Resource;

/**
 * @Description: 描述
 * @Author: Bsea
 * @CreateDate: 2019/12/27
 */
@Api(value = "答案控制器")
@RestController
@RequestMapping("answer")
public class AnswerController {
    @Resource
    AnswerService answerService;
    @ApiOperation(value = "获取回答信息", notes = "分页显示回答信息")
    @ApiImplicitParams({
            @ApiImplicitParam(name = "page", value = "第几页", required =
true, dataType = "String", paramType = "path"),
            @ApiImplicitParam(name = "limit", value = "一页显示记录", required
= true, dataType = "String", paramType = "path")
    })
    @GetMapping("all/{page}/{limit}")
    public ResultVO findAll(@PathVariable("page") String
page,@PathVariable("limit") String limit){
```

```
        Pageable pageable= PageRequest.of(Integer.parseInt(page),
Integer.parseInt(limit));
        return    ResultVOUtil.success(answerService.getAnswerAll(pageable));
    }
    @ApiOperation(value = "获取回答信息", notes = "根据回答 id 查询回答")
    @ApiImplicitParam(name = "id", value = "回答 id", required = true,
dataType = "Long", paramType = "path")
    @GetMapping("by/{id}")
    public ResultVO findById(@PathVariable("id") String qid){
        return    ResultVOUtil.success(answerService.getAnswerById(qid));
    }
    @ApiOperation(value = "添加回答", notes = "添加回答")
    @ApiImplicitParam(name = "Answer", value = "回答", required = true,
dataType = "Answer")
    @PostMapping("add")
    public ResultVO add(@RequestBody Answer answer){
        answer.setId(KeyUtil.genUniqueKey());
        return    ResultVOUtil.success(answerService.add(answer));
    }
    @ApiOperation(value = "修改回答", notes = "修改回答")
    @ApiImplicitParam(name = "Answer", value = "回答", required = true,
dataType = "Answer")
    @PostMapping("update")
    public ResultVO update(@RequestBody Answer answer){
        return    ResultVOUtil.success(answerService.add(answer));
    }
}
```

评论 API 提供对评论的增、改、查功能。

接口说明：本接口支持分页功能，一页显示 10 行数据。

项目集成了 Swagger，可以自动生成 RESTful 接口规范的 API 文档，如图 8.9 所示。

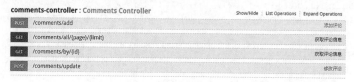

图 8.9　评论 API 文档

评论控制器的实现代码如下。

```
package com.zz.controller;
import com.zz.entity.Comments;
import com.zz.service.CommentsService;
import com.zz.service.CommentsService;
import com.zz.util.KeyUtil;
import com.zz.util.ResultVOUtil;
```

```java
import com.zz.vo.ResultVO;
import io.swagger.annotations.Api;
import io.swagger.annotations.ApiImplicitParam;
import io.swagger.annotations.ApiImplicitParams;
import io.swagger.annotations.ApiOperation;
import org.springframework.data.domain.PageRequest;
import org.springframework.data.domain.Pageable;
import org.springframework.web.bind.annotation.*;
import javax.annotation.Resource;
/**
 * @Description: 描述
 * @Author: Bsea
 * @CreateDate: 2019/12/27
 */
@Api(value = "评论控制器")
@RestController
@RequestMapping("comments")
public class CommentsController {
    @Resource
    CommentsService commentsService;
    @ApiOperation(value = "获取评论信息", notes = "分页显示评论信息")
    @ApiImplicitParams({
            @ApiImplicitParam(name = "page", value = "第几页", required =
true, dataType = "String", paramType = "path"),
            @ApiImplicitParam(name = "limit", value = "一页显示记录", required
= true, dataType = "String", paramType = "path")
    })
    @GetMapping("all/{page}/{limit}")
    public ResultVO findAll(@PathVariable("page") String page,@PathVariable
("limit") String limit){
        Pageable pageable= PageRequest.of(Integer.parseInt(page),
Integer.parseInt(limit));
        return  ResultVOUtil.success(commentsService.getCommentsAll(pageable));
    }
    @ApiOperation(value = "获取评论信息", notes = "根据评论id查询评论")
    @ApiImplicitParam(name = "id", value = "评论id", required = true,
dataType = "Long", paramType = "path")
    @GetMapping("by/{id}")
    public ResultVO findById(@PathVariable("id") String qid){
        return  ResultVOUtil.success(commentsService.getCommentsById(qid));
    }
    @ApiOperation(value = "添加评论", notes = "添加评论")
    @ApiImplicitParam(name = "comments", value = "评论", required = true,
dataType = "comments")
    @PostMapping("add")
    public ResultVO add(@RequestBody Comments comments){
```

```
        comments.setId(KeyUtil.genUniqueKey());
        return ResultVOUtil.success(commentsService.add(comments));
    }
    @ApiOperation(value = "修改评论", notes = "修改评论")
    @ApiImplicitParam(name = "comments", value = "评论", required = true,
dataType = "comments")
    @PostMapping("update")
    public ResultVO update(@RequestBody Comments comments){
        return ResultVOUtil.success(commentsService.add(comments));
    }
}
```

8.2.8　测试

Swagger 自动生成的 RESTful API 文档，不仅可以查看每个 API 的详情，还可以直接测试 API。
项目启动以后，可以访问 Swagger API 文档的首页，如图 8.10 所示。

首页地址是 http://localhost:9081/homework/swagger-ui.html。

图 8.10　Swagger API 文档的首页

添加题目接口测试，在输入参数框中输入一个 JSON 格式的值，然后单击"Try it out!"按钮，
如图 8.11 所示。

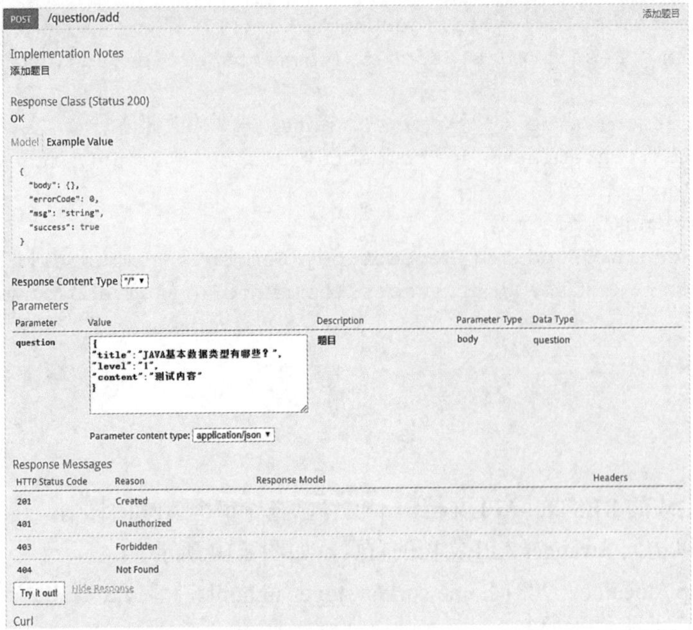

图 8.11　添加题目页面

提交后接口测试成功，如图 8.12 所示。

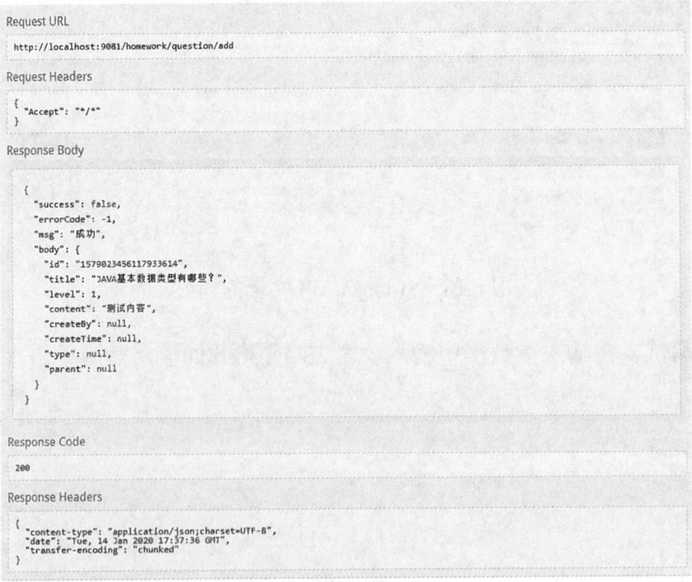

图 8.12　测试成功页面

　　获取题目接口测试，在 page 输入框中输入第几页，在 limit 输入框中输入一页显示记录的数量，然后单击"Try it out!"按钮，如图 8.13 所示。

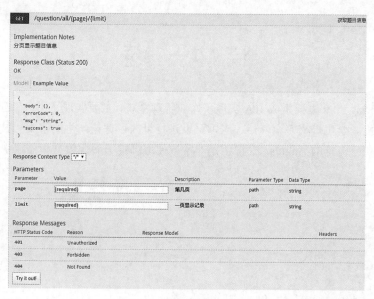

图 8.13　分页显示题目 API

提交后接口测试成功，如图 8.14 所示。

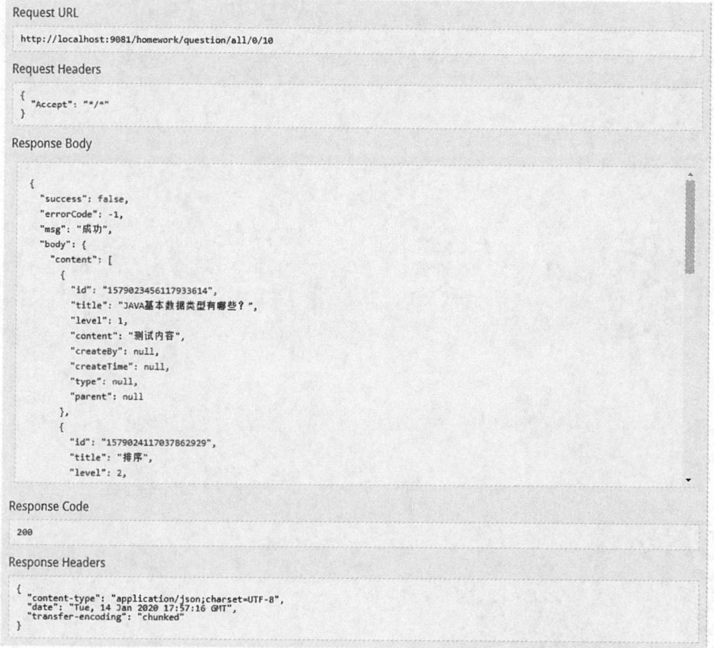

图 8.14　分页数据 API 测试成功页面

其他 API 接口测试与上述方法类似，这里不再一一描述，读者可以查看附带的源码。

8.3 小　　结

本章使用 Spring Boot 框架集成 JPA 实现了作业管理系统，主要实现了用户新建题目，老师审批新加的题目等功能。学生提交答案以后，老师可以进行批改、评论学生的答案。技术上，项目前后端分离，前端使用了流行的 Angular JS 框架，非常方便地绑定了后台数据和前端视图。

第 9 章

SSH&FreeMarker 报表系统实战

在工作中经常需要制作各种数据报表，本案例以会议报表为例，讲解自定义报表模板，导出 Word、PDF 等格式的报表文件以及创建会议和查询会议等功能的实现。

本案例主要涉及如下技术要点:

- Spring Boot 集成 JPA 和 Redis。
- FreeMarker 的一些基本知识。
- Alibaba druid 数据库连接池。
- Spring Boot 集成 Swagger。
- 通过 Swagger API 文档测试 API 接口。
- FreeMarker 导出 Word 文件。
- FreeMarker 导出 PDF 文件。
- Lombok 插件自动生成 get 和 set 方法。

扫一扫，看视频

9.1　项　目　设　计

本项目主要由两大模块：报表模板和模板管理组成。用户可以自定义报表模板，满足用户各种不同格式报表的需求；模板管理是一个公共的模块，不仅可以用于会议报表模板的管理，其他需要用到报表的业务都可以集成这个模块。

会议报表模块实现了对会议的管理，主要提供了用户可以给会议绑定报表模板，然后导出会议报表的功能。其可以实现的功能如图 9.1 所示。

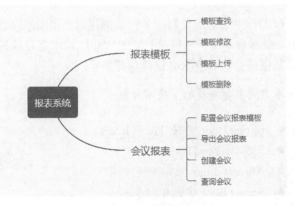

图 9.1　报表系统功能设计

9.2　工　程　搭　建

本项目主要框架采用了 Spring+Spring Boot+Hibernate 的组合，利用 Maven 的 POM 文件搭配相应的 jar 文件，就可以轻松完成 SSH 的集成。

搭建工程共需要如下步骤。

（1）配置 POM 文件，搭配相应的 jar 文件。

（2）配置 application.properties、配置项目端口号、数据库连接信息、JPA 配置信息等。

（3）Swagger 配置类，配置 Swagger 扫描的路径。

（4）Druid 配置类，配置数据库连接池。

9.2.1　配置 POM 文件

在 pom.xml 中添加项目所需的 jar 包，几个主要的包说明如下。

● Devtools：用于热启动。

- Lombok：可以自动生成 get 和 set 方法。
- Druid：阿里提供的数据库连接池，集成以后可以监听数据库的运行情况，查看代码执行的 SQL 运行效率。
- Swagger2：自动生成动态的 API 文档。
- FreeMarker：可以用于开发网页，也可以用于导出结构复杂的 Word 和 PDF 格式的文件。

配置文件的路径是 reportWeb/pom.xml，代码如下。

```xml
<?xml version="1.0" encoding="UTF-8"?>
<project xmlns="http://maven.apache.org/POM/4.0.0"
        xmlns:xsi="http://www.w3.org/2001/XMLSchema-instance"
        xsi:schemaLocation="http://maven.apache.org/POM/4.0.0
http://maven.apache.org/xsd/maven-4.0.0.xsd">
    <parent>
        <artifactId>springboot2</artifactId>
        <groupId>bsea</groupId>
        <version>0.0.1-SNAPSHOT</version>
    </parent>
    <modelVersion>4.0.0</modelVersion>
    <artifactId>springboot2report</artifactId>
    <!-- Add typical dependencies for a web application -->
    <dependencies>
        <dependency>
            <groupId>org.springframework.boot</groupId>
            <artifactId>spring-boot-starter-web</artifactId>
        </dependency>
        <!--目的：（可选）引入 springboot 热启动，每次修改以后，会自动把改动加载，而不需要
重启服务-->
        <dependency> <groupId>org.springframework.boot</groupId>
            <artifactId>spring-boot-devtools</artifactId>
            <optional>true</optional>
        </dependency>
        <!-- https://mvnrepository.com/artifact/mysql/mysql-connector-java -->
        <dependency>
            <groupId>mysql</groupId>
            <artifactId>mysql-connector-java</artifactId>
            <!-- <version>8.0.15</version> -->
        </dependency>
        <!-- 添加 JPA 的支持 -->
        <dependency>
            <groupId>org.springframework.boot</groupId>
            <artifactId>spring-boot-starter-data-jpa</artifactId>
        </dependency>
        <!-- https://mvnrepository.com/artifact/com.alibaba/druid -->
        <dependency>
            <groupId>com.alibaba</groupId>
            <artifactId>druid</artifactId>
            <version>1.1.21</version>
```

```
    </dependency>
    <!--目的：（可选）集成 Swagger2 需要两个包-->
    <dependency>
        <groupId>io.springfox</groupId>
        <artifactId>springfox-swagger2</artifactId>
        <version>2.6.1</version>
    </dependency>
    <dependency>
        <groupId>io.springfox</groupId>
        <artifactId>springfox-swagger-ui</artifactId>
        <version>2.6.1</version>
    </dependency>
    <dependency>
        <groupId>org.projectlombok</groupId>
        <artifactId>lombok</artifactId>
    </dependency>
    <!--添加 FreeMarker-->
    <dependency>
        <groupId>org.FreeMarker</groupId>
        <artifactId>FreeMarker</artifactId>
        <!-- <version>2.3.20</version>-->
        <version>2.3.29</version>
    </dependency>
    <dependency>
        <groupId>net.sf.json-lib</groupId>
        <artifactId>json-lib</artifactId>
        <version>2.4</version>
        <classifier>jdk15</classifier><!--指定 jdk 版本 -->
    </dependency>
    <!-- 前端用于传入对象的数组，controller 用于获取对象的数组
https://mvnrepository.com/artifact/org.codehaus.jackson/jackson-mapper-asl -->
    <dependency>
        <groupId>org.codehaus.jackson</groupId>
        <artifactId>jackson-mapper-asl</artifactId>
        <version>1.9.13</version>
    </dependency>
    <dependency>
        <groupId>org.apache.poi</groupId>
        <artifactId>poi</artifactId>
        <version>3.14</version>
    </dependency>
    <!-- https://mvnrepository.com/artifact/org.apache.poi/poi-ooxml -->
    <dependency>
        <groupId>org.apache.poi</groupId>
        <artifactId>poi-ooxml</artifactId>
        <version>3.14</version>
    </dependency>
    <!-- xml 将 html 模板文件转换成 pdf -->
```

```
    <dependency>
        <groupId>org.xhtmlrenderer</groupId>
        <artifactId>flying-saucer-pdf</artifactId>
        <version>9.1.18</version>
    </dependency>
</dependencies>
<repositories>
    <repository>
        <id>alimaven</id>
        <name>aliyun maven</name>
        <url>http://maven.aliyun.com/nexus/content/groups/public/</url>
    </repository>
</repositories>
</project>
```

9.2.2　配置 application.properties

几个主要的配置说明如下。

- server.port=9013：设置项目的端口号。
- server.servlet.context-path=/report：表示整个工程的接口路径前面都需要添加 report。
- spring.datasource.type=com.alibaba.druid.pool.DruidDataSource：表示使用阿里巴巴数据库连接池 druid。
- spring.jpa.hibernate.ddl-auto = update：表示项目启动时，JPA 会对比代码中的 entity 类和对应的数据库表结构，如果 entity 中有新的字段，会自动更新到数据表中。

配置文件路径是 reportWeb/src/main/resources/application.properties，代码如下。

```
#端口号
server.port=9013
#相对于项目名称
server.servlet.context-path=/report
#自定义属性
myversion=@13
# 数据库访问配置
# 主数据源，默认
# druid 监控页面
# http://localhost:9011/druid/druid/index.html
spring.datasource.type=com.alibaba.druid.pool.DruidDataSource
spring.datasource.driver-class-name=com.mysql.jdbc.Driver
spring.datasource.url = jdbc:mysql://localhost:3306/report?useSSL=
false&serverTimezone=Asia/Shanghai&characterEncoding=utf8
spring.datasource.username = XSZDB
spring.datasource.password = XSZDB2019
# 下面为连接池的补充设置，应用到上面所有数据源中
# 初始化大小
spring.datasource.initialSize=5
```

```
spring.datasource.minIdle=5
spring.datasource.maxActive=20
# 配置获取连接等待超时的时间
spring.datasource.maxWait=60000
# 配置间隔多久才进行一次检测，检测需要关闭的空闲连接，单位是毫秒
spring.datasource.timeBetweenEvictionRunsMillis=60000
# 配置一个在连接池中最小生存的时间，单位是毫秒
spring.datasource.minEvictableIdleTimeMillis=300000
spring.datasource.validationQuery=SELECT 1 FROM DUAL
spring.datasource.testWhileIdle=true
spring.datasource.testOnBorrow=false
spring.datasource.testOnReturn=false
# 打开 PSCache，并且指定每个连接上 PSCache 的大小
spring.datasource.poolPreparedStatements=true
spring.datasource.maxPoolPreparedStatementPerConnectionSize=20
# 配置监控统计拦截的 filters，去掉后监控界面 SQL 无法统计，wall 用于防火墙
spring.datasource.filters=stat,wall,log4j
# 通过 connectProperties 属性来打开 mergeSql 功能和慢 SQL 记录
spring.datasource.connectionProperties=druid.stat.mergeSql=true;druid.stat.
slowSqlMillis=5000
# 合并多个 DruidDataSource 的监控数据
#spring.datasource.useGlobalDataSourceStat=true
#JPA 的配置
spring.jpa.database = MYSQL
# spring.jpa.show-sql = true 表示会在控制台打印执行的 SQL 语句
spring.jpa.show-sql = true
spring.jpa.hibernate.ddl-auto = update
fileStoreRootPath=C:/tmp
fileUpLoadPath=C://tmp//
```

9.2.3 配置 Druid

几个主要的配置说明如下。

● @WebServlet 配置 servlet 的访问路径，相当于 action 属性。

● @WebInitParam 配置初始化的参数和参数值。

如果不用数据库连接池，每次访问数据库都需要新建数据连接，频繁地创建和关闭连接会浪费资源。Druid 数据库连接池是阿里开源的数据库连接池，提供了非常强大的监测功能，同时详细统计了 SQL 的执行性能分析，为项目错误排查和性能优化提供了很好的参考数据。

配置类的实现代码如下。

```
package com.xsz.servlet;
import javax.servlet.annotation.WebInitParam;
import javax.servlet.annotation.WebServlet;
import com.alibaba.druid.support.http.StatViewServlet;
/**
```

```
 * druid 数据源状态监控. * @author Administrator
 *
 */
@WebServlet(urlPatterns="/druid/*",
        initParams={
                // IP 白名单 (没有配置或者为空, 则允许所有访问)
                @WebInitParam(name="allow",value="192.168.1.72,127.0.0.1"),
                // IP 黑名单 (共同存在时, deny 优先于 allow)
                @WebInitParam(name="deny",value="192.168.1.73"),
                @WebInitParam(name="loginUsername",value="admin"),    // 用户名
                @WebInitParam(name="loginPassword",value="123456"),  // 密码
                // 禁用 HTML 页面上的 Reset All 功能
                @WebInitParam(name="resetEnable",value="false")
        } )
public class DruidStatViewServlet extends StatViewServlet{
    private static final long serialVersionUID = 1L;
}
```

9.2.4 配置 Swagger

本项目主要使用了 Swagger UI 组件, 集成以后可以自动生成一个可视化的描述文件, 接口的使用者可以看到每个接口的请求参数格式、返回数据格式、请求方式等。此外, 接口使用者还可以直接在文档中做一些简单的接口请求, Spring Boot 集成 Swagger 需要自己写一个配置类, 指定哪些接口需要展示在 Swagger UI 的接口文档中, 代码如下。

```
package com.xsz.config;
import org.springframework.context.annotation.Bean;
import org.springframework.context.annotation.Configuration;
import springfox.documentation.builders.ApiInfoBuilder;
import springfox.documentation.builders.PathSelectors;
import springfox.documentation.builders.RequestHandlerSelectors;
import springfox.documentation.service.ApiInfo;
import springfox.documentation.service.Contact;
import springfox.documentation.spi.DocumentationType;
import springfox.documentation.spring.web.plugins.Docket;
import springfox.documentation.swagger2.annotations.EnableSwagger2;
@Configuration
@EnableSwagger2
public class SwaggerConfig {
    @Bean
    public Docket buildDocket() {
        return new Docket(DocumentationType.SWAGGER_2)
            .apiInfo(buildApiInf())
            .select()
            .apis(RequestHandlerSelectors.basePackage("com.xsz.controller"))
            .paths(PathSelectors.any())
```

```
            .build();
    }
    private ApiInfo buildApiInf() {
        return new ApiInfoBuilder()
            .title("系统 RESTful API 文档")
            .contact(new Contact("Bsea", "https://me.csdn.net/h356363",
"yinyouhai@aliyun.com"))
            .version("1.0")
            .build();
    }
}
```

9.2.5　工程代码结构

项目的包结构一定要注意，工程中所有的类必须放在启动类的同级或者子包中，否则 Spring 的 IOC 无法起作用。整个工程的代码结构如图 9.2 所示。

图 9.2　代码结构

扫一扫，看视频

9.3　准 备 工 作

FreeMarker 是一种 Java 模板引擎，根据模板和数据模型最终输出各种格式的文本（HTML 网页、Email、Word 文档、PDF 文档等）。数据模型一般使用 Java 的 Map 对象封装，其中 Map 对象的 Key 和模板文件里面的 Key 一一对应。模板决定了最终输出的文档格式和字段，接下来，就开始准备 ftl

模板文件。

9.3.1　准备 ftl 模板文件

在动手编写代码之前，需要准备一个 Word 文件的模板，即 ftl 文件。

首先打开一个 Word 格式的示例文件，把需要动态显示数据的地方用"${字段名}"占位，如图 9.3 所示。

姓名	${f1}	性别	${f2}	出生年月	${f3}
民族	${f4}	学历	${f5}	专业	${f6}
通讯地址	${f7}	邮编	${f8}	电话	${f9}
个人履历	${f10}				
专业课程	${f11}				
个人技能	${f12}				
自我评价	${f13}				
工作经验	${f14}				

图 9.3　Word 模板文件

然后将 Word 的模板另存为新的 xml 格式文件，如图 9.4 和图 9.5 所示。还需要重命名文件，把.xml 改成.ftl，最终得到开发需要的 ftl 模板文件。

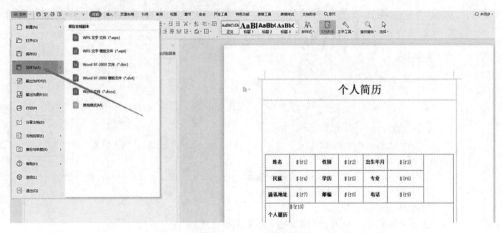

图 9.4　另存为新文件

图 9.5　选择文件类型为 xml

9.3.2　演示代码

这个演示的控制类实现了如下功能。

● 导出纯文字 Word。

● 导出图文 Word。

● 导出图文和表格 Word。

根据 Word 文档的内容不同，如纯文本、图文混合、图文表格混合等，代码的实现方式也不同。在 com.xsz.controller.WordController 中演示了各种场景的实现，读者可以在本书附带的源码中找到这个类的完整代码，这里对一些关键代码解释说明。

下面的代码实现生成纯文本的个人简介文档，把数据模型封装在 dataMap，其中 map 的 key 是"f1""f2"等与模板文件中的占位符$\{f1\}$、$\{f2\}$ 等对应。

```java
/**
 *  纯文本-个人简介
 *  @return
 */
@RequestMapping("template1")
public ResultVO<Map<String, String>> createTemplate1(){
    try {
        Map<String,String> dataMap = new HashMap<String,String>();
        dataMap.put("f1", "张三");
        dataMap.put("f2", "男");
        dataMap.put("f3", "1999 年 1 月 1 日");
        dataMap.put("f4", "汉");
```

```
            Configuration configuration = new Configuration();
            configuration.setDefaultEncoding("utf-8");
            //指定模板路径的第二种方式,我的路径是 D:\, 还有其他方式
            System.out.println("filePath==="+filePath);
            configuration.setDirectoryForTemplateLoading(new File(filePath));
            // 输出文档路径及名称
            File outFile = new File(filePath+File.separator+"个人简历.doc");
            //以 utf-8 的编码读取 ftl 文件
            Template t = configuration.getTemplate("m2.ftl","utf-8");
            Writer out = new BufferedWriter(new OutputStreamWriter(new
        FileOutputStream (outFile), "utf-8"),10240);
            t.process(dataMap, out);
            out.close();
        } catch (IOException e) {
            e.printStackTrace();
        } catch (Exception e) {
            e.printStackTrace();
        }
        Map<String, String> map = new HashMap<>();
        map.put("rs", "success");
        return ResultVOUtil.success(map);
    }
```

如果最终输出的 Word 文档内容中包含了图片，在数据模型端图片的值需要转换成 base64
码，代码如下。

```
    /**
     * 图文-个人简介
     * @return
     */
    @RequestMapping("template2")
    public ResultVO<Map<String, String>> createTemplate2(){
        try {
            Map<String,String> dataMap = new HashMap<String,String>();
            dataMap.put("f1", "张三");
            dataMap.put("f11", "JAVA,数据库");
            dataMap.put("f12", "篮球, 乒乓球");
            dataMap.put("f13", "努力");
            dataMap.put("f14", "1 年");
          // dataMap.put("image1", getImageBase("C:\\tmp1\\123.jpg"));
            dataMap.put("image2", getImageBase("C:\\tmp1\\123.jpg"));
            Configuration configuration = new Configuration();
            configuration.setDefaultEncoding("utf-8");
            //指定模板路径的第二种方式,这里的路径是 D:\, 还有其他方式
            System.out.println("filePath==="+filePath);
            configuration.setDirectoryForTemplateLoading(new File(filePath));
            // 输出文档路径及名称
```

```
        File outFile = new File(filePath+File.separator+"个人简历2.doc");
        //以utf-8的编码读取ftl文件
        Template t = configuration.getTemplate("m3.ftl","utf-8");
        Writer out = new BufferedWriter(new OutputStreamWriter(new
FileOutputStream (outFile), "utf-8"),10240);
        t.process(dataMap, out);
        out.close();
    } catch (IOException e) {
        e.printStackTrace();
    } catch (Exception e) {
        e.printStackTrace();
    }
    Map<String, String> map = new HashMap<>();
    map.put("rs", "success");
    return ResultVOUtil.success(map);
}
```

如果最终输出的 Word 文档内容中包含了表格，在数据模型端表格的值需要封装在 List<Map <String, Object>>中，代码如下。

```
/**
 *  图文+表格-个人简介
 * @return
 */
@RequestMapping("template3")
public ResultVO<Map<String, String>> createTemplate3(){
    try {
        Map<String,Object> dataMap = new HashMap<String,Object>();
        dataMap.put("f1", "张三");
                dataMap.put("f14", "1年");
        //图片
        // dataMap.put("image1", getImageBase("C:\\tmp1\\123.jpg"));
        dataMap.put("image2", getImageBase("C:\\tmp1\\123.jpg"));
        //表格开始
        List<Map<String, Object>> proList = new ArrayList<Map<String,
Object>>();
        Map<String, Object> map1 = new HashMap<String, Object>();
        map1.put("name","Harry");
        map1.put("startdate","2020-03-9");
        map1.put("enddate","2020-03-12");
        Map<String, Object> map2 = new HashMap<String, Object>();
        map2.put("name","jerry");
        map2.put("startdate","2020-03-10");
        map2.put("enddate","2020-03-12");
        proList.add(map1);
        proList.add(map2);
        dataMap.put("proList", proList);
```

```
            //表格结束
            Configuration configuration = new Configuration();
            configuration.setDefaultEncoding("utf-8");
            //指定模板路径的第二种方式,我的路径是 D:\, 还有其他方式
            System.out.println("filePath==="+filePath);
            configuration.setDirectoryForTemplateLoading(new File(filePath));
            // 输出文档路径及名称
            File outFile = new File(filePath+File.separator+"个人简历3.doc");
            //以 utf-8 的编码读取 ftl 文件
            Template t = configuration.getTemplate("m4.ftl","utf-8");
            Writer out = new BufferedWriter(new OutputStreamWriter(new
        FileOutputStream (outFile), "utf-8"),10240);
            t.process(dataMap, out);
            out.close();
        } catch (IOException e) {
            e.printStackTrace();
        } catch (Exception e) {
            e.printStackTrace();
        }
        Map<String, String> map = new HashMap<>();
        map.put("rs", "success");
        return ResultVOUtil.success(map);
    }
```

9.4　通过 JPA 创建数据库表

　　本项目主要讲解导出会议记录的实现，所以这里 MVC 层代码只介绍生成会议记录报表的代码。其他类的代码，可以查看本书提供的完整代码。实体类都是放在 entity 文件包下，如图 9.6 所示。

　　会议实体类代码几个要点说明如下。

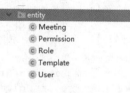

图 9.6　实体类

- @Entity：放在类的上面，表示一个实体类对应数据库的表。
- @Table(name="tb_meeting")：放在类的上面，表示对应的数据表名是 tb_meeting。
- @Getter：放在类的上面，是 Lombok 插件的注解，表示类的属性自动生成 get 方法。
- @Setter：放在类的上面，是 Lombok 插件的注解，表示类的属性自动生成 set 方法。
- @Id：放在属性的上面，表示属性是数据表的主键。
- @Column(length=60)：放在属性的上面，表示属性对应数据列的长度是 60。
- @ManyToMany：放在属性的上面，表示与表的关系是多对多。
- @JoinTable(name="TbMeetUser",joinColumns={@JoinColumn(name="meetId")}, inverseJoinColumns={@JoinColumn(name="uid")})：对应多对多关系的表，我们需要一个中间表类维护数据的关系，中间表设计一般就是两列，分别是两个表的主键。这里配置了中间表的名字和中间表两个列的名字。

　　会议实体类封装了会议标题、地点、绑定模板编号、参加会议的用户等信息。另外需要特别注意的是，如果使用了@ManyToMany 注解，就不要使用 Lombok 的@Data 注解，而是使用@Getter 和@Setter 代替，代码如下。

```
package com.xsz.entity;
import com.fasterxml.jackson.annotation.JsonIgnore;
import lombok.Getter;
import lombok.Setter;
import javax.persistence.*;
import java.util.Date;
import java.util.List;
import java.util.Set;
@Entity
@Table(name="tb_meeting")
@Getter
@Setter
public class Meeting {
    /**主键ID**/
    @Id
    @Column(length=60)
    private String id;
    @Column(length=30)
    /**会议标题**/
    private String tile;
    /**地点**/
    private String address;
    /**时间**/
    private Date startTime;
    /**报表模板ID**/
    private String templateId;
    // 用户 - 关系定义;
    @ManyToMany
    @JoinTable(name="TbMeetUser",joinColumns={@JoinColumn(name="meetId")},
inverseJoinColumns={@JoinColumn(name="uid")})
    private Set<User> userInfos;// 一个会议可以有多个参加人员
    }
```

9.5　Service 层开发

　　在 MVC 模型中，Service 处于在 Controller 和 Model 之间，Service 调用 Dao 层的接口实现对数据库的操作，每个 Service 层的方法都实现了一个业务逻辑，Controller 层需要执行 Service 层的方法来实现这个业务。这里会议的 Service 通过@Resource 注解，注入了 Dao 层的 MeetingRepository 对象，并且调用 Dao 层对应的方法实现对数据库的操作，代码如下。

```
package com.xsz.service;
import com.xsz.entity.Meeting;
import com.xsz.repository.MeetingRepository;
import com.xsz.util.KeyUtil;
import org.springframework.stereotype.Service;
import javax.annotation.Resource;
import java.util.List;
@Service
public class MeetingService {
    @Resource
    MeetingRepository meetingRepository;
    //新建
    public Meeting add(Meeting meeting) {
        meeting.setId(KeyUtil.getId());
        return meetingRepository.save(meeting);
    }

    //修改
    public Meeting update(Meeting meeting) {
        return meetingRepository.save(meeting);
    }
    //添加模板 Id
    public int updateTemplate(String templateId,String mId) {
        return meetingRepository.updateTemplateById(templateId,mId);
    }
    //删除
    public void delete(String id) {
        meetingRepository.deleteById(id);
    }

    //查询
    public Meeting selectById(String id) {
        return meetingRepository.findById(id).get();
    }

    public List<Meeting> getAll() {
        return meetingRepository.findAll();
    }
}
```

9.6   Controller 层开发

本项目中 Controller 使用的注解说明如下。

- @RequestMapping（路径）：放在类的上面，表示这个类中所有的方法，拦截路径的前面都必须加上小括号中的路径。放在方法的上面，表示这个方法设置了该方法对应的拦截路径。

- @Resource：放在属性的上面，表示从 Spring 容器中取出对象，并赋值给这个属性。
- @RestController：放在类的上面，表示这个类下面方法返回的数据都会自动转成 JSON 格式。
- @Api(value = "API 类名字")：放在类的上面，设置这个 Controller 在 Swagger 文档中显示的控制类名字。
- @ApiOperation(value = "API 名字")：放在方法的上面，设置这个单独的每个 API 在 Swagger 文档中显示的 API 名字。
- @PostMapping：放在方法的上面，表示这个 API 只接受 Post 的请求，并且设置 API 访问路径。
- @GetMapping：放在方法的上面，表示这个 API 只接受 Get 的请求，并且设置 API 访问路径。
- @PathVariable("参数名字")：放在方法的输入参数中，小括号中的参数名字必须和 API 的访问路径上的{参数名字}保持一致。

会议控制类上面加了@RequestMapping("meeting")注解，表示这个类下面所有方法的请求路径前面，都必须添加 meeting，如新建会议请求路径应该是/meeting/add。

返回 JSON 格式的数据统一封装在 ResultVO 对象中，对接口消费端来说，每个接口返回的数据都有统一的格式，可以很方便地解析出想要的数据，代码如下。

```java
package com.xsz.controller;
import com.xsz.entity.Meeting;
import com.xsz.entity.Template;
import com.xsz.enums.TypeEnum;
import com.xsz.service.MeetingService;
import com.xsz.service.PDFService;
import com.xsz.service.TemplateService;
import com.xsz.service.WordService;
import com.xsz.util.ResultVOUtil;
import com.xsz.vo.ResultVO;
import io.swagger.annotations.Api;
import io.swagger.annotations.ApiOperation;
import org.springframework.web.bind.annotation.*;
import javax.annotation.Resource;
import javax.servlet.http.HttpServletResponse;
/**
 * 会议控制类
 */
@RestController
@RequestMapping("meeting")
@Api(value = "会议接口")
public class MeetingController {
    @Resource
    MeetingService meetingService;
    @Resource
```

```
            TemplateService templateService;
            @Resource
            PDFService pdfService;
            @Resource
            WordService wordService;
            @ApiOperation(value = "返回所有会议")
            @GetMapping("listAll")
            public ResultVO list(){
                return  ResultVOUtil.success(meetingService.getAll());
            }
            @ApiOperation(value = "创建会议")
            @PostMapping("add")
            public ResultVO add(@RequestBody Meeting meeting){
                return  ResultVOUtil.success(meetingService.add(meeting));
            }
            @ApiOperation(value = "绑定模板")
            @PostMapping("addTemplate/{meettingId}/{templateId}")
            public ResultVO addTemplate(@PathVariable("meettingId") String
        meettingId, @PathVariable("templateId") String templateId){
                System.out.println(meettingId);
                System.out.println(templateId);
                return  ResultVOUtil.success(meetingService.updateTemplate(templateId,
        meettingId));
            }
            @ApiOperation(value = "下载报告")
            @RequestMapping("getReport/{meettingId}")
            public void addTemplate(@PathVariable("meettingId") String meettingId,
        HttpServletResponse response) throws Exception {
                Meeting meeting=meetingService.selectById(meettingId);
                Template template=templateService.selectById(meeting.getTemplateId());
                if(template.getType()== TypeEnum.WORD.getValue()){
                    wordService.createTemplate1(meeting.getTile());
                }else if(template.getType()==TypeEnum.PDF.getValue()){
                    pdfService.exportPdf(response,meeting.getTile());
                }
            }
        }
```

控制器的方法统一返回一个泛型类。ResultVO<T>在编译的时候，不知道 T 具体是什么类型，只有运行时才会根据传入的类型来分配内存，代码如下。

```
package com.xsz.vo;
import lombok.Data;
import java.io.Serializable;
/**
 * http 请求返回的最外层对象
 * Created by Bsea
 * 2019-05-12 14:13
```

```
    */
@Data
public class ResultVO<T> implements Serializable {
    private static final long serialVersionUID = 3068837394742385883L;
    /** 错误码. */
    private Integer code;
    /** 提示信息. */
    private String msg;
    /** 具体内容. */
    private T data;
}
```

9.7 测　　试

在浏览器中打开 Swagger 的 API 文档，地址为 http://localhost:9013/report/swagger-ui.html，如图 9.7 所示。

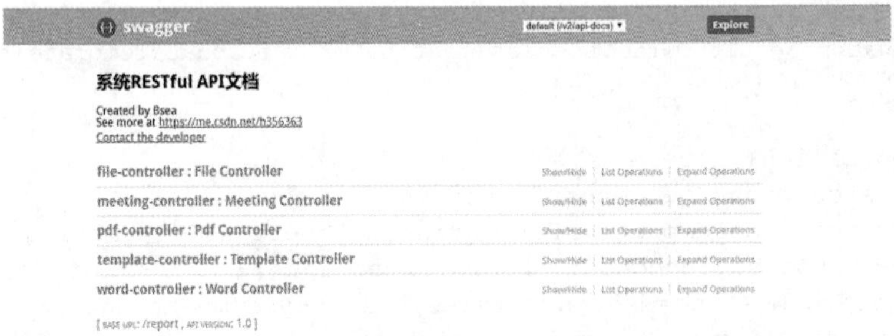

图 9.7　Swagger API 文档

9.7.1　导出 Word 文件代码测试

导出 Word 文件的接口，如图 9.8 所示。

图 9.8　导出 Word 文件接口

1. 导出无格式的纯文本 Word 文件

这个接口的要点如下。

- getTemplate("m1.ftl","utf-8")：指定了 Word 模板文件的路径和名字。

9.3.1 小节已经介绍了如何把一个 Word 文件模板转化成一个 ftl 文件。这个接口的 Word 模板内容如下，非常简单，里面固定的内容是"你好"，动态的内容用"${f1}"进行占位，如图 9.9 所示。

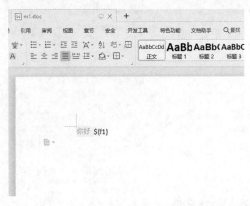

图 9.9   无格式的纯文本 Word 模板

- File(filePath+File.separator+"test.doc")：指定了最终导出的 Word 文件的名字和位置。
- dataMap.put("f1","Jerry")：占位符"${f1}"，其中，f1 就是对应的代码中 key 的值，最后导出的 Word 文件中的 Jerry 会代替"${f1}"。

```
@GetMapping("new")
public ResultVO<Map<String, String>> create(){
    try {
        Map<String,String> dataMap = new HashMap<String,String>();
        dataMap.put("f1", "Jerry");
        Configuration configuration = new Configuration();
        configuration.setDefaultEncoding("utf-8");
            configuration.setDirectoryForTemplateLoading(new File(filePath));
        // 输出文档路径及名称
        File outFile = new File(filePath+File.separator+"test.doc");
        //以 utf-8 的编码读取 ftl 文件
        Template t = configuration.getTemplate("m1.ftl","utf-8");
        Writer out = new BufferedWriter(new OutputStreamWriter(new
FileOutputStream (outFile), "utf-8"),10240);
        t.process(dataMap, out);
        out.close();
    } catch (IOException e) {
        e.printStackTrace();
    } catch (Exception e) {
        e.printStackTrace();
    }
```

```java
    Map<String, String> map = new HashMap<>();
    map.put("rs", "success");
    return ResultVOUtil.success(map);
}
```

最终导出的结果如图 9.10 所示。

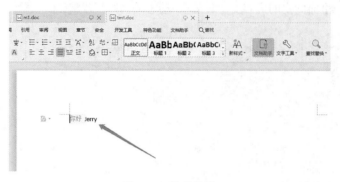

图 9.10　导出结果

2. 导出有格式的纯文本 Word 文件

这个接口和第一个接口差不多，在创建模板时就带有格式。Word 模板的内容如图 9.11 所示。导出的 Word 文件如图 9.12 所示。

图 9.11　带格式的 Word 模板

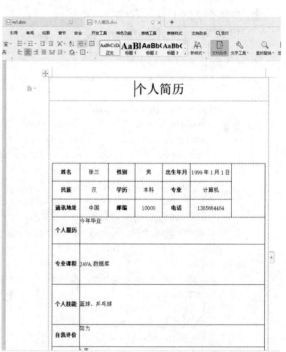

图 9.12　带格式的 Word 文件

3．导出具有图文内容的 Word 文件

这个接口的要点如下：

（1）原始的 Word 模板转换成 ftl 文件时，需要先在放图片的地方提前放一张大小合适的图片用来占位，如图 9.13 所示。

（2）把 Word 文件另存为.xml 文件以后，会发现用来占位的图片变成了一串乱码，这些乱码都在 binaryData 节点之间，需要手动把乱码删除，然后放一个占位符"${字段名}"，如图 9.14 所示。

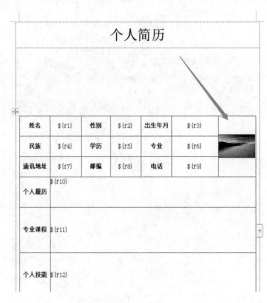

图 9.13　图文模板

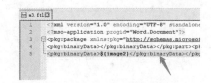

图 9.14　放置图片占位符

（3）源码中特殊的地方在于，设置图片时需要先把图片转化成 base64 码的格式。

```
/**
 *  图文-个人简介
 * @return
 */
@GetMapping("template2")
public ResultVO<Map<String, String>> createTemplate2(){
    try {
        Map<String,String> dataMap = new HashMap<String,String>();
        dataMap.put("f1", "张三");
        dataMap.put("f2", "男");
        dataMap.put("f3", "1999年1月1日");
        dataMap.put("f4", "汉");
        dataMap.put("f5", "本科");
        dataMap.put("f6", "计算机");
        dataMap.put("f7", "中国");
```

```
            dataMap.put("f8", "10000");
            dataMap.put("f9", "1385664464");
            dataMap.put("f10", "今年毕业");
            dataMap.put("f11", "JAVA,数据库");
            dataMap.put("f12", "篮球,乒乓球");
            dataMap.put("f13", "努力");
            dataMap.put("f14", "1 年");
        // dataMap.put("image1", getImageBase("C:\\tmp1\\123.jpg"));
            dataMap.put("image2", getImageBase("C:\\tmp1\\123.jpg"));
            Configuration configuration = new Configuration();
            configuration.setDefaultEncoding("utf-8");
            //指定模板路径的第二种方式,这里的路径是 D:\, 还有其他方式
            System.out.println("filePath==="+filePath);
            configuration.setDirectoryForTemplateLoading(new File(filePath));
            // 输出文档路径及名称
            File outFile = new File(filePath+File.separator+"个人简历 2.doc");
            //以 utf-8 的编码读取 ftl 文件
            Template t =  configuration.getTemplate("m3.ftl","utf-8");
            Writer out = new BufferedWriter(new OutputStreamWriter(new
    FileOutputStream (outFile), "utf-8"),10240);
            t.process(dataMap, out);
            out.close();
        } catch (IOException e) {
            e.printStackTrace();
        } catch (Exception e) {
            e.printStackTrace();
        }
        Map<String, String> map = new HashMap<>();
        map.put("rs", "success");
        return ResultVOUtil.success(map);
    }
    //获得图片的 base64 码
    public String getImageBase(String src) {
        if(src==null||src==""){
            return "";
        }
        File file = new File(src);
        if(!file.exists()) {
            return "";
        }
        InputStream in = null;
        byte[] data = null;
        try {
            in = new FileInputStream(file);
        } catch (FileNotFoundException e1) {
            e1.printStackTrace();
```

```
    }
    try {
       data = new byte[in.available()];
       in.read(data);
       in.close();
    } catch (IOException e) {
       e.printStackTrace();
    }
    BASE64Encoder encoder = new BASE64Encoder();
    return encoder.encode(data);
 }
```

最终导出的 Word 文件如图 9.15 所示。

4. 导出具有图文和表格内容的 Word 文件

这个接口的 Word 模板文件需要注意表格的部分，如图 9.16 所示。

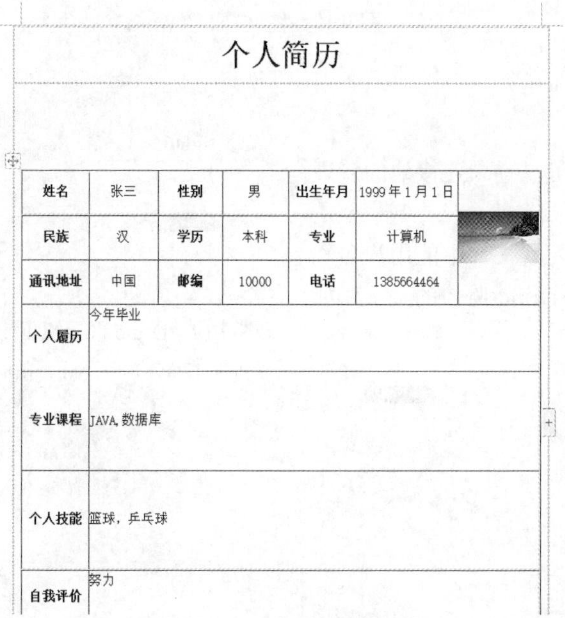

个人简历

姓名	张三	性别	男	出生年月	1999 年 1 月 1 日	
民族	汉	学历	本科	专业	计算机	
通讯地址	中国	邮编	10000	电话	1385664464	
个人履历	今年毕业					
专业课程	JAVA, 数据库					
个人技能	篮球，乒乓球					
自我评价	努力					

图 9.15　图文 Word 文件

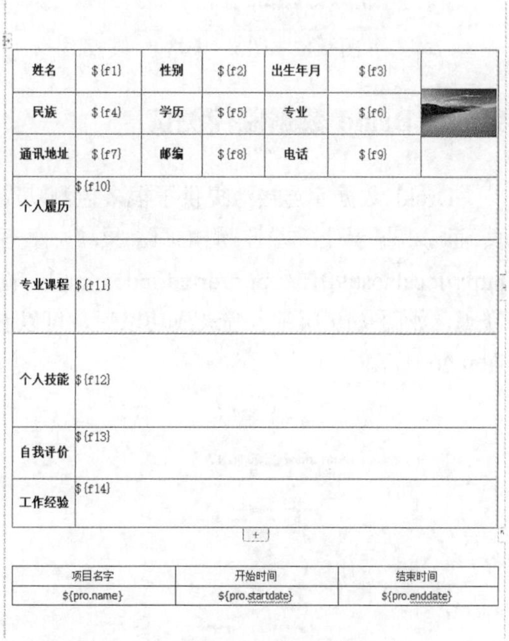

姓名	${f1}	性别	${f2}	出生年月	${f3}	
民族	${f4}	学历	${f5}	专业	${f6}	
通讯地址	${f7}	邮编	${f8}	电话	${f9}	
个人履历	${f10}					
专业课程	${f11}					
个人技能	${f12}					
自我评价	${f13}					
工作经验	${f14}					

项目名字	开始时间	结束时间
${pro.name}	${pro.startdate}	${pro.enddate}

图 9.16　图文和表格模板

把 Word 文件另存为 xml 文件以后，由于表格是根据数据的记录数量来决定表格行数的，所以需要手动添加 <# list> 标签，将一个<w:r> 标签的内容包围起来，如图 9.17 所示。

最终导出的 Word 文件如图 9.18 所示。

图 9.17　图文+表格 ftl 模板

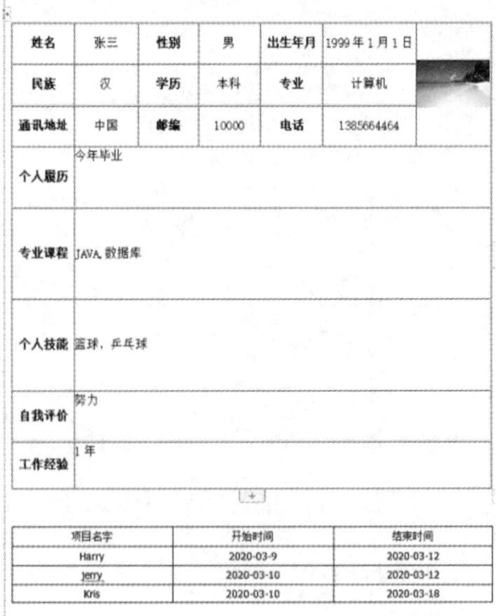

图 9.18　图文+表格 Word

9.7.2　Druid 数据监控测试

　　Druid 数据库连接池提供了很多监测功能，可以登录连接池的管理页面，查看这些监测的结果。管理系统的登录路径是 http://localhost:9013/report/druid/index.html，输入配置文件中的用户名和密码，如图 9.19 所示。登录成功以后，可以看到 Druid 监控的主页，如图 9.20 所示。

图 9.19　Druid 登录页面

图 9.20　Druid 监控主页

Druid 监控页面中有很多有用的功能，如 SQL 监控，可以看到项目中运行的 SQL 语句的执行效率，从而优化那些执行慢的 SQL 语句，如图 9.21 所示。

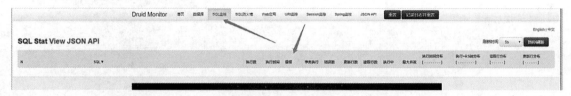

图 9.21 SQL 监控页面

9.7.3 会议报表功能测试

会议报表的接口如图 9.22 所示。

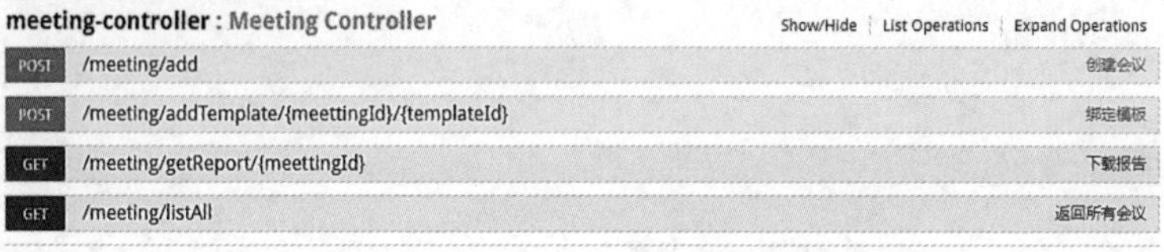

meeting-controller : Meeting Controller	Show/Hide	List Operations	Expand Operations
POST	/meeting/add	创建会议
POST	/meeting/addTemplate/{meettingId}/{templateId}	绑定模板
GET	/meeting/getReport/{meettingId}	下载报告
GET	/meeting/listAll	返回所有会议

图 9.22 会议报表接口

测试添加会议，访问地址为 http://localhost:9013/report/meeting/add。结果如图 9.23 所示。

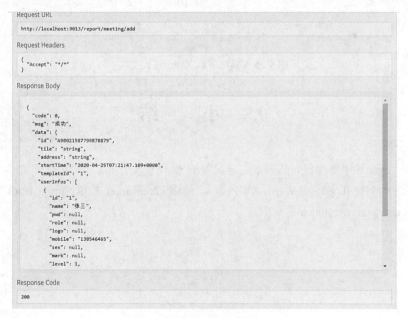

图 9.23 添加会议执行结果

查看所有会议，访问地址为 http://localhost:9013/report/meeting/listAll。结果如图 9.24 所示。

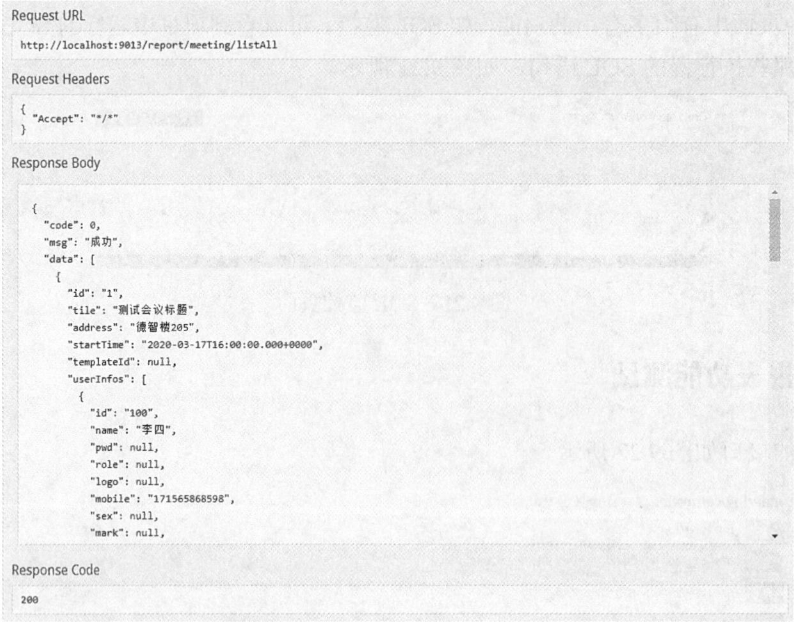
Request URL
http://localhost:9013/report/meeting/listAll
Request Headers
{
"Accept": "*/*"
}
Response Body
{
"code": 0,
"msg": "成功",
"data": [
{
"id": "1",
"tile": "测试会议标题",
"address": "德智楼205",
"startTime": "2020-03-17T16:00:00.000+0000",
"templateId": null,
"userInfos": [
{
"id": "100",
"name": "李四",
"pwd": null,
"role": null,
"logo": null,
"mobile": "171565868598",
"sex": null,
"mark": null,
Response Code
200

图 9.24　查看所有会议接口执行结果

下载会议，访问地址为 http://localhost:9013/report/meeting/getReport/A21451586350089923。结果如图 9.25 所示。

会议记录.doc
会议记录.ftl

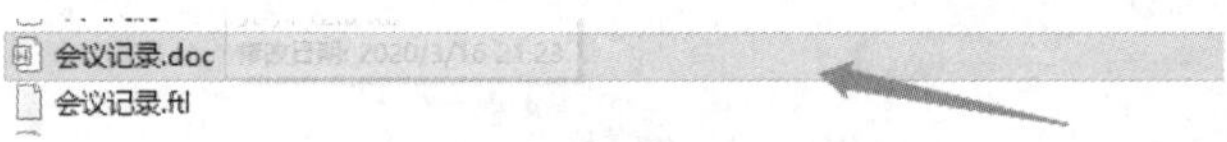

图 9.25　成功下载 Word 格式文件

9.8　小　　结

FreeMarker 是一种引擎模板，基于事先定义好的 ftl 模板文件和后台的数据，结合以后最终输出各种文件类型（如 HTML 网页、Word、PDF 等）。使用 FreeMarker 集成 Spring Boot 项目，ftl 模板文件一般放在 classpath/templates 目录中。

第 3 篇
Spring Cloud
微服务项目案例实战

第 *10* 章

SSH&Spring Cloud 猎聘系统实战

微服务架构提倡把单一的业务拆分为一个个的小服务，每个服务都能独立运行，服务之间相互协调调用，最终组合实现一个完整的复杂系统。使用 Spring Boot 可以快速开发一个个单独的项目，这些项目可以是微服务架构中的一个个单独的微服务。

Spring Cloud 主要负责所有微服务的协调管理，把 Spring Boot 开发的一个个单独的微服务整合管理起来。本案例采用 Spring+Spring Boot+Hibernate 开发单独的微服务，并用 Spring Cloud 来整合这些微服务。

本案例主要涉及如下技术要点：

- Spring Cloud Eureka 服务注册与发现。
- Spring Cloud Ribbon 负载均衡。
- 微服务架构。
- RestTemplate 实现 HTTP 通信。
- Google 开源工具类 Thumbnails 对图片做压缩处理。
- Spring Boot 集成 Swagger。
- 通过 Swagger API 文档测试 API 接口。
- FreeMarker 导出 Word 文件。
- JdbcTemplate 实现复杂的数据库查询。
- Lombok 插件自动生成 get 和 set 方法。

10.1　项 目 设 计

本项目按照功能可能拆分成如下服务，每个服务都可以独立运行。

● 用户中心微服务。

● 文档微服务。

● 猎聘系统微服务。

项目的功能设计如图 10.1 所示。

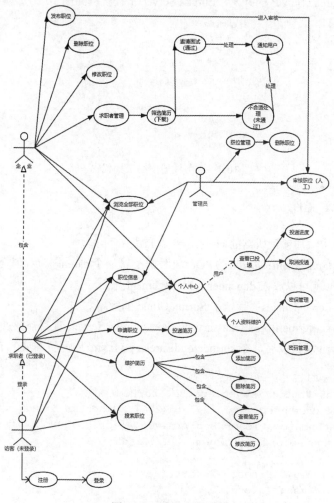

图 10.1　系统功能设计

扫一扫，看视频

10.2　Eureka 服务注册中心项目

Eureka 和 ZooKeeper 都可以作为 Spring Cloud 项目的服务注册中心。本项目采用 Eureka 作为服务注册中心，一共包含两个组件。

- Eureka Server：整个分布式项目只需要一个 Server 即可。其他的 Client 端启动以后会注册到这个 Server，并且可以查看到这些注册的 Client 端项目。
- Eureka Client：每个微服务项目都是一个 Eureka Client，所有的 Client 都会注册到 Eureka Server。

接下来，开始 Eureka Server 的开发，Eureka Server 工程代码如图 10.2 所示。

图 10.2　服务注册中心工程代码

10.2.1　配置 POM 文件

在 pom.xml 文件中添加项目所需的 jar 包，要点介绍如下。

- dependencyManagement：Maven 的 POM 文件只支持一个 parent 节点，但是要实现多个 parent，其他的 parent 就可以放在 dependencyManagement 中。
- spring-cloud-dependencies：指定了 Spring Cloud 的版本。
- spring-cloud-starter-netflix-eureka-server：只有 Eureka Server 项目需要加这个包。

创建空白的 Maven 项目以后，在 springcloudEureka/pom.xml 中配置需要的 jar 包，代码如下。

```
<?xml version="1.0" encoding="UTF-8"?>
<project xmlns="http://maven.apache.org/POM/4.0.0"
        xmlns:xsi="http://www.w3.org/2001/XMLSchema-instance"
        xsi:schemaLocation="http://maven.apache.org/POM/4.0.0
http://maven.apache.org/xsd/maven-4.0.0.xsd">
    <parent>
        <artifactId>springboot2</artifactId>
        <groupId>bsea</groupId>
        <version>0.0.1-SNAPSHOT</version>
```

```xml
        </parent>
        <modelVersion>4.0.0</modelVersion>
        <artifactId>springcloudEureka</artifactId>
        <properties>
            <project.build.sourceEncoding>UTF-8</project.build.sourceEncoding>
            <project.reporting.outputEncoding>UTF-8</project.reporting.outputEncoding>
            <java.version>1.8</java.version>
        </properties>
        <dependencies>
            <!--netflix-eureka-server 服务端注册中心-->
            <dependency>
                <groupId>org.springframework.cloud</groupId>
                <artifactId>spring-cloud-starter-netflix-eureka-
server</artifactId>
            </dependency>
            <dependency>
                <groupId>org.springframework.boot</groupId>
                <artifactId>spring-boot-starter-test</artifactId>
                <scope>test</scope>
            </dependency>
        </dependencies>
        <dependencyManagement>
            <dependencies>
                <dependency>
                    <groupId>org.springframework.cloud</groupId>
                    <artifactId>spring-cloud-dependencies</artifactId>
                    <!-- springcloud 的版本 RELEASE -->
                    <version>Finchley.RELEASE</version>
                    <type>pom</type>
                    <scope>import</scope>
                </dependency>
            </dependencies>
        </dependencyManagement>
        <build>
            <finalName>eureka</finalName>
            <plugins>
                <plugin>
                    <groupId>org.springframework.boot</groupId>
                    <artifactId>spring-boot-maven-plugin</artifactId>
                </plugin>
            </plugins>
        </build>
    </project>
```

10.2.2　配置 application.properties

几个主要的配置说明如下。

- server.port=9014：设置项目的端口号。
- eureka.client.register-with-eureka=false 和 eureka.client.fetch-registry=false：Eureka Server 端这两个属性必须是 false，表示项目启动时不需要查找和注册到任何 Eureka Server 注册中心。
- eureka.client.serviceUrl.defaultZone：设置了注册中心的路径。

在配置文件中，设置了 Eureka 注册中心的端口号和访问地址等，代码如下。

```
#端口号
server.port=9014
#相对于项目名字
#server.servlet.context-path=/eureka
#自定义属性
myversion=@14
eureka.instance.hostname=localhost
eureka.client.register-with-eureka=false
eureka.client.fetch-registry=false
eureka.client.serviceUrl.defaultZone=http://${eureka.instance.hostname}:${server.port}/eureka/
```

10.2.3　启动类

要点介绍如下。

- @EnableEurekaServer：放在启动类上，表示这个项目是 Eureka Server。
- @SpringBootApplication：放在启动类上，表示这个类是 Spring Boot 的启动类。

运行启动类的 main 方法即可启动整个项目，启动类的代码如下。

```
package com.xsz;
import org.springframework.boot.SpringApplication;
import org.springframework.boot.autoconfigure.SpringBootApplication;
import org.springframework.cloud.netflix.eureka.server.EnableEurekaServer;
import org.springframework.scheduling.annotation.EnableScheduling;
@EnableEurekaServer
@SpringBootApplication
public class App {
    public static void main(String[] args) {
        SpringApplication.run(App.class, args);
    }
}
```

10.3　用户中心微服务项目

用户中心微服务主要提供了如下功能：

- 用户注册。
- 用户登录。
- 用户修改密码。
- 用户修改信息。
- 用户申请成为企业。
- 查询用户信息。

接下来开始用户中心微服务项目的开发。用户中心微服务工程代码结构如图 10.3 所示。

图 10.3　用户中心微服务代码结构

10.3.1　配置 POM 文件

在 pom.xml 文件中添加项目所需的 jar 包，几个主要的包介绍如下。

- spring-cloud-starter-netflix-eureka-client：Eureka Client 端需要的 jar 包。
- spring-boot-starter-web：Spring Boot 的核心包。
- shiro-spring：Spring Boot 集成 shiro 需要的包。
- Druid：阿里巴巴提供的数据库连接池，集成以后可以监听数据库运行情况，查看代码执行的 SQL 运行效率。

- Swagger2：自动生成动态的 API 文档。
- Lombok：可以自动生成 get 和 set 方法。

创建空白的 Maven 项目以后，在 springcloudUserService/pom.xml 中配置需要的 jar 包，代码如下。

```xml
<?xml version="1.0" encoding="UTF-8"?>
<project xmlns="http://maven.apache.org/POM/4.0.0"
        xmlns:xsi="http://www.w3.org/2001/XMLSchema-instance"
        xsi:schemaLocation="http://maven.apache.org/POM/4.0.0
http://maven.apache.org/xsd/maven-4.0.0.xsd">
    <parent>
        <artifactId>springboot2</artifactId>
        <groupId>bsea</groupId>
        <version>0.0.1-SNAPSHOT</version>
    </parent>
    <modelVersion>4.0.0</modelVersion>
    <artifactId>springcloudUserService</artifactId>
    <properties>
        <project.build.sourceEncoding>UTF-8</project.build.sourceEncoding>
        <project.reporting.outputEncoding>UTF-8</project.reporting.outputEncoding>
        <java.version>1.8</java.version>
    </properties>
    <dependencies>
        <dependency>
            <groupId>org.springframework.cloud</groupId>
            <artifactId>spring-cloud-starter-netflix-eureka-client</artifactId>
        </dependency>
        <dependency>
            <groupId>org.springframework.boot</groupId>
            <artifactId>spring-boot-starter-test</artifactId>
            <scope>test</scope>
        </dependency>
        <!--一定要加入这个依赖-->
        <dependency>
            <groupId>org.springframework.boot</groupId>
            <artifactId>spring-boot-starter-web</artifactId>
        </dependency>
        <!-- https://mvnrepository.com/artifact/com.alibaba/druid -->
        <dependency>
            <groupId>com.alibaba</groupId>
            <artifactId>druid</artifactId>
            <version>1.1.21</version>
        </dependency>
        <!--目的：（可选）集成 Swagger2 需要两个包-->
        <dependency>
            <groupId>io.springfox</groupId>
            <artifactId>springfox-swagger2</artifactId>
```

```xml
            <version>2.6.1</version>
        </dependency>
        <dependency>
            <groupId>io.springfox</groupId>
            <artifactId>springfox-swagger-ui</artifactId>
            <version>2.6.1</version>
        </dependency>
        <dependency>
            <groupId>org.projectlombok</groupId>
            <artifactId>lombok</artifactId>
        </dependency>
        <!-- shiro-spring -->
        <dependency>
            <groupId>org.apache.shiro</groupId>
            <artifactId>shiro-spring</artifactId>
            <version>1.4.0</version>
        </dependency>
        <!--添加 JPA 的支持 -->
        <dependency>
            <groupId>org.springframework.boot</groupId>
            <artifactId>spring-boot-starter-data-jpa</artifactId>
        </dependency>
        <!-- https://mvnrepository.com/artifact/mysql/mysql-connector-java -->
        <dependency>
            <groupId>mysql</groupId>
            <artifactId>mysql-connector-java</artifactId>
            <!-- <version>8.0.15</version> -->
        </dependency>
        <!--目的：（可选）引入 springboot 热启动，每次修改以后，会自动把改动加载，不需要重启
服务-->
        <dependency> <groupId>org.springframework.boot</groupId>
            <artifactId>spring-boot-devtools</artifactId>
            <optional>true</optional>
        </dependency>
    </dependencies>
    <dependencyManagement>
    <dependencies>
        <dependency>
            <groupId>org.springframework.cloud</groupId>
            <artifactId>spring-cloud-dependencies</artifactId>
            <!-- RELEASE -->
            <version>Finchley.RELEASE</version>
            <type>pom</type>
            <scope>import</scope>
        </dependency>
    </dependencies>
```

```
        </dependencyManagement>
        <build>
            <plugins>
                <plugin>
                    <groupId>org.springframework.boot</groupId>
                    <artifactId>spring-boot-maven-plugin</artifactId>
                </plugin>
            </plugins>
        </build>
    </project>
```

10.3.2 配置 application.properties

几个主要的配置说明如下。

● server.port=9019：设置项目的端口号。

● eureka.client.register-with-eureka=true 和 eureka.client.fetch-registry=true：Eureka Client 端这两
个属性必须是 true，表示项目启动的时候会把自己注册到 Eureka Server 注册中心。

● eureka.client.serviceUrl.defaultZone：设置了注册中心的路径。

● spring.application.name=usercenter：设置了微服务注册中心的微服务名字。

在配置文件中，设置了项目的端口号、注册中心的访问地址、数据库连接信息等，代码如下。

```
#端口号
server.port=9019
#相对于项目名字
#server.servlet.context-path=/usercenter
#自定义属性
myversion=@19
spring.application.name=usercenter
eureka.client.register-with-eureka=true
eureka.client.fetch-registry=true
eureka.client.serviceUrl.defaultZone=http://localhost:9014/eureka/
spring.jpa.open-in-view=true
spring.jpa.properties.hibernate.enable_lazy_load_no_trans=true
# 数据库访问配置
# 主数据源，默认
# druid 监控页面
# http://localhost:9011/druid/druid/index.html
spring.datasource.type=com.alibaba.druid.pool.DruidDataSource
spring.datasource.url = jdbc:mysql://localhost:3306/db_user?useSSL=
false&serverTimezone =Asia/Shanghai&characterEncoding=UTF-8
&allowPublicKeyRetrieval =true
spring.datasource.username = xsz2019Home
spring.datasource.password = xsz2019Home2020pwd
spring.datasource.driverClassName = com.mysql.cj.jdbc.Driver
```

```
# 下面为连接池的补充设置，应用到上面所有数据源中
# 初始化大小，最小，最大
spring.datasource.initialSize=5
spring.datasource.minIdle=5
spring.datasource.maxActive=20
# 配置获取连接等待超时的时间
spring.datasource.maxWait=60000
# 配置间隔多久才进行一次检测，检测需要关闭的空闲连接，单位是毫秒
spring.datasource.timeBetweenEvictionRunsMillis=60000
# 配置一个在连接池中最小生存的时间，单位是毫秒
spring.datasource.minEvictableIdleTimeMillis=300000
spring.datasource.validationQuery=SELECT 1 FROM DUAL
spring.datasource.testWhileIdle=true
spring.datasource.testOnBorrow=false
spring.datasource.testOnReturn=false
# 打开 PSCache，并且指定每个连接上 PSCache 的大小
spring.datasource.poolPreparedStatements=true
spring.datasource.maxPoolPreparedStatementPerConnectionSize=20
# 配置监控统计拦截的 filters，去掉后监控界面 SQL 无法统计，wall 用于防火墙
spring.datasource.filters=stat,wall,log4j
# 通过 connectProperties 属性来打开 mergeSql 功能；慢 SQL 记录
spring.datasource.connectionProperties=druid.stat.mergeSql=true;druid.stat.
slowSqlMillis=5000
# 合并多个 DruidDataSource 的监控数据
#spring.datasource.useGlobalDataSourceStat=true
#JPA 的配置
spring.jpa.database = MYSQL
# spring.jpa.show-sql = true 表示会在控制台打印执行的 SQL 语句
spring.jpa.show-sql = true
spring.jpa.hibernate.ddl-auto = update
```

10.3.3 启动类

要点介绍如下。

- @EnableEurekaClient：放在启动类上，表示这个项目是 Eureka Client。
- @SpringBootApplication：放在启动类上，表示这个类是 Spring Boot 的启动类。
- @ServletComponentScan：放在启动类上，如果项目中用到了 servlet 相关的功能就需要这个注解。

运行启动类的 main 方法即可启动整个项目了，启动类的代码如下。

```
package com.xsz;
import org.springframework.boot.SpringApplication;
import org.springframework.boot.autoconfigure.SpringBootApplication;
import org.springframework.boot.web.servlet.ServletComponentScan;
```

```
import org.springframework.cloud.netflix.eureka.EnableEurekaClient;
@SpringBootApplication
@EnableEurekaClient
@ServletComponentScan
public class UserServiceProviderApp {
    public static void main(String[] args) {
        SpringApplication.run(UserServiceProviderApp.class, args);
    }
}
```

10.3.4　服务层

要点介绍如下。

● @Service：放在类的上面，表示这个类是 Service，并且把创建对象的控制权交给 Spring 容器。

● @Resource：放在属性的上面，表示从 Spring 容器取出对象，并赋值给这个属性。

用户服务类提供了对用户的新建、修改、查询等功能，代码如下。

```
package com.xsz.service;
import com.xsz.entity.User;
import com.xsz.repository.DTODao;
import com.xsz.repository.UserRepository;
import com.xsz.util.KeyUtil;
import org.springframework.stereotype.Service;
import org.springframework.web.bind.annotation.ResponseBody;
import javax.annotation.Resource;
import java.util.List;
@Service
public class UserService {
    @Resource
    UserRepository userRepository;
    @Resource
    DTODao dtoDao;
    //新建
    public User add(User user) {
        user.setId(KeyUtil.getId());
        return userRepository.save(user);
    }
    /**查询用户信息**/
    public User selectById(String id) {
        return userRepository.findById(id).get();
    }
    /**查询用户信息**/
    public User getByUname(String name) {
        return userRepository.findByUname(name);
    }
```

```
/**修改用户信息**/
public int update (User user){
    String name = user.getName();
    String sex = user.getSex();
    String mobile = user.getMobile();
    Integer age = user.getAge();
    String email = user.getEmail();
    String id = user.getId();
    return userRepository.userEdit(name, sex, mobile, id, age, email);
}
/**修改用户登录密码**/
 public int  updatePwd(User user) {
    return userRepository.udpatePwd(user.getPwd(), user.getId());
 }
/**修改用户头像**/
 public int modifyImagePath(String imagePath, String id) {
    return userRepository.modifyImagePath(imagePath, id);
 }
 public int modifyApplicationStatus(String id, String applicationPath) {
    return userRepository.modifyApplicationStatus(id, applicationPath);
 }
/**修改用户角色**/
 public int modifyRole(String id) {
    return dtoDao.modifyRole(id);
 }
 public List<User> showAllApplication() {
     return userRepository.findByapplicationStatus((byte) 1);
 }
}
```

10.3.5 控制层

要点介绍如下。

- @RequestMapping（路径）：放在类的上面，表示这个类中的所有方法拦截路径前面必须加上小括号中的路径。放在方法的上面，表示这个方法设置了这个方法对应的拦截路径。
- @RestController：放在类上面，表示这个类下面的方法返回数据都会自动转成 JSON 格式。
- @Api(value = "API 类名字")：放在类上面，设置这个 Controller 在 Swagger 文档中显示的控制类名字。
- @ApiOperation(value = "API 名字")：放在方法的上面，设置这个单独的每个 API 在 Swagger 文档中显示的 API 名字。
- @PostMapping：放在方法的上面，表示这个 API 只接受 Post 的请求，并且设置 API 访问路径。
- @GetMapping：放在方法的上面，表示这个 API 只接受 Get 的请求，并且设置 API 访问路径。

- @PathVariable("参数名字")：放在方法的输入参数上，小括号中的参数名字必须和 API 访问路径上的{参数名字}保持一致。

在控制类上面加@RestController 注解，表示下面的方法返回结果会自动转成 JSON 格式。@RequestMapping("/user")放在类的上面，表示这个控制类下面所有方法的拦截路径前面都必须加上"/user"，控制类的代码如下。

```
package com.xsz.controller;
import com.xsz.entity.User;
import com.xsz.service.UserService;
import com.xsz.util.MD5Utils;
import com.xsz.util.ResultVOUtil;
import com.xsz.vo.ResultVO;
import io.swagger.annotations.Api;
import io.swagger.annotations.ApiOperation;
import io.swagger.annotations.Authorization;
import org.apache.shiro.SecurityUtils;
import org.apache.shiro.authc.*;
import org.apache.shiro.authz.annotation.RequiresPermissions;
import org.apache.shiro.subject.Subject;
import org.springframework.http.HttpEntity;
import org.springframework.http.HttpHeaders;
import org.springframework.http.MediaType;
import org.springframework.http.ResponseEntity;
import org.springframework.web.bind.annotation.*;
import org.springframework.web.multipart.MultipartFile;
import org.springframework.web.multipart.MultipartHttpServletRequest;
import springfox.documentation.annotations.ApiIgnore;
import javax.annotation.Resource;
import javax.servlet.http.HttpServletRequest;
import java.io.File;
import java.io.IOException;
import java.util.HashMap;
import java.util.Map;
@RestController
@RequestMapping("/user")
@Api(value = "用户控制类")
public class UserController {
    @Resource
    UserService userService;
    @ApiOperation(value = "登录 API")
    @PostMapping("/login")
    public ResultVO selectByNamePwd(@RequestBody User user) {
        System.out.println("进入认证");
```

```
        System.out.println("username***" + user.getUname());
        System.out.println("password***" + user.getPwd());
        String password = user.getPwd();
        String username = user.getUname();
        password = MD5Utils.encrypt(username, password);
        System.out.println("encryptpassword***" + password);
        UsernamePasswordToken token = new UsernamePasswordToken(username,
password);
        Subject subject = SecurityUtils.getSubject();
        try {
            subject.login(token);
            User loginuser = (User) SecurityUtils.getSubject().getPrincipal();
            return ResultVOUtil.success(loginuser);
        } catch (UnknownAccountException e) {
            return ResultVOUtil.error(500, "账号不存在");
        } catch (IncorrectCredentialsException e) {
            return ResultVOUtil.error(500, "密码错误");
        } catch (LockedAccountException e) {
            return ResultVOUtil.error(500, "账号被锁定");
        } catch (AuthenticationException e) {
            return ResultVOUtil.error(500, "登录失败");
        }
    }
    /**
     * 查询当前用户信息
     **/
    @ApiOperation(value = "用户信息")
    @GetMapping("/info")
    public ResultVO showUserInfo(@RequestParam("id") String id) {
//        User loginuser = (User) SecurityUtils.getSubject().getPrincipal();
        User userInfo = userService.selectById(id);
        return ResultVOUtil.success(userInfo);
    }
    /**
     * 修改当前用户信息
     **/
    @ApiOperation(value = "修改用户信息")
    @PostMapping("/infoEdit")
    public ResultVO UserInfoEdit(@RequestBody User user) {
        if (userService.update(user) == 1) {
            return ResultVOUtil.success();
        } else {
            return ResultVOUtil.error(500, "修改失败");
        }
    }
    /**
```

```
 * 注册
 * 注意：数据库中保存的密码是 MD5 加密以后的密文
 *
 * @param user
 * @return
 */
@ApiOperation("注册")
@PostMapping("/register")
public ResultVO add(@RequestBody User user) {
    if (userService.getByUname(user.getUname()) != null) {
        return ResultVOUtil.error(500, "用户名已存在");
    } else {
        String password = MD5Utils.encrypt(user.getUname(), user.getPwd());
        System.out.println("注册加密密码: " + password);
        user.setPwd(password);
        return ResultVOUtil.success(userService.add(user));
    }
}
/**
 * 验证当前用户原始密码
 **/
@ApiOperation(value = "验证原始密码")
@PostMapping("/confirmOldPwd")
public ResultVO confirmOldPwd(@RequestBody User user) {
    String password = MD5Utils.encrypt(user.getUname(), user.getPwd());
    String oldPassword = userService.selectById(user.getId()).getPwd();
    if (password.equals(oldPassword)) {
        return ResultVOUtil.success();
    } else {
        return ResultVOUtil.error(500, "原始密码错误");
    }
}
/**
 * 修改当前用户原始密码
 **/
@ApiOperation(value = "修改密码")
@PostMapping("/modifyPwd")
public ResultVO modifyPwd(@RequestBody User user) {
    String password = MD5Utils.encrypt(user.getUname(), user.getPwd());
    user.setPwd(password);
    if (userService.updatePwd(user) == 1) {
        return ResultVOUtil.success();
    } else {
        return ResultVOUtil.error(500, "修改失败");
    }
}
/**修改用户头像**/
```

```
@ApiOperation(value = "修改用户头像")
@PostMapping("/modifyImage/{imagePath}/{id}")
public void modifyImage(@PathVariable("imagePath") String imagePath,
@PathVariable ("id") String id) throws IOException {
    int result = userService.modifyImagePath("images/" + id + "-" +
imagePath, id);
}
/**企业申请**/
@ApiOperation(value = "企业申请")
@GetMapping("/application/{id}/{applicationPath}")
public ResultVO modifyApplicationStatus(@PathVariable("id") String id,
@PathVariable ("applicationPath") String applicationPath) throws IOException {
    if (userService.modifyApplicationStatus(id, "/job/application/" + id
+ "-" + applicationPath) == 1) {
        return ResultVOUtil.success();
    } else {
        return ResultVOUtil.error(500, "申请失败");
    }
}
/**修改用户角色**/
@ApiOperation(value = "修改用户角色")
@GetMapping("/modifyRole/{id}")
//    @RequiresPermissions("userInfo:modifyRole")//权限管理;
public ResultVO modifyRole(@PathVariable("id") String id) throws IOException {
    Subject subject = SecurityUtils.getSubject();
    if(subject.isPermitted("userInfo:modifyRole")){
        System.out.println("adgasdf");
    }
    boolean b = subject.hasRole("管理员");
    subject.checkPermission("userInfo:modifyRole");
    if (userService.modifyRole(id) == 1) {
        return ResultVOUtil.success();
    } else {
        return ResultVOUtil.error(500, "申请失败");
    }
}
/**查询所有企业申请**/
@ApiOperation(value = "查询所有企业申请")
@GetMapping("showAllApplication")
public ResultVO showAllApplication(){
    return ResultVOUtil.success( userService.showAllApplication());
}
}
```

扫一扫，看视频

10.4　文档微服务项目

文档微服务主要提供了如下功能：

● 导出图文 Word 简历。

● 导出 PDF 文件。

● 上传文件。

接下来开始文档微服务项目的开发。文档微服务工程代码如图 10.4 所示。

10.4.1　配置 POM 文件

在 pom.xml 文件中添加项目所需的 jar 包，几个主要的包介绍如下。

● spring-cloud-starter-netflix-eureka-client：Eureka Client 端需要的 jar 包。

● spring-boot-starter-web：Spring Boot 的核心包。

● shiro-spring：Spring Boot 集成 Shiro 需要的包。

● Thumbnailator：Google 的一个开源工具包，可以对图片进行压缩处理并且不失真。

● Swagger2：自动生成动态的 API 文档。

● Lombok：自动生成 get 和 set 方法。

● Poi：主要用来操作 Excel、Word 文档。

```
springbootDocService
  src
    main
      java
        com.xsz
          config
            BeanConfig
            CorsConfig
            SwaggerConfig
            WebAppConfig
          controller
            FileController
            JobController
            PdfController
            TemplateController
            WordController
          dto
          entity
          enums
          filter
          repository
          service
          servlet
          util
          vo
          DocProviderApp
      resources
        template
        application.properties
    test
  target
  pom.xml
```

图 10.4　文档微服务工程代码

创建空白的 Maven 项目以后，在 springbootDocService/pom.xml 中配置需要的 jar 包，代码如下。

```xml
<?xml version="1.0" encoding="UTF-8"?>
<project xmlns="http://maven.apache.org/POM/4.0.0"
        xmlns:xsi="http://www.w3.org/2001/XMLSchema-instance"
        xsi:schemaLocation="http://maven.apache.org/POM/4.0.0
http://maven.apache.org/xsd/maven-4.0.0.xsd">
    <parent>
        <artifactId>springboot2</artifactId>
        <groupId>bsea</groupId>
        <version>0.0.1-SNAPSHOT</version>
    </parent>
    <modelVersion>4.0.0</modelVersion>
    <artifactId>springbootDocService</artifactId>
    <properties>
        <project.build.sourceEncoding>UTF-8</project.build.sourceEncoding>
```

```xml
        <project.reporting.outputEncoding>UTF-8</project.reporting.outputEncoding>
        <java.version>1.8</java.version>
</properties>
<dependencies>
    <dependency>
        <groupId>org.springframework.cloud</groupId>
        <artifactId>spring-cloud-starter-netflix-eureka-client</artifactId>
    </dependency>
    <dependency>
        <groupId>org.springframework.boot</groupId>
        <artifactId>spring-boot-starter-test</artifactId>
        <scope>test</scope>
    </dependency>
    <!--一定要加入这个依赖-->
    <dependency>
        <groupId>org.springframework.boot</groupId>
        <artifactId>spring-boot-starter-web</artifactId>
    </dependency>
    <!-- https://mvnrepository.com/artifact/com.alibaba/druid -->
    <dependency>
        <groupId>com.alibaba</groupId>
        <artifactId>druid</artifactId>
        <version>1.1.21</version>
    </dependency>
    <!--目的：（可选）集成 Swagger2 需要两个包-->
    <dependency>
        <groupId>io.springfox</groupId>
        <artifactId>springfox-swagger2</artifactId>
        <version>2.6.1</version>
    </dependency>
    <dependency>
        <groupId>io.springfox</groupId>
        <artifactId>springfox-swagger-ui</artifactId>
        <version>2.6.1</version>
    </dependency>
    <dependency>
        <groupId>org.projectlombok</groupId>
        <artifactId>lombok</artifactId>
    </dependency>
    <!-- shiro-spring -->
    <dependency>
        <groupId>org.apache.shiro</groupId>
        <artifactId>shiro-spring</artifactId>
        <version>1.4.0</version>
    </dependency>
```

```xml
<!--添加 JPA 的支持 -->
<dependency>
    <groupId>org.springframework.boot</groupId>
    <artifactId>spring-boot-starter-data-jpa</artifactId>
</dependency>
<!-- https://mvnrepository.com/artifact/mysql/mysql-connector-java -->
<dependency>
    <groupId>mysql</groupId>
    <artifactId>mysql-connector-java</artifactId>
    <!-- <version>8.0.15</version> -->
</dependency>
<!--目的：（可选）引入 springboot 热启动，每次修改以后，会自动把改动加载，不需要重
启服务-->
<dependency> <groupId>org.springframework.boot</groupId>
    <artifactId>spring-boot-devtools</artifactId>
    <optional>true</optional>
</dependency>
<!--添加 freeMarker-->
<dependency>
    <groupId>org.freemarker</groupId>
    <artifactId>freemarker</artifactId>
    <!-- <version>2.3.20</version> -->
    <version>2.3.29</version>
</dependency>
<dependency>
    <groupId>net.sf.json-lib</groupId>
    <artifactId>json-lib</artifactId>
    <version>2.4</version>
    <classifier>jdk15</classifier><!--指定 jdk 版本-->
</dependency>
<!-- 前端可用传对象的数组，controller 可用拿到对象的数组
https://mvnrepository.com/artifact/org.codehaus.jackson/jackson-mapper-asl -->
<dependency>
    <groupId>org.codehaus.jackson</groupId>
    <artifactId>jackson-mapper-asl</artifactId>
    <version>1.9.13</version>
</dependency>
<dependency>
    <groupId>org.apache.poi</groupId>
    <artifactId>poi</artifactId>
    <version>3.14</version>
</dependency>
<!-- https://mvnrepository.com/artifact/org.apache.poi/poi-ooxml -->
<dependency>
    <groupId>org.apache.poi</groupId>
    <artifactId>poi-ooxml</artifactId>
```

```xml
            <version>3.14</version>
        </dependency>
        <!-- xml 将 html 模板文件转换成 pdf -->
        <dependency>
            <groupId>org.xhtmlrenderer</groupId>
            <artifactId>flying-saucer-pdf</artifactId>
            <version>9.1.18</version>
        </dependency>
        <dependency>
            <groupId>commons-net</groupId>
            <artifactId>commons-net</artifactId>
            <version>3.3</version>
        </dependency>
        <dependency>
            <groupId>net.coobird</groupId>
            <artifactId>thumbnailator</artifactId>
            <version>0.4.8</version>
        </dependency>
    </dependencies>
    <dependencyManagement>
        <dependencies>
            <dependency>
                <groupId>org.springframework.cloud</groupId>
                <artifactId>spring-cloud-dependencies</artifactId>
                <!-- RELEASE -->
                <version>Finchley.RELEASE</version>
                <type>pom</type>
                <scope>import</scope>
            </dependency>
        </dependencies>
    </dependencyManagement>
    <repositories>
        <repository>
            <id>alimaven</id>
            <name>aliyun maven</name>
            <url>http://maven.aliyun.com/nexus/content/groups/public/</url>
        </repository>
    </repositories>
    <build>
        <plugins>
            <plugin>
                <groupId>org.springframework.boot</groupId>
                <artifactId>spring-boot-maven-plugin</artifactId>
            </plugin>
        </plugins>
    </build>
</project>
```

10.4.2 配置 application.properties

几个主要的配置说明如下。

- server.port=9025：设置项目的端口号。
- eureka.client.register-with-eureka=true 和 eureka.client.fetch-registry=true：Eureka Client 端这两个属性必须是 true，表示项目启动的时候会把自己注册到 Eureka Server 注册中心。
- eureka.client.serviceUrl.defaultZone：设置注册中心的路径。
- spring.application.name=doc：设置微服务注册中心的名字。

在配置文件中设置项目的端口号、注册中心的访问地址、数据库连接信息等，代码如下。

```
#端口号
server.port=9025
#自定义属性
myversion=@25
spring.application.name=doc
eureka.client.register-with-eureka=true
eureka.client.fetch-registry=true
eureka.client.serviceUrl.defaultZone=http://localhost:9014/eureka/
spring.jpa.open-in-view=true
spring.jpa.properties.hibernate.enable_lazy_load_no_trans=true
# 数据库访问配置
# 主数据源，默认
# druid 监控页面
# http://localhost:9011/druid/druid/index.html
spring.datasource.type=com.alibaba.druid.pool.DruidDataSource
spring.datasource.driver-class-name=com.mysql.jdbc.Driver
spring.datasource.url = jdbc:mysql://localhost:3306/db_doc?useSSL=
false&serverTimezone=Asia/Shanghai&characterEncoding=utf8&characterEncoding=
UTF-8
spring.datasource.username = root
spring.datasource.password = zzc19980309
# 下面为连接池的补充设置，应用到上面所有数据源中
# 初始化大小
spring.datasource.initialSize=5
spring.datasource.minIdle=5
spring.datasource.maxActive=20
# 配置获取连接等待超时的时间
spring.datasource.maxWait=60000
# 配置间隔多久才进行一次检测，检测需要关闭的空闲连接，单位是毫秒
spring.datasource.timeBetweenEvictionRunsMillis=60000
# 配置一个在连接池中最小生存的时间，单位是毫秒
spring.datasource.minEvictableIdleTimeMillis=300000
spring.datasource.validationQuery=SELECT 1 FROM DUAL
```

```
spring.datasource.testWhileIdle=true
spring.datasource.testOnBorrow=false
spring.datasource.testOnReturn=false
# 打开 PSCache，并且指定每个连接上 PSCache 的大小
spring.datasource.poolPreparedStatements=true
spring.datasource.maxPoolPreparedStatementPerConnectionSize=20
# 配置监控统计拦截的 filters，去掉后监控界面 SQL 无法统计，wall 用于防火墙
spring.datasource.filters=stat,wall,log4j
# 通过 connectProperties 属性来打开 mergeSql 功能；慢 SQL 记录
spring.datasource.connectionProperties=druid.stat.mergeSql=true;druid.stat.
slowSqlMillis=5000
# 合并多个 DruidDataSource 的监控数据
#spring.datasource.useGlobalDataSourceStat=true
#JPA 的配置
spring.jpa.database = MYSQL
# spring.jpa.show-sql = true 表示会在控制台打印执行的 SQL 语句
spring.jpa.show-sql = true
spring.jpa.hibernate.ddl-auto = update
logging.level.org.hibernate.SQL=DEBUG
logging.level.org.hibernate.type.descriptor.sql.BasicBinder=TRACE
fileStoreRootPath=F://temp/word/
fileUpLoadPath=C://tmp//
```

10.4.3 启动类

要点介绍如下。

- @EnableEurekaClient：放在启动类上，表示这个项目是 Eureka Client。
- @SpringBootApplication：放在启动类上，表示这个类是 Spring Boot 的启动类。
- @ServletComponentScan：放在启动类上，如果项目中用到了 servlet 相关的功能，就需要这个注解。

运行启动类的 main 方法即可启动整个项目，启动类的代码如下。

```
package com.xsz;
import org.springframework.boot.SpringApplication;
import org.springframework.boot.autoconfigure.SpringBootApplication;
import org.springframework.boot.web.servlet.ServletComponentScan;
import org.springframework.cloud.netflix.eureka.EnableEurekaClient;
@SpringBootApplication
@EnableEurekaClient
@ServletComponentScan
public class DocProviderApp {
    public static void main(String[] args) {
        SpringApplication.run(DocProviderApp.class, args);
    }
```

```
}
```

10.4.4 工具类

文档项目中有很多处理文件的工具，如 Excel、Word 的创建和修改，递归遍历文件夹下面的所有的文件等。这里只介绍两个比较特殊的工具类。

1. 图片压缩工具类

用户上传的手机拍摄的图片内存通常很大（基本在 3MB 左右），如果一个页面中有几张 3MB 的图片，那么用户打开这个网页就会感觉很慢，用户体验不好。另外，存储大量这种内存较大的图片也很占用服务器空间。所以需要对这些图片进行压缩处理，同时又不能改变图片的大小，不能失真太严重。

下面这个工具类主要采用 Google 的开源工具类 Thumbnails 对图片进行压缩处理。要点介绍如下。

- Scale：用于控制图片压缩质量的变量，这个值越大，压缩以后的图片质量就越高，最大值是 1。
- scale = (400*1024f) / size：实现压缩比例的动态技术，原图本身越大，压缩比例就越大。

```java
package com.xsz.util;
import java.io.File;
import java.io.IOException;
import net.coobird.thumbnailator.Thumbnails;
public class ImageUtils {
    static File file = new File("C:\\bsea\\bsea2019\\project\\zhdj\\tmp");
    public static void main(String[] args) {
        // TODO Auto-generated method stub
        sizeEnhancement(file);
    }
    public static File singleFileEnhancement(File f) {
        String thumbnailPathName = "";
        File thumbnailFile = null;
        if(f.isFile()) {
            long size = f.length();
            System.out.println("size--2---->"+(size/1024));
            double scale = 1.0d ;
            if(size >= 400*1024){
                if(size > 0){
                    scale = (400*1024f) / size;
                }
            }
            System.out.println("scale--->"+scale);
        thumbnailPathName = f.getPath();
```

```java
            if(thumbnailPathName.contains(".png")){
                thumbnailPathName = thumbnailPathName.replace(".png", ".jpg");
            }
            System.out.println("thumbnailPathName--->"+thumbnailPathName);

//          if(size>0){
                if(size < 200*1024){
                    try {
                    Thumbnails.of(f.getPath()).scale(1f).outputFormat("jpg").toFile
(thumbnailPathName);
                    thumbnailFile = new File(thumbnailPathName);
                    } catch (IOException e) {
                    // TODO Auto-generated catch block
                    e.printStackTrace();
                }
            }else{
                try {
                Thumbnails.of(f.getPath()).scale(1f).outputQuality(scale).
outputFormat ("jpg").toFile(thumbnailPathName);
                thumbnailFile = new File(thumbnailPathName);
                } catch (IOException e) {
                // TODO Auto-generated catch block
                e.printStackTrace();
                }
            }
        }
        return thumbnailFile;
    }
    public static void sizeEnhancement(File path) {
        File[] tempList = path.listFiles();
        for(File f:tempList) {
            if(f.isFile()) {
                //拼接后台文件名称
                System.out.println("path--->"+f.getPath());
                System.out.println("getName--->"+f.getName());
                System.out.println("getParent---->"+f.getParent());
//              if(f.getPath().contains(".png")){
//                  thumbnailPathName = thumbnailPathName.replace(".png",".jpg");
//              }
                long size = f.length();
                System.out.println("size--->"+size);
//              System.out.println("length--->"+f.length());
                System.out.println("size--2---->"+(size/1024));
                double scale = 1.0d ;
                if(size >= 400*1024){
                    if(size > 0){
```

```
                                     scale = (400*1024f) / size;
                                 }
                             }
                             System.out.println("scale--->"+scale);
                             //拼接后台文件名称
//                           String thumbnailPathName = f.getParent()+File.separator+"small"+
f.getName();
                             String thumbnailPathName = f.getPath();
                             if(thumbnailPathName.contains(".png")){
                                 thumbnailPathName = thumbnailPathName.replace(".png",".jpg");
                             }
                             System.out.println("thumbnailPathName--->"+thumbnailPathName);
                             // 去掉后缀中包含的.png 字符串
//                           if(thumbnailPathName.contains(".png")){
//                               thumbnailPathName = thumbnailPathName.replace(".png",".jpg");
//                           }
                             if(size < 160*1024){
//                               try {
// Thumbnails.of(f.getPath()).scale(1f).outputFormat("jpg").toFile (thumbnailPathName);
//                           } catch (IOException e) {
//                               // TODO Auto-generated catch block
//                               e.printStackTrace();
//                           }
                             }else{
                                 try {
Thumbnails.of(f.getPath()).scale(1f).outputQuality(scale).outputFormat("jpg").
toFile(thumbnailPathName);
                             } catch (IOException e) {
                                 // TODO Auto-generated catch block
                                 e.printStackTrace();
                             }
                         }
                     }else if(f.isDirectory()) {
                         sizeEnhancement(f);
                     }
                 }
             }
         }
```

2. 对象转换工具类

要点介绍如下。

● BeanUtils.copyProperties(source,target)：BeanUtils 是 spring 包下的工具类，通过方法 copyProperties，把第一个参数对象的属性值复制到第二个参数对象相同的属性上。

● scale = (400*1024f) / size：实现压缩比例的动态技术，原图本身越大，压缩比例就越大。

```
package com.xsz.util;
import com.xsz.dto.TemplateDTO;
import com.xsz.entity.Template;
import com.xsz.enums.StatusEnum;
import com.xsz.enums.TypeEnum;
import org.springframework.beans.BeanUtils;
import org.springframework.data.domain.Page;
import org.springframework.data.domain.PageImpl;
import java.util.List;
import java.util.stream.Collectors;
public class TemplateConvert {
    public static Page<TemplateDTO> convertToDTO(Page<Template> page1){
        List<Template> list=page1.getContent();
        // Java7 的写法
//      List<TemplateDTO> list2=new ArrayList<>();
//      for(Template template:list){
//          TemplateDTO dto=new TemplateDTO();
//          BeanUtils.copyProperties(template,dto);
//          dto.setStatusMsg(StatusEnum.getStatusEnum(template.getStatus()). getMsg());
// dto.setTypeMsg(TypeEnum.getTypeEnum(template.getType()).getMsg());
//          list2.add(dto);
//      }
//      Page<TemplateDTO> page2=new PageImpl(list2,pageable,page1.getTotalElements());
//      return page2;
        // Java8 新特性写法
        List<TemplateDTO> list2=list.stream().map(e->{
            TemplateDTO dto=new TemplateDTO();
            BeanUtils.copyProperties(e,dto);
            dto.setStatusMsg(StatusEnum.getStatusEnum (e.getStatus()). getMsg());
            dto.setTypeMsg(TypeEnum.getTypeEnum(e.getType()).getMsg());
            return dto;
        }).collect(Collectors.toList());
        Page<TemplateDTO> page2=new PageImpl(list2,page1.getPageable(),
page1.getTotalElements());
        return page2;
    }
}
```

10.4.5 控制类

文档微服务的控制类主要提供了下载 Word 版简历文件的功能，代码如下。

```
package com.xsz.controller;
import com.xsz.dto.ResumeDTO;
import com.xsz.util.ResultVOUtil;
import com.xsz.util.WordUtil;
import com.xsz.vo.ResultVO;
```

```java
import freemarker.template.Configuration;
import freemarker.template.Template;
import lombok.extern.slf4j.Slf4j;
import org.springframework.beans.factory.annotation.Value;
import org.springframework.web.bind.annotation.*;
import java.io.*;
import java.util.HashMap;
import java.util.Map;
@RequestMapping("/job")
@Slf4j
@RestController
public class JobController {
    @Value("${fileStoreRootPath}")
    String filePath;
    /**
     *  图文+表格-个人简介
     *
     *  生成个人简历
     * @return
     */
    @PostMapping("/resume")
    public ResultVO<Map<String, String>> createResume(@RequestBody ResumeDTO
resumeDTO){
        String finalFilePath="";
        try {
            Map<String,Object> dataMap = new HashMap<String,Object>();
            dataMap.put("name", resumeDTO.getName());
            dataMap.put("sex", resumeDTO.getSex());
            dataMap.put("age", resumeDTO.getAge());
            dataMap.put("education", resumeDTO.getEducation());
            dataMap.put("mobile", resumeDTO.getMobile());
            dataMap.put("major", resumeDTO.getMajor());
            dataMap.put("assessment", resumeDTO.getAssessment());
            dataMap.put("certificate", resumeDTO.getCertificate());
            dataMap.put("workedyears", resumeDTO.getWorkedyears());
            dataMap.put("projectExp", resumeDTO.getProjectExp());
            dataMap.put("trainExp", resumeDTO.getTrainExp());
            //图片
            dataMap.put("image", WordUtil.getImageBase(resumeDTO.getImage()));
            Configuration configuration = new Configuration();
            configuration.setDefaultEncoding("utf-8");
            //指定模板路径的第二种方式,这里的路径是 D:\, 还有其他方式
            System.out.println("filePath==="+filePath);
            configuration.setDirectoryForTemplateLoading(new File(filePath));
            // 输出文档路径及名称
            finalFilePath=filePath + resumeDTO.getId() + "个人简历.doc";
            File outFile = new File(finalFilePath);
            //以 utf-8 的编码读取 ftl 文件
```

```
        Template t = configuration.getTemplate("m6.ftl","utf-8");
        Writer out = new BufferedWriter(new OutputStreamWriter(new
FileOutputStream (outFile), "utf-8"),10240);
        t.process(dataMap, out);
        out.close();
    } catch (IOException e) {
        e.printStackTrace();
    } catch (Exception e) {
        e.printStackTrace();
    }
    Map<String, String> map = new HashMap<>();
    map.put("filePath", resumeDTO.getId() + "个人简历.doc");
    return ResultVOUtil.success(map);
    }
}
```

10.5　猎聘系统微服务项目

猎聘微服务主要提供了如下功能：

- 求职者管理自己的简历。
- 求职者查询招聘的职位信息。
- 求职者选择职位并且投递简历。
- 企业发布职位。
- 企业查看求职者信息。
- 系统管理员审批企业注册申请。

接下来开始猎聘微服务项目的开发，猎聘微服务工程代码如图 10.5 所示。

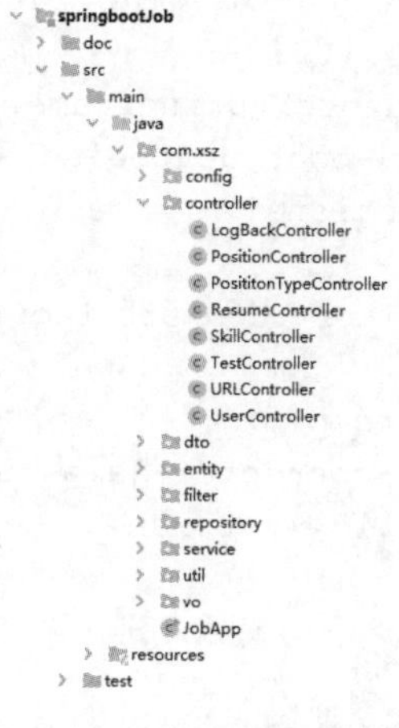

```
springbootJob
  doc
  src
    main
      java
        com.xsz
          config
          controller
            LogBackController
            PositionController
            PosititonTypeController
            ResumeController
            SkillController
            TestController
            URLController
            UserController
          dto
          entity
          filter
          repository
          service
          util
          vo
          JobApp
      resources
    test
```

图 10.5　猎聘微服务工程代码

10.5.1 配置 POM 文件

在 pom.xml 文件中添加项目所需的 jar 包，几个主要的包介绍如下。

- spring-cloud-starter-netflix-eureka-client：Eureka Client 端需要的 jar 包。
- spring-boot-starter-web：Spring Boot 的核心包。
- Swagger2：自动生成动态的 API 文档。
- Lombok：自动生成 get 和 set 方法。

创建空白的 Maven 项目以后，在 springbootJob/pom.xml 中配置需要的 jar 包，代码如下。

```xml
<?xml version="1.0" encoding="UTF-8"?>
<project xmlns="http://maven.apache.org/POM/4.0.0"
        xmlns:xsi="http://www.w3.org/2001/XMLSchema-instance"
        xsi:schemaLocation="http://maven.apache.org/POM/4.0.0
http://maven.apache.org/xsd/maven-4.0.0.xsd">
    <parent>
        <artifactId>springboot2</artifactId>
        <groupId>bsea</groupId>
        <version>0.0.1-SNAPSHOT</version>
    </parent>
    <modelVersion>4.0.0</modelVersion>
    <artifactId>springbootJob</artifactId>
    <!-- Add typical dependencies for a web application -->
    <dependencies>
        <dependency>
            <groupId>org.springframework.boot</groupId>
            <artifactId>spring-boot-starter-web</artifactId>
        </dependency>
        <!--目的：（可选）引入 springboot 热启动，每次修改以后，会自动把改动加载，不需要重
启服务-->
        <dependency> <groupId>org.springframework.boot</groupId>
            <artifactId>spring-boot-devtools</artifactId>
            <optional>true</optional>
        </dependency>
        <!-- https://mvnrepository.com/artifact/mysql/mysql-connector-java -->
        <dependency>
            <groupId>mysql</groupId>
            <artifactId>mysql-connector-java</artifactId>
            <!-- <version>8.0.15</version> -->
        </dependency>
        <!-- 添加 JPA 的支持 -->
        <dependency>
            <groupId>org.springframework.boot</groupId>
            <artifactId>spring-boot-starter-data-jpa</artifactId>
```

```xml
    </dependency>
    <dependency>
        <groupId>org.projectlombok</groupId>
        <artifactId>lombok</artifactId>
    </dependency>
    <!--目的：（可选）集成 Swagger2 需要两个包-->
    <dependency>
        <groupId>io.springfox</groupId>
        <artifactId>springfox-swagger2</artifactId>
        <version>2.6.1</version>
    </dependency>
    <dependency>
        <groupId>io.springfox</groupId>
        <artifactId>springfox-swagger-ui</artifactId>
        <version>2.6.1</version>
    </dependency>
    <dependency>
        <groupId>org.springframework.cloud</groupId>
        <artifactId>spring-cloud-starter-netflix-eureka-client</artifactId>
    </dependency>
    <dependency>
        <groupId>com.fasterxml.jackson.datatype</groupId>
        <artifactId>jackson-datatype-jsr310</artifactId>
    </dependency>
    <!-- xml 将 html 模板文件转换成 pdf -->
    <dependency>
        <groupId>org.xhtmlrenderer</groupId>
        <artifactId>flying-saucer-pdf</artifactId>
        <version>9.1.18</version>
    </dependency>
    <!--添加 freeMarker-->
    <dependency>
        <groupId>org.freemarker</groupId>
        <artifactId>freemarker</artifactId>
        <!-- <version>2.3.20</version>-->
        <version>2.3.29</version>
    </dependency>
    <!-- 前端用于传入对象的数组，controller 用于获取到对象的数组
https://mvnrepository.com/artifact/org.codehaus.jackson/jackson-mapper-asl -->
    <dependency>
        <groupId>org.codehaus.jackson</groupId>
        <artifactId>jackson-mapper-asl</artifactId>
        <version>1.9.13</version>
    </dependency>
    <dependency>
```

```xml
            <groupId>org.apache.poi</groupId>
            <artifactId>poi</artifactId>
            <version>3.14</version>
        </dependency>
        <!-- https://mvnrepository.com/artifact/org.apache.poi/poi-ooxml -->
        <dependency>
            <groupId>org.apache.poi</groupId>
            <artifactId>poi-ooxml</artifactId>
            <version>3.14</version>
        </dependency>
        <dependency>
            <groupId>org.springframework.boot</groupId>
            <artifactId>spring-boot-starter-actuator</artifactId>
        </dependency>
    </dependencies>
    <dependencyManagement>
        <dependencies>
            <dependency>
                <groupId>org.springframework.cloud</groupId>
                <artifactId>spring-cloud-dependencies</artifactId>
                <!-- RELEASE -->
                <version>Finchley.RELEASE</version>
                <type>pom</type>
                <scope>import</scope>
            </dependency>
        </dependencies>
    </dependencyManagement>
    <build>
        <plugins>
            <plugin>
                <groupId>org.springframework.boot</groupId>
                <artifactId>spring-boot-maven-plugin</artifactId>
            </plugin>
        </plugins>
    </build>
</project>
```

10.5.2 配置 application.properties

几个主要的配置说明如下。

- server.port=9020：设置项目的端口号。
- eureka.client.register-with-eureka=true 和 eureka.client.fetch-registry=true：Eureka Client 端这两个属性必须是 true，表示项目启动的时候会把自己注册到 Eureka Server 注册中心。

- eureka.client.serviceUrl.defaultZone：设置了注册中心的路径。
- spring.application.name=job：设置了微服务注册中心的微服务名字。

在配置文件中，设置了项目的端口号、注册中心的访问地址、数据库连接信息等，代码如下。

```
#端口号
server.port=9020
#相对于项目名字
server.servlet.context-path=/job
#自定义属性
myversion=@20
spring.jpa.open-in-view=true
spring.jpa.properties.hibernate.enable_lazy_load_no_trans=true
spring.main.allow-bean-definition-overriding=true
# 数据库的信息
spring.datasource.url = jdbc:mysql://localhost:3306/db_job?useSSL
=false&serverTimezone=Asia/Shanghai&characterEncoding=UTF-8
&allowPublicKeyRetrieval=true
spring.datasource.username = xsz2019Home
spring.datasource.password = xsz2019Home2020pwd
spring.datasource.driverClassName = com.mysql.cj.jdbc.Driver
spring.jpa.database = MYSQL
# spring.jpa.show-sql = true 表示会在控制台打印执行的 SQL 语句
spring.jpa.show-sql = true
spring.jpa.hibernate.ddl-auto = update
spring.application.name=job
#每隔 2 秒，向服务端发送一次心跳，证明自己"存活"
#eureka.instance.lease-renewal-interval-in-seconds=2
#告诉服务端，如果 10 秒之内没有给服务端发心跳，就代表我故障了，将我踢出去
#eureka.instance.lease-expiration-duration-in-seconds=10
eureka.client.register-with-eureka=true
eureka.client.fetch-registry=true
eureka.client.serviceUrl.defaultZone=http://localhost:9014/eureka/
imagesPath=file:/C:/temp/image/
wordPath=file:/C:/temp/word/
applicationPath=file:/C:/temp/application/
management.endpoints.web.exposure.include=*
info.dev.tel=1213213
```

10.5.3　启动类

要点介绍如下。

- @EnableEurekaClient：放在启动类上，表示这个项目是 Eureka Client。
- @SpringBootApplication：放在启动类上，表示这个类是 Spring Boot 的启动类。
- @ServletComponentScan：放在启动类上，如果项目中用到了 servlet 相关的功能，就需要这个注解。

运行启动类的 main 方法即可启动整个项目，启动类的代码如下。

```
package com.xsz;
import org.springframework.boot.SpringApplication;
import org.springframework.boot.autoconfigure.SpringBootApplication;
import org.springframework.boot.web.servlet.ServletComponentScan;
import org.springframework.cloud.client.loadbalancer.LoadBalanced;
import org.springframework.cloud.netflix.eureka.EnableEurekaClient;
import org.springframework.context.annotation.Bean;
import org.springframework.web.client.RestTemplate;
@SpringBootApplication
@ServletComponentScan
@EnableEurekaClient
public class JobApp {
    public static void main(String[] args) {
        SpringApplication.run(JobApp.class, args);
    }
}
```

10.5.4　服务层

主要服务类介绍如下。

● DTODao：技术上使用 JdbcTemplate 实现复杂的数据库查询，如多表联查。

● PositionService：职位服务类。

● ResumeService：简历服务类。

● SkillService：技能服务类。

代码结构如图 10.6 所示。

图 10.6　服务层代码

10.5.5 控制层

主要控制类介绍如下。

- PositionController：职位控制类。
- ResumeController：简历控制类。
- SkillController：技能控制类。

代码结构如图 10.7 所示。

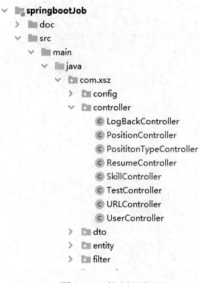

图 10.7 控制层代码

10.5.6 职位控制类

要点介绍如下：

RestTemplate 提供了 HTTP 使用方式并且符合 RESTful 原则。相比以前的 HTTPClient 简化了代码，只需要输入地址并且执行对应的方法，就可以实现 HTTP 通信。

RestTemplate 使用 HTTP 通信服务的方法如表 10.1 所示。

表 10.1 RestTemplate 的方法

HTTP 方法	RestTemplate 方法
GET	getForObject()和 getForEntity()都是发送 GET 请求，getForObject()多了一个自动转化 POJO 的功能
POST	postForObject()和 postForEntity()发送 POST 请求。POST 数据到一个 URL 中，返回根据响应体匹配形成的对象
PUT	PUT 资源到特定的 URL 中
DELETE	delete()，在 URL 上对资源执行 HTTP DELETE 操作

职位控制类的代码如下：

```
package com.xsz.controller;
import com.xsz.entity.Position;
import com.xsz.entity.User;
import com.xsz.service.PositionService;
import com.xsz.util.ResultVOUtil;
import com.xsz.vo.ResultVO;
import io.swagger.annotations.ApiOperation;
import org.springframework.web.bind.annotation.*;
import org.springframework.web.client.RestTemplate;
import javax.annotation.Resource;
import javax.servlet.http.HttpServletRequest;
import java.util.HashMap;
import java.util.List;
import java.util.Map;
/**
 * @Date:2020/3/25 17:13
 * @Author:bsea
 * 职位
 */
@RestController
@RequestMapping("/position")
public class PositionController {
    @Resource
    PositionService positionService;
    @Resource
    RestTemplate restTemplate;
    /**根据行业类别查询所有职位名称**/
    @GetMapping("showByTid/{tid}/{page}/{limit}")
    public ResultVO showByTid(@PathVariable("tid") String tid, @PathVariable
("page") String page, @PathVariable("limit") String limit){
        return ResultVOUtil.success(positionService.showByTid(tid, page, limit));
    }
    /**查询所有职位信息**/
    @GetMapping("showAll")
    public ResultVO showAll(){
        return ResultVOUtil.success(positionService.showAll());
    }
    /**分页查询所有职位信息**/
    @GetMapping("showAllByPage/{page}/{limit}")
    public ResultVO showAllByPage(@PathVariable("page") String page,
@PathVariable ("limit") String limit){
        return ResultVOUtil.success(positionService.showAllByPage(page, limit));
    }
    /**添加职位**/
```

```
    @PostMapping("addPosition")
    public ResultVO addPosition(@RequestBody Position position,
HttpServletRequest request){
        return ResultVOUtil.success(positionService.addPosition(position,
(User)request.getSession().getAttribute("loginuser")));
    }
    /**修改职位**/
    @PostMapping("editPosition")
    public ResultVO editPosition(@RequestBody Position position,
HttpServletRequest request){
        position.setCreateBy(((User)request.getSession().getAttribute
("loginuser")).getId());
        return ResultVOUtil.success(positionService.editPosition(position));
    }
    /**删除职位**/
    @PostMapping("/deletePosition/{id}")
    public ResultVO deletePosition(@PathVariable("id") String id){
        positionService.deletePosition(id);
        Map<String, String> result = new HashMap<>();
        result.put("result", "成功");
        return ResultVOUtil.success(result);
    }
    /**查询求职者**/
    @GetMapping("/showApplicant/{page}/{limit}")
    public ResultVO showApplicant(@PathVariable("page") String page,
@PathVariable ("limit") String limit, HttpServletRequest request){
        return ResultVOUtil.success(positionService.showApplicant(page,
limit, ((User)request.getSession().getAttribute("loginuser")).getId()));
    }
    /**根据 createBy 查询所有职位**/
    @GetMapping("/showAllByCreateById/{page}/{limit}")
    public ResultVO showAllByCreateById(@PathVariable("page") String page,
@PathVariable("limit") String limit, HttpServletRequest request){
        return ResultVOUtil.success(positionService.showAllByCreateById
(page, limit, ((User)request.getSession().getAttribute ("loginuser")).getId()));
    }
    /**分页显示技能**/
    @ApiOperation("分页显示技能 Api")
    @GetMapping("showSkillByLimit/{page}/{limit}")
    public ResultVO showSkillByLimit(@PathVariable("page") String page,
@PathVariable ("limit") String limit){
        return this.restTemplate.getForObject("http://USERCENTER/dict/
showSkillByLimit/ {0}/{1}/{2}",ResultVO.class,2, page, limit);
    }
    /**查询所有技能**/
    @ApiOperation("显示所有技能 Api")
```

```
@GetMapping("showAllSkill")
public ResultVO showAllSkill(){
    return this.restTemplate.getForObject("http://USERCENTER/dict/
showAllSkill/{0}", ResultVO.class,2);
}
/**查询所有的行业**/
@ApiOperation("显示所有行业 Api")
@GetMapping("showAllIndustry")
public ResultVO showAllIndustry(HttpServletRequest request){
    return this.restTemplate.getForObject("http://USERCENTER/dict/
showAllIndustry/{0}", ResultVO.class,1);
}
}
```

10.6　测　　试

这里只测试了部分功能，全部的功能读者可以下载本书附赠的源码自行测试。

10.6.1　Eureka 服务注册中心

注册中心的访问地址是 http://localhost:9014。

在注册中心可以看到所有注册的微服务，如图 10.8 所示。

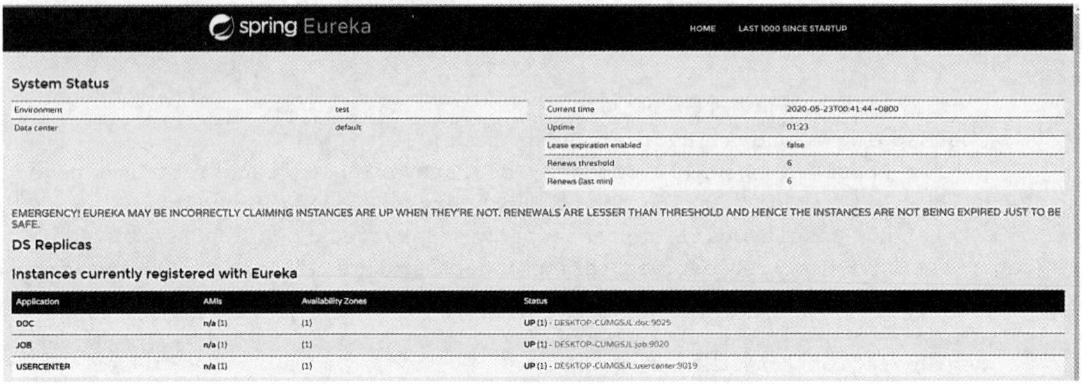

图 10.8　Eureka 注册中心

10.6.2　登录

访问地址 http://localhost:9020/job/login，页面如图 10.9 所示。

图 10.9　登录页面

10.6.3　注册

访问地址 http://localhost:9020/job/login，页面如图 10.10 所示。

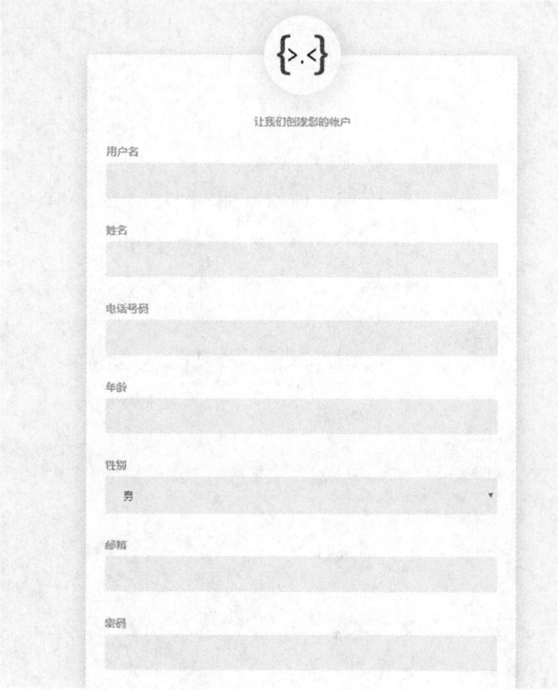

图 10.10　注册页面

10.6.4 求职者简历管理

简历管理页面实现了如下功能。

● 创建简历。

● 查看简历详情。

● 删除简历。

● 导出 Word 简历文件。

在右边页面的文本框中输入简历信息，然后单击"提交"按钮，如图 10.11 和图 10.12 所示。

图 10.11　简历管理员页面

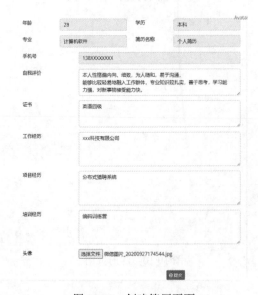

图 10.12　创建简历页面

简历创建成功以后，在简历列表页面可以看到刚刚创建的简历，如图 10.13 所示。

图 10.13　简历列表页面

单击"详情"选项，弹出模态框显示简历详情，如图 10.14 所示。

图 10.14　简历详情页面

单击"导出简历"选项，可以下载 Word 版的简历，如图 10.15 所示。

Word 简历内容如图 10.16 所示。

图 10.15　简历导出页面　　　　　　　　　　　　　图 10.16　简历导出页面

10.6.5　求职者职位列表

单击"职位管理"菜单，会分页显示所有的职位，如图 10.17 所示。

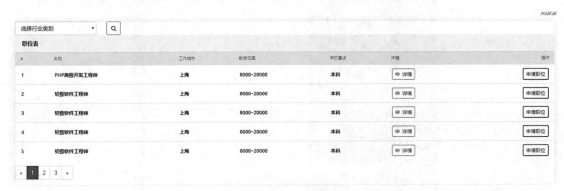

图 10.17　职位列表页面

单击"详情"选项，显示职位的详细信息，如图 10.18 所示。

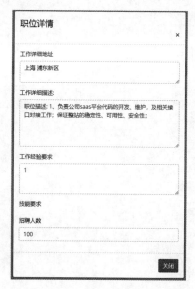

图 10.18　职位详情页面

10.7　小　　结

在之前的软件项目架构中,一般采用单体应用来构建整个系统。在业务规模不是很大的时候,所有功能代码都在一个单体应用中。但是随着业务功能越来越复杂,代码也越来越多,单体项目变得愈发臃肿,项目启动也越来越慢。尤其是在项目版本迭代的时候,所有的功能都需要重新打包部署。

在微服务架构下,把各个业务拆分到单独的项目中,并且每个项目都独立维护,独立部署,这便解决上面提到的复杂的单体应用的问题。Spring Cloud"全家桶"提供了微服务项目需要的各种技术模块,可以很方便地实现微服务架构。